教育部青年基金项目"风险社会视阈下核灾害预防制度研究"
（12YJC820077）的最终成果

风险社会视阈下
核灾害预防制度研究

欧阳恩钱◎著

中国社会科学出版社

图书在版编目（CIP）数据

风险社会视阈下核灾害预防制度研究／欧阳恩钱著．
—北京：中国社会科学出版社，2016.8
ISBN 978 - 7 - 5161 - 8658 - 9

Ⅰ.①风…　Ⅱ.①欧…　Ⅲ.①核保护—研究　Ⅳ.①TL7

中国版本图书馆 CIP 数据核字（2016）第 174961 号

出 版 人	赵剑英
责任编辑	张　林
特约编辑	金　沛
责任校对	石春梅
责任印制	戴　宽

出　　版	中国社会科学出版社
社　　址	北京鼓楼西大街甲 158 号
邮　　编	100720
网　　址	http://www.csspw.cn
发 行 部	010 - 84083685
门 市 部	010 - 84029450
经　　销	新华书店及其他书店

印　　刷	北京明恒达印务有限公司
装　　订	廊坊市广阳区广增装订厂
版　　次	2016 年 8 月第 1 版
印　　次	2016 年 8 月第 1 次印刷

开　　本	710 × 1000　1/16
印　　张	18.5
插　　页	2
字　　数	301 千字
定　　价	68.00 元

前　言

近年，"风险"这一词汇已承担起太多的理论重负，经济学、管理学、社会学、法学、哲学、文学等各个学科纷纷在风险话语背景下创新其理论见解。虽然就风险术语本身并不存在广泛的共识，但"不安全"或"可能的损失"的基本含义从未被动摇过。风险即意味着不安全，因而以安全作为基本价值的法律，可以说自始就暗蕴着风险控制的基本任务。但是，必须看到风险术语的传统含义——可测算和控制的概率事件，迄今都深深影响着制度建设及其实践。在灾害法制研究与实践中，1996年联合国制订的"国际减灾十年计划"给出的风险定义就包括两个部分：风险是一定区域内某一（多）事件可能后果（或严重程度）；风险是特定时间间隔内，某一事件或者一系列重大灾害发生的可能性（或概率）。相应地，风险概念在灾害研究与应对的重要意义，就在于行为层面的预防。然而，自以贝克为代表的"风险社会理论"问世以来，风险一方面和"不利事件""风险事件"相关系，同时也具有建构性特征，是虚拟的现实、现实的虚拟（贝克承认他既是风险实在论者，也是构建论者）。而风险文化主义者，如道格拉斯坚持认为风险不是单纯的技术问题，需要考虑其道德和政治的含义。由此，风险概念从行为层面延伸到观念层面。

核能是一种清洁、效率能源，但核能利用一旦发生安全事故就可能引起灾害性后果。就损害后果的致命性、长久性、不可逆性而言，核灾害（事故）就是几近"可防而不可治"的灾害；并且，从迄今发生的三起严重核事故（1979年美国三里岛核事故、1986年苏联切尔诺贝利核爆炸、2011年日本福岛核泄漏）都和人为操作处理不当密切相关。由此，调整和约束人们的行为——风险预防，就是应对核灾害主要方面。然而，公众对核风险的认知明显不同于专家：从专家的角度，核事故是低概率事件，核灾害风险的程度是较低的；而公众所持有的是迥异于专家的情感认知模式（直觉/经验模式），对核灾害风险的严重程度的排序明显高于专家，公众的核风险意识在媒体的效应下，被放大加强，甚至到了"谈核色变"的恐慌程度。很大程度上，这种恐慌正是风起云涌的"反核""去核"运动的心理基础，在当今世界各核工业国家已经明显影响到了核工业发展。如 2011 年日本福岛核泄漏之后，德国迫于国内反核呼声，已经宣布放弃核电。我国核电工业在 2000 年后快速发展，截至 2015 年 5 月，我国投入商业运行的核电机组数量共 25 台，总装机容量达到 21395MWe。按照国家发改委 2007 年公布的《核电中长期发展规划》，2020 年核电运行装机容量争取达到 4000 万千瓦，考虑核电的后续发展，2020 年末在建核电容量应保持 1800 万千瓦左右。与之同时，从早期福建惠安、山东乳山地方民众反对而放弃核电厂选址，到 2011 年的"江西彭泽核电项目事件"，2012 年民众反对广西平南核电项目选址，2013 年广东江门民众反对建造一座铀处理工厂的计划，我国的"反核运动"也明显呈现密集化、规模化、影响扩大化趋势。当然，对于核安全法律制度及安全管理实践而言，"保障公众安全"就是它唯一的目的。但是，"因噎废食"，以"去核"彻底放弃核电为手段来实现"安全"，绝对不是理性的选择，对于我国来说更是完全不可能接受的。由此，势必要求现有核安全法律制度及安全管理实践正视专家与公众风险认知的差异，努力探索一条调和差异的"中间道路"。从民主法治的角度，不仅制度的建设与实施必须得到社会公众的信任和支持，制度本身的合法性评价标准也体现为社会公众的信任和支持。

所以，本书的核心观点就是：在当今核技术日益发展、安全生产理念日渐深入、安全制度体系不断完善，"反核""去核"运动却有增无减一度影响到核工业发展的背景下，从文化层面去除社会公众对核事故不必要的"非理性"的恐慌，应该是风险社会视阈下核灾害预防制度建设与实践的主要任务。具体到如何预防，本书论证得出包容的风险——可接受的风险，因其根本上追求风险与发展共生、共存，构成预防制度的基本指导方针。进而剖析风险的平等性、普遍性所必然导致的核灾害预防制度建设上的种种难题，从实证角度分析德、法、日、美以及我国台湾地区核灾害预防制度在风险社会背景下的发展，依据我国的实际情况提出强化我国核灾害预防制度建设的建议。全书共分五章：

第一章"风险、核灾害与法律"。本章首先概括了关于风险的种种理论观点，认为从认识论角度，风险/风险社会作为语言/术语，不等同于现实的"风险事件"或"损害"，是它们在人们头脑中构建的图像的反映。由此，各种关于风险的理论观点，其差异根本上就在于风险认识论结构要素的侧重点不同。对于传统的风险观点，声称风险是"可控制的可能性"，在归纳法本身存在的偶然性、不确定性之下，"可控性"只是内心的主观"确信"。因而和侧重建构主义的风险理论观点取得一定程度的相通之处。风险是"可控制的可能性"命题本质上属于偶适性命题，风险即不确定性，彻底颠覆了深远影响人类认识论的"风险和不确定性二分法"。核灾害即由于自然、人为或自然和人为双重作用引发核环境的变异，超出承灾体的承灾能力而造成人们生命财产大量损失的现象或过程，具有突发性、深刻性、长远性和致命性等特点。从灾害到灾害风险体现了灾害预防的理念，而风险（社会）对核灾害法律的影响，主要对预防决策的影响，它要求一个新的法律决策模式，包括立法决策，也包括依据立法而行动的决策。这种新的模式摒弃了纯粹以统计概率为基础的风险观，失去了"客观评判标准"的风险因之饱含争议性，对话与沟通成为法律寻求合法性的必由途径。

第二章"文化的风险：核灾害预防制度建设的依据"。本章首先对风险社会理论与风险文化主义所争议的问题作进一步的梳理，指出风险社会理论与风险文化主义并不矛盾，相反，它们能够完成语言意义的必要的相互补充。核灾害以现实的核事故为知识素材，在"核技术理性""核万能主义""欲望驱动"等关键因素支持下借助媒体被建构为文化意义上的灾害风险，在对"中心"的持续挑战中依赖情感价值的传递——"移情"而逐渐获得集体性的文化认同。风险预防的法律决策可分为"决定是否采取预防措施"和"具体选择预防措施"两大方面（或两种决策）。对风险是否采取预防措施的法律决策，其信息来源涉及风险认知，尽管包括情感价值与理性价值两大对立的判断依据，但主要服从于情感，公众对风险的情感性认知影响立法决策者，因之成为核灾害预防制度建设的依据。

第三章"包容的风险：核灾害预防制度建设的准则"。文化的风险作为核灾害预防制度建设的依据，所要解决的是风险预防制度的基础，即为什么要预防的问题。如何预防是一个典型的操作性问题，所要解决的是具体采取什么样的风险预防措施，是一个行动方案或具体措施的选择问题。本章首先论证指出，在具体选择核灾害风险预防措施中，不再"迁就"公众的情感，重要的原因是，法律作为理性的精神，能够通过理性弥补在决定将核灾害风险列为优先预防事项的"情感"判断的不足。由之决定着核灾害风险预防必须兼容经济的发展，相应地制度设计要突出"回应型"特点，归根结底就是要在法律的框架内通过制度理性使风险能够被社会所接受。为此，制度建设的具体进路中必须澄清"零风险"的不可能性，成本收益分析方法必须明确"界限"。同时，风险治理应该"直观化"，从而为重建公众对政府风险管理的信任创造条件；重视公众参与本身的价值，参与应成为公众接受—适应风险的基本方式；核灾害预防制度必须创制"反馈系统"，彰显风险社会中法律制度的"双重适应"特性。

　　第四章"核灾害预防制度在风险社会背景下域外的发展"。本章主要对德、法、日、美以及我国台湾地区核法律的历史及现状进行介绍和分析。其中，德、法、日等国核灾害风险预防基本属于行政集中化决策模式，有两个基本特点：第一，在严格的制度规定之下，各行政机关职责分工明确。第二，注重公众的参与，但参与必须遵从严格的程序规定，并且公众的意见只是行政决策的考虑因素之一。总体而言，美国有关核安全的法律决策朝着理性—工具范式发展，在机构设置上，美国的做法和德、法、日有很多相似之处。当然，政治体制的差异也使得美国核管理机构因应风险的改革，和其他国家（尤其法国）有着重要的差别。美国的政治体制是为防止权力过分集中而设计的。权力的分散包括国家机构之间的分散，更包括向民间分散。所以，在美国核安全法律制度中，公众参与、信息公开，"见面会"或"听证会"等占据十分重要地位。我国台湾地区核安全法律制度总体上和德、法、日基本相同，都是明显的行政集中化决策模式，但在公众参与方面的规定更为欠缺。和德、法、日等国差不多，我国台湾地区也十分注重信息的公开。因此，对这些国家或地区而言，或者说对这种行政集中化决策模式而言，关键的就是建立公众对政府的信任。如果公众对政府有着较高程度的信任，风险预防决策也就具有了社会可接受性。

　　第五章"风险社会视阈下强化我国核灾害预防制度建设的建议"。本章主要对我国《放射性污染防治法》《民用核安全监督管理条例》《放射性物品运输安全管理条例》《核电厂核事故应急管理条例》《核电厂厂址选择安全规定》等法律法规，以及《核动力厂环境辐射防护规定》《核电厂放射性液态流出物排放技术要求》等国家标准所构成的核法律体系进行梳理，分析其中有关核灾害预防规定的不足，指出风险社会背景下我国核灾害预防制度建设首先必须尽快制定《核安全基本法》，在该法的统领下，有关核设施与核活动的法律法规，必须深刻认识到风险的"实在论"与"建构论"并存的基本特点。并且，重点应从风险的"建构论"出发，针对"文化的风险"构建与完善具体的制度。如此，整体而言，我国核安全立法的重点建设与完善方向也就在于两方面：（1）建设核安全文化制度；（2）完善核设施选址决策的正当程序。两方面密切关联，共同的目标在于为风险预防决策提供"合法性"保障。其中，核安全文化制度直接针对风险的"建构"特点，追求凝聚风险共识，夯实风险决策的合法性，属于迈向核灾害风险"包容性"的实体操作层面。风险决策的正当程序存在于风险预防、应急管理、灾害救助等一系列法律活动之中，从风险预防角度，核设施选址决策的正当程序明显是重中之重。

目 录

第 一 章

风险、核灾害与法律

第一节 风险/风险社会理论：
一种新的认识论

一 有关风险的理论观点

"风险"本是 17 世纪就已出现的词汇，但自乌尔里希·贝克从社会学角度重新阐释以来，管理学、经济学、哲学、法学、工程学等各个学科几乎都对它进行了新的论述。形形色色的，并且通常是相互竞争的观点，可以大体划分为若干特定类型。如大卫·丹尼认为，虽然占主流地位的风险定义依附于一种有关有效性的实证主义观点，但在什么构成了风险这一问题上，至少包括个体主义（individualistic）、文化主义（culturalist）、现象学（phenomenological）和规制主义（regulationist）的观点。具体见表 1.1。

表 1.1　　　　　　　　　　有关风险的理论观点

	理论基础	定义风险者	政策含义	对风险的解释	批评
个体主义观点	概率理论、认知心理学、工程精算学	有资质的专家	个体风险评估需要纳入制度活动中	风险是一个独立的变量	脱离了社会和文化的环境

	理论基础	定义风险者	政策含义	对风险的解释	批评
文化主义观点	社会人类学、结构功能主义、社会建构理论	关于风险和危险的看法是社会文化的产物	政策制定必须考虑到对风险的不同文化理解	客观现实由于政治上对风险的辩论性需求而被修改	僵化的结构功能主义、缺乏对未来社会发展的关注
现象学观点	现象学	个体建构	对高风险的现象（如艾滋病），需要战略性的介入	认知事件提供了风险管理的处方	只能用于分析目的
风险社会观点	风险社会、高度现代性	专家	把私人和公共联系起来的第三条道路、国家根据需要避免风险、通过社会包容来降低风险	传统和后传统社会的出现、高度现代性、反身性	对风险的过分强调
后现代主义观点	后结构主义、后现代性、治理性	专家	对个人和人群加强监控手段	解构现象的倾向，以及创造构成风险的可计算的不同因素	过于集中在解构既存的东西，而忽视现实风险
规制主义观点	系统组织理论	官僚、政客、媒体	创造对风险的系统描绘	对因果关系的差异化区分、包括自然、社会和人造的	过于强调系统的去情境化

资料来源：［英］大卫·丹尼：《风险与社会》，马缨等译，北京出版社 2009 年版，第 15 页。

　　而英国约克大学的珍妮·斯蒂尔教授认为，理解风险有四种维度：其一就是作为决策资源的风险。这种关于风险的理念旨在表明人们何以可能在缺乏某些方面信息的情形下采取理性的行动，其认为正是由于从"风险"的角度来理解不确定性，人们在即使不知未来结果如何时也能筹划其行动。在当代管理和规划实践中，这种类型的风险理念得到广泛运用。这些理念也与法律和法律理论的某些方面有关联，因为其与选择观念和决策观念相容，从而也与个人主体性具有兼容性。

其二是作为个体和团体技术的风险。风险的这个维度与第一个维度有些重合，因为它也是从统计的角度来探索风险观念的源头，然而其进路不同。弗朗斯瓦·艾瓦尔认为，"风险"不过是衍生于保险实践的一个术语，其唯一精确的意义与保险术语有关。按照艾瓦尔的观点，"风险"在过去和现在都不是危险或者威胁，而是一种将某些可能事件之发生归结到某些个体或团体的一种技术手段。保险有赖于如何基于清算信息将个体和事故分类成"风险类别"。人、物和事件被分组分类，风险事件只有通过这种方式才被创造。没有分类就没有风险。因而艾瓦尔认为虽然风险的决策维度给予人们决策的自由，但有决定性意义的是保险，因为保险使人们免于恐惧。

其三是作为控制与统治技术的风险。这种对风险的理解和第二个维度有一定的类似之处，都深受米歇尔·福柯思想的影响，通常被称为福柯式理论或者"统治技艺"型风险理论。艾瓦尔强调运用风险技术来提供安全，依托保险业建构起一种包括分配正义在内的"风险哲学"。而"统治技艺"型风险理论则关注社会控制的技术，它源于西蒙对"风险社会"的分析。他描述了一个正在浮现的"风险社会"如何通过集约机制和风险分流，而非通过使用直接诱迫或者通过改变人们的行为来进行治理和控制。在他后期和菲利（Feeley）的合作研究中，这一观念被用于刑法与刑事政策，所描述的技术超越了个人层面。其处理的是人口整体，或者是意外事故或犯罪的"条件"的变化。这些不依赖于过错归责，在刑事政策范围内它们都与消除犯罪的机会有关。这正是以福柯的"规训"以及"规训"与"管制/规制型"控制的区分为基础：前者是加诸身体，并涉及个人对规范的偏离，福柯称为"身体型政治"；后者则关涉团体层面管理社会大众，福柯称为"生物型政治"。

其四是贝克等风险社会理论者理解的危险事件。①

我国学者认为风险研究者可以划分为两大学派——"量化风险学派"和"整体风险学派"，而划分标准就是他们对"风险"究竟作何理解。量

---

① ［英］珍妮·斯蒂尔：《风险与法律理论》，韩永强译，中国政法大学出版社 2012 年版，第 17—55 页。

化风险学派认为，风险就是某一事件发生的"概率"（probability）。这一概率几乎总是可以计算的，即使不能计算，也存在着管理不确定性的技术手段，如"德尔菲方法""蒙特卡罗方法""贝叶斯定理""成本—收益方法"等。该学派采取"合理选择"方法分析人类的行为，并以此为全部分析基础。因为风险始终是可以计算的，所以风险管理就成了一个主要基于专家评估的过程。而且，专家和普通大众意见上的分歧通常可归因于后者的认识错误。该学派认同风险管理过程至少需要两个不同的步骤，即风险评估和风险管理。如果再多一个步骤，那就是风险沟通。该学派对科学持明显的实证主义观点，基于此，该学派认为风险管理应坚持一种"技术专家统治主义"的模式。在整体风险学派看来，风险是一个或有或无的整体，只要存在风险，不论其概率是大是小，都必须谨慎对待。而风险评估是与价值相关的，而且只有在特定的政治和文化背景下，风险才能被适当界定。该学派认为，风险是一个多面的概念，其中，发生有害事件的可能性只是相关特征之一，其他因素如风险扩散是自愿还是非自愿的、公平还是不公平的，以及危害出现的新特性，对界定风险都很重要。该学派认为科学是复杂的和充满不确定性的，其结果决定于由其所支持的特定价值判断。在这一框架内，公众参与是风险分析的核心，而对风险管理来说，需要采取一种更谨慎的方法。①

　　另外，我国也有学者将对风险的理解归纳为三种方式：一是以劳（Lau）的"新风险"理论为代表的现实主义者，认为风险社会的出现是由于出现了新的、影响更大的风险，以及某些局部的或突发的事件能导致或引发潜在的社会灾难；二是文化意义上的，认为风险社会的出现体现了人类对风险认识的加深；三是制度主义的，以贝克、吉登斯等人为代表。贝克强调技术性风险，吉登斯侧重于制度性风险，他们"两人关于风险社会的论述具有高度的互补性"，成为风险社会理论的首倡者和构建者。②或者从风险管理角度，总结风险的定义包括七种：（1）风险是损失发生的不确定性；（2）风险是事件未来可能结果发生的不确定性；（3）风险

---

① 那力、杨楠：《民用核能风险及其国际法规制的学理分析——以整体风险学派理论为进路》，《法学杂志》2011 年第 10 期。

② 张恩明：《风险社会理论相关研究文献概述》，《探索》2008 年第 1 期。

是指可能发生损失的程度大小；（4）风险是实际结果与预期结果的偏差；（5）风险是一种可能导致损失的条件；（6）风险是损失的大小和发生的可能性；（7）风险是未来结果的变动。并且，指出虽然对"风险"一词的解释众多，但是总体上来说，不确定事件发生的可能性和不良结果是风险一词较为典型的含义。而七种有关风险的定义，可分为两大类：一类强调风险表现为不确定性；另一类强调风险表现为损失的不确定性。若风险表现为不确定性，没有从风险中获得的可能性，属于狭义风险；若风险表现为损失的不确定性，说明风险产生的结果可能带来损失、获利或是无损失也无获利，属于广义风险。金融风险属于此类，风险和收益正成比，所以一般积极进取型投资者为了获得更高的利润偏向于高风险，而稳健型投资者则着重安全性的考虑。①

二　从认识论角度理解风险

认识论，顾名思义，就是关于认识及其发展规律的理论。认识论并不直接研究客观事物本身，它主要是通过对客观事物进行研究的各门具体科学，研究认识发展的一般过程及其规律。所以，认识论是一门反思的科学。黑格尔说："反思以思想的本身为内容，力求思想自觉其为思想。"②在人类历史长河中，不同哲学流派对认识的本质理解不一样。唯物主义者赫拉克利特认为认识的对象是自然界，同时区分了感觉和思想两种认识形式。感觉分辨事物，思想把握真理。在唯心主义者柏拉图那里，认识的对象是理论世界，认识就是把忘记了的理念知识回忆起来，从而割裂了认识的感性和理性形式，以理性否定感性。亚里士多德肯定认识起源于感觉，由感觉产生记忆，他把灵魂比作蜡块上的痕迹。理性活动的任务就是在个别中认识一般。从17世纪开始，特别是到了18世纪，认识论在欧洲哲学中占据了中心地位。这一时期，哲学家们主要是从主体方面入手研究认识论，侧重于对主体的认识能力、认识方式、认识方法以及认识真理性的研究。自我和外部世界、外在经验和内在经验、感性和理性的关系以及理论的形式与发展，成为认识论研究的主要问题。此时还提出了寻找绝对可靠

---

① 张继权等编著《综合灾害风险管理导论》，北京大学出版社2012年版，第103页。
② ［德］黑格尔：《小逻辑》，贺麟译，商务印书馆1981年版，第39页。

知识的任务，试图把这种知识作为其他一切知识的出发点和评价标准。哲学家们为了解决这些问题，选择了不同道路，结果导致唯理论和经验论。经验论把认识来源归结为感觉经验，认为只有通过感觉才能认识世界，获得知识，经验是唯一可靠的。唯理论夸大了理性的作用，认为只有理性才能获得真理，理性是唯一可靠的。18 世纪末 19 世纪初，德国古典哲学家们看到了经验论和唯理论的片面性。康德提出，知识有两个来源，一是构成知识内容的感觉材料，二是先验（不依赖于经验）的认识形式。知识就是由感性和理性综合而产生的。但在康德那里，认识形式是人生来就有的、先天的，两个来源互不依赖、互相隔离。黑格尔力图把思想和存在、主体和客体统一起来。他在唯心主义基础上阐明了思想与存在、主体与客体的辩证关系，把认识看作一个发展过程，并提出了辩证法、逻辑、认识论相一致的原理。费尔巴哈批判了黑格尔的唯心主义，坚持了唯物主义的反映论，但是他离开了人的社会性和历史发展，离开了社会实践来观察认识问题，因而他的认识论仍然停留在旧唯物主义反映论的水平上。马克思主义认识论以社会的历史的实践观点为首要的基本观点，要求在认识和实践的紧密联系和相互作用中，考察认识的产生和发展。承认实践的能动性、决定性，而不是消极的反映。社会实践是认识的源泉、动力、目的和认识的真理性标准。实践原则规定了认识的双重任务，即认识的任务不仅在于正确地反映客观世界，更重要的是在于通过实践能动地改造客观世界。马克思主义认识论把实现知识的价值，把变知识为物质力量的途径和特点，作为一项重要的研究任务。正是在这个意义上，我们说马克思主义认识论就是实践论。在马克思看来，旧哲学的认识论"只是用不同的方法解释世界"，而马克思主义哲学认识论在于改变世界。

总体而言，20 世纪之前的认识论研究对象主要限于"理性认识"。所谓理性认识，就是人们运用概念、判断和推理等逻辑形式来揭示事物的本质和规律的认识活动。在这个过程中，必然会扬弃大量次要的、无关的和表象性的信息，力求集中掌握事物的本质特征。这样做的结果，往往会忽视事物的各种独具的个性。这就是说，理性认识所把握的，只有事物的共性，而没有个性；只有普遍性，而没有特殊性；只有统一性，而失去了丰富性和多样性。从 20 世纪开始，非理性主义风靡西方，在哲学、伦理学、心理学、社会学、政治学等领域广泛流传。非理性主义哲学思潮强调人的精神生活的各种非理性因素，抨击理性的局限和缺陷，它否认理性具有认识世界的能力，同时指出存在本身就具有非理性和非逻辑的性质。非理性主义在本体论上否认世界是一个合乎理性的和谐的整体，把世界看作一个无序的、偶然的、不可理解甚至荒诞的世界。它在认识论上强调内心体验、直觉洞察。叔本华最先开始批判理性主义建立起意志主义的思想体系，他认为"世界是我的表象"。独立于人的表象之外的自在世界，就是意志。意志无处不在，不仅人有意志，动物有意志，植物甚至无机物也有意志，任何物体都是意志的客体化。叔本华断言意志高于认识，意志是第一性的、最原始的因素，认识只不过是后来附加的。叔本华的唯意志论开创了西方非理性主义之先河。深受叔本华思想影响的尼采把生命意志发展为强力意志，建立了自己独特的哲学理论。他认为生命的本质就是意志，是一种贪得无厌的欲望和创造的本能，并以此作为估量一切价值和确立新价值的标准，提出"上帝死了"的口号，抨击希腊以来的理性主义。在非理性主义发展的过程中，尤其值得一提的还有弗洛伊德的精神分析学说。他第一次细致地运用尽可能科学的方法考察人类意识的深层次结构，提出了非理性本能在整个人类精神生活的深层次根据。

诚然，人的非理性因素在人的实践活动中，有着不可忽视的作用。人的实践活动就是一个理性因素与非理性因素相互交织、相互渗透、相互作用的过程。离开了非理性因素，实践活动就无法进行。实践中的非理性因素既有积极的作用，如体现在实践行为中的正确信仰、饱满热情、坚强的意志和合理的激情；又有消极的作用，如本能性、盲目性、自发性、狂热性等。非理性因素在实践活动中的二重性，既存在于非理性认识和实践结构诸要素之中，也存在于它们的相互之间，这是带有普遍性的问题。① 马克思在《关于费尔巴哈的提纲》中也明确指出：旧唯物主义的主要缺点是"对事物、现实、感性，只是从客体的或者直观的形式去理解，而不是把它们当作人的感性活动，当作实践去理解，不是从主观方面去理解"。② 所谓从"主观方面去理解"，即到认识主体自身的欲望、需要、情

---

① 张浩：《认识的另一半：非理性认识论研究》，中国社会科学出版社 2010 年版，第340 页。

② 《马克思恩格斯选集》第 1 卷，人民出版社 1972 年版，第 16 页。

绪、兴趣、爱好等非理性要素中去寻找人类认识的原始动因和依据。

不过，对认识论构成的根本性革新还是从分析哲学以及语言哲学的转向开始的。针对理性认识论中的最重要范畴——概念，石里克认为概念的机能而不是概念本身是实在的。它们既不是思维者意识中的实在结构，也不是像中世纪的"唯实论"者所认为的那样，是它们所表示的实在对象中的某种实际的东西。概念是思维的活动过程，思想本质上并非总是纯粹图像的或直观的，但是非直观的思想也并非纯概念的思想。确切地说，非直观的思想就是某种实在的意识过程——最好称之为意识"活动"——对这种意识活动进行仔细研究属于心理学研究的领域。这些意识"活动"具有模糊和易逝的性质，而概念则具有绝对确定的和清晰的意义。这些意识"活动"，如同图像性思维中的观念和意象那样，只能代表概念，它们本身不可能是概念。① 所以，在认识论上，概念性机能的意义恰恰就在于表示或标示。然而，在这里表示无非意指配列或对应。说将某对象归在某个概念之下也只是说我们把这些对象与这一概念相对应或相配列。对应或相配列才是认识论的本质所在。索绪尔区分语言和言语，语言是言语活动及其一切表现的准则，既是言语机能的社会产物，又是社会集团为了使言语机能社会化所必不可少的规约。而言语活动是多方面的、性质复杂的，同时横跨物理、生理和心理几个领域，同时属于个体的领域和社会的领域。语言作为符号系统是概念和音响形象，即"所指"和"能指"的结合。"能指"和"所指"之间的联系是任意的，就如人们可以用任何一个音响形象指某一概念，因此语言符号是任意的。② 维特根斯坦列出语言哲学需要澄清的四类问题：第一，当我们使用语言打算以它来意指某种东西时，我们心中实际上出现的是什么的问题，属于心理学。第二，在思想、词或句子和它们指称或指谓的东西之间存在着什么关系的问题，属于认识论。第三，使用一些句子来表达真的而不是假的东西的问题，属于阐述这些语句的专门的科学。第四，一个事实（比如一个语句）要能够成为另一个事实的符号，它与后者必须具有什么关系？属于逻辑问题。他认为哲

---

① ［德］石里克：《普通认识论》，李步楼译，商务印书馆 2010 年版，第 39 页。
② ［瑞士］费尔迪南·德·索绪尔：《普通语言学教程》，高名凯译，商务印书馆 2009 年版，第 16、95 页。

学中正确的方法是：除了可说的东西，即自然科学的命题——也就是与哲学无关的某种东西之外，就不再说什么。对于不可说的东西我们必须保持沉默。由此，在哲学史上维特根斯坦给形而上学以历史性的终结，"形而上主体不属于世界，而是世界的一个界限"。对维特根斯坦而言，真正是哲学上的东西，都属于只能是"显示"（而不能说出来的）的东西，属于事实与它的逻辑图像之间共同的东西。世界是事实的总体，而不是事物的总体。人们通过语言给自己建造事实的图像。图像本身作为一个事实，是实在的模型，图像的要素对应于实在中的对象。事物彼此之间具有一定关系这个事实，被图像的要素彼此具有一定关系这个事实所描绘。"在图像和被图示者中必须有某种同一的东西，因此前者才能是后者的图像。图像为了能以自己的方式——正确地或错误地——图示实在而必须和实在共有的东西，就是它的图示形式。每一个图像同时也是逻辑形式，图像即逻辑图像。图像和被图示者共有逻辑图示形式。"①

　　当然，分析哲学或语言哲学出于对传统理性主义的"颠覆"，难以避免有"激进"而导致谬误之处。如按照维特根斯坦的观点，哲学由解释构成，哲学的正确方法限于最大可能清晰和准确地陈述科学命题（而不可得出正确的结论），之所以如此，乃在于语言与实在共有的逻辑形式只能显示，而不能用语言表达。但他本人的思想也是用语言表达的，包括他阐明的许多观点本身也不是仅限于解释。再者，他也明显过分地强调偶然性，"普遍不过意味着偶然地适合一切事物"。尽管如此，分析哲学或语言哲学还是为人们清楚地指出理解主体与客体关系的另一种思路，从而开启认识论的新图式。在哲学层面，有关风险的种种竞争性观点所共同包含或认可的命题，无疑就是风险具有属人性。种种有关风险观点的核心都是有关对风险本身的理解，而在其中可以概括出两条理路：一是实证主义的理路，包括个体主义的风险观、风险社会理论以及所谓"量化风险学派"，对它们而言，重点关注的是风险的实在；无论是自然风险还是社会风险，首先就和人的实践活动相关联，自然风险归根结底也和人类活动息息相关，其次才和人对风险的感知（意识／认知）相关。二是建构主义的理路，包括文化主义、现象学以及所谓的"整体风险学派"，强调风险就

---

①　［奥］维特根斯坦：《逻辑哲学论》，贺绍甲译，商务印书馆 2009 年版，第 25—30 页。

是人的思维建构活动。因而，尽管有关风险的理论也关注"什么是风险"这种相当于本体论的问题，但不论人们对认识论和本体论的关系的看法如何，实际上不以一定的本体论为前提的认识论是没有的。而认识论也就是"知识学"，知识是认识活动的结果，是精神对现实的把握。人正是通过知识，从理论上掌握客体，从观念上改造客体，进而在实践中作用于客体。所以，有关风险的理论完全可以，也应当看成主要就是认识论的问题，有关风险的观点差异主要就是认识理路与方法的差异。而依据分析哲学或语言哲学，风险/风险社会所包含以下认识论。

第一，风险/风险社会，它首先是语言/术语。当然，从风险理论阐述者的角度，它是言语。就如索绪尔说的，把语言和言语分开，我们一下子就把什么是社会的，什么是个人的；什么是主要的，什么是从属的和多少是偶然的分开来了。语言不是说话者的一种功能，它是个人被动地记录下来的产物；它从来不需要什么深思熟虑，思考也只是为了分类的活动才插进手来。相反，言语却是个人的意志和智能的行为，其中应该区别开：（1）说话者赖以运用语言规则表达他的个人思想的组合；（2）使它有可能把这些组合表露出来的心理/物理机构。① 所以，语言是一种社会制度，不同于政治、法律制度，属于一种表达观念的符号系统，属于人文事实。这也就是说，对于每个风险理论阐述者，风险/风险社会所表达的是他/她个人的思想和观念，不过，同时也具有社会性，必然运用社会符号系统表达。然而，在这一社会化的过程中，表达者个体的思想和观念或多或少地会偏离他/她本来的想法，所以就有维特根斯坦说的"哲学就是解释"。风险/风险社会作为语言，是一种事实、一种实在。它把形形色色的属于个体的言语联合为一个语言整体时，必定要共享某种东西，通过某个东西联结，这个东西就是分析哲学说的"形式"。

第二，不能将风险/风险社会概念等同于"不利事件"或"风险事件"。个体主义的风险观、风险社会理论以及所谓"量化风险学派"，在相当程度上将他们的风险概念对应于"不利事件"或"风险事件"，其所谓的风险大体就是"实在风险"，尽管这种认识理路也考虑到人们的风险

---

① ［瑞士］费尔迪南·德·索绪尔：《普通语言学教程》，高名凯译，商务印书馆 2009 年版，第 21—22 页。

意识。比如贝克在对风险社会的论述中，所提到的风险例子诸如切尔诺贝利核事故、英国疯牛病等。分析哲学在此正确地提醒人们，从个别经验的事件不能推导出风险/风险社会作为整体的概念。按照维特根斯坦的观点，简单物的命名在逻辑学中就是逻辑上的起点。断言一个原子事实的命题称为一个原子命题，所有原子命题在逻辑上必定是独立的，因此，逻辑推论的全部工作仅涉及非原子命题（分子命题）。① 从这里，清楚地显示维特根斯坦主张的逻辑的认识理路——从个体到个体的组合。个体物（简单物）不仅是逻辑学的起点，也是认识论（或哲学）的起点。对于经验主义/实证主义而言，任何人所谓断言（命题）总需要某种"素材"（依据），而这种"素材"（依据）在逻辑起点无疑是个体的（个别的），如一次又一次看到史密斯先生早上 8 点从大门进来，于是断言"史密斯先生通常早上 8 点从大门进来"。但维特根斯坦否认这里存在哲学的必然性，看到史密斯先生第 99 次早上 8 点都从大门进来，并不必然可以得出史密斯先生第 100 次早上 8 点还是会从大门进来，没有一种强制性使得一事实发生了另一事实就必须发生。所以，"不利事件"或"风险事件"构成风险/风险社会命题的素材，但仅仅是"素材"。

第三，风险/风险社会概念和"不利事件"或"风险事件"的联系并非"映射"。"不利事件"或"风险事件"作为"素材"是必要的，但就如贝克觉察到的"风险生产与知识的关系"，直接关联风险/风险社会概念的是人们头脑中的关于"不利事件"或"风险事件"的印象。按维特根斯坦的说法，就是"图像"，"逻辑图像可以图示世界""真的思想的总体就是一幅世界的图像""世界是我的世界"。虽然人们也将"无知"和"风险"联系，对某种环境或者未来事态处于完全不了解状态下，的确可能使人们产生恐惧感。但这种恐惧感不会凭空产生，"初生牛犊不怕虎"，只有基于某种心理印象或结构才能产生恐惧。

所以，总体而言，就如维特根斯坦说，"语言的职能在于断言或否定事实"，这里的事实不是事物，不是现实的世界，而是"世界的图像"。而语言本身也是人文事实，寻找两种事实的对应规律便是风险认识论。它不否认也不忽视"不利事件"或"风险事件"在风险认识论结构中的

---

① ［奥］维特根斯坦：《逻辑哲学论》，贺绍甲译，商务印书馆 2009 年版，第 100 页。

"要素"地位，但始终只是将其作为"素材"。由此，不难发现，当今各种关于风险/风险社会的理论观点，其差异根本上就在于风险认识论结构要素的侧重点不同。如果将各种观点理解为实证主义与建构主义两种理论。那么，前者明显强调风险概念的"素材"，而后者则强调风险概念的机能。但无论如何，都意味着思维观念的转变：首先，人们认识到社会和自然，文化和环境之间的界线日益模糊；其次，人们对安全和风险的认识和理解发生了变化，在很大程度上对传统社会秩序的基本假设提出了质疑；最后，传统工业社会文化的阶级意识、进步信念等集体观念正在退化，个体化的观念日益强化。① 既然如此，各种不同的风险理论观点，与其说存在竞争性，不如说正好能够相互补充。而从认识论的角度，完全不妨碍并且也应该将它们作整体的理解。

三 风险/风险社会开创的新认识

在各种有关风险的理论观点中，还有必要对个体主义风险观或者"量化风险学派"作进一步的说明。个体主义观点的基础在于风险概率可以通过测量预先确定的影响因素而获得。因而，风险是不利事件在规定的时间范围内发生的可能性。作为统计理论意义的可能性，风险服从于已知的概率累积法则。② 因而对风险的概率计算是可能的，根据假说—演绎法，风险是位于一个特殊的、可以计算的、被统计测量的因素影响的情境之中。这种个体主义风险深深影响着保险业评价风险的方法。如爱德华（Ewald）认为，保险风险有三个特征：其一，风险是可以计算的。某一事件要成为风险必须有一定的规律性以及发生的概率。其二，风险是一个集合的概念，因为仅仅当事件发生的概率是与总体相对时，这一概率才是可计算的。其三，风险是资产，因为"被保险的并不是某人实际经历、遭受、痛恨的伤害，而是承保人为其损失提供的资金担保"。③ 个体主义风险观或者"量化风险学派"将风险的核心理解为"可能性"，和其他有

---

① 王小钢：《贝克的风险社会理论及其启示》，《河北法学》2007 年第 1 期。

② ［英］大卫·丹尼：《风险与社会》，马缨等译，北京出版社 2009 年版，第 15 页。

③ Ewald, F. (1991) "Insurance and Risks", in G. Burchell, C. Gordon and Miller (eds), *The Foucault Effect: Studies in Governmentality.* Chicago: University of Chicago Press.

关风险的理论观点取得了形式的一致性，即都反映的是主体对客体的一种判断或思维活动。但对个体主义风险观而言，这种"可能性"是理性掌控的范围，按照"量化风险学派"至少也存在着管理不确定性的技术手段。对于个体主义风险观，学界的批评大体有以下两方面：第一，因为将风险和"不利事件"相联结，个体化的风险评估已经变成了一种避免责备和分摊责备的管理装置。如肯沙尔（Kemshall）把无限扩展的个体化的风险评估与"责备文化"（blame-laden culture）联系起来，在这种文化中，有责任评估风险的组织或个人会倾向于保护自身免受可能的诉讼。个体化的风险评估还存在导致脆弱性个体丧失权利的潜在可能性。第二，过分关注普遍性而产生的问题，如克列尔和卡多拉（Clear and Cadora）论述道："风险工具的使用把以前基于评估自身观点和技术的判断标准明晰化、标准化和客观化了。"① 因为普遍化的标准，具体的个体如产品使用者、病人、客户等之间的差别被淹没了，基于权利的个别化要求可能被定量化的风险评估以及相应的风险管理所忽略。人权研究者在此也广泛批评个体化的风险评估，指出：源自个体主义的风险评估并没有充分考虑更大范围中的结构性风险。这种结构性风险蕴含了对某些特殊群体的歧视，比如黑人可能会由于执法人员对事件的主观理解而存在更高的被拘留风险。②

毫无疑义，风险技术或风险事件和对有规律事件的观察有关。早期的概率论研究关注的是概率博弈游戏中的随机事件，比如轮盘赌、扑克牌、骰子以及掷硬币。通过足够的样本，可计算出事件发生的频率，从而得出随机事件具有高度的可预测性。然而，根据伊恩·哈金的叙述，关于概率的两种观念很快被用于解决两个相当不同的问题，概率因此一直具有两个方面。③ 第一个方面源于观察的统计学分析，它理解"偶发事件"并发现这些偶发事件似乎遵循的"规律"。概率的这方面意义使人们基于概率而知道可以期待什么，也使人们通过理解"偶发"的本质（因为偶发事件的发生也是有规律可循的）来弥补信息不充分。概率的第二个方面是

---

① Clear, T. R. and Cadora, E. (2001) "Risk and Correctional Practice", in K. Stenson and R. Sullivan (eds), *Crime, Risk and Justice*. Cullompton: Willan.

② Denney, D. (1992) *Racism and Anti-racism in Probation*. London: Routledge, p. 287.

③ Iran Hacking (1975), *The Emergence of Probability*, Cambridge, Cup, chs2 and 8.

"决策理论"。这种意义明显不同，部分是由于其使概率理论被拓展应用到某类情形，即事情未知但其未知因素并非仅仅是概率问题。哈金的发现源自数学与哲学家帕斯卡（Pascal）的研究，帕斯卡指出两个长期困惑人们的问题解决方案。第一个就是对概率事件的预测，他设问：在一个概率博弈中，在两个参与者的博弈尚未结束的情况下，该如何在这两个人之间公平分配份额？帕斯卡的解决方法是确定人们所期待的假想、未来的博弈模式，然后根据这种模式进行相应的注码分配。第二个发现即在没有证据可证明上帝存在时，人们该当如何行事以及信仰（相信）什么。对此困惑的解决就是著名的"帕斯卡赌局"。虽然帕斯卡对此解决方法的论证饱受批评，但他提出了一个重要问题，即在缺乏相关知识或者信息的情况下，什么样的确信才具有"理性"？决定采取行动才合乎情理？哈金看到了两个问题完全不同：概率的"频率"意义基于对过去发生的样本的归纳，并以之对未来具有指导作用；概率的"确信"是一种臆想，它陈述的是相信程度，而不是"频率"，它将概率博弈的推理结构转化为"非几率事件"。"确信"虽然也用概率表示，但它一般不是基于对过去发生事件频率的归纳，而是可能基于某种"非频率型的"证据。因而，它不完全是主观的，更不是纯粹的毫无根据的想象。比如某位科学家宣称可以90%地相信导致恐龙灭绝的原因是一颗巨大的流星。

事实上，就概率的第一个方面而言，它依赖于通过归纳法得出的"频率"，而归纳法就如亨普尔指出的：从事前收集到的资料推出一般原理，这种理想的科学研究过程可分四个阶段：（1）对所有的事实进行观察与记录；（2）对这些事实进行分析与分类；（3）从这些事实中归纳地导出普遍概括；（4）进一步检验这些普遍概括。然而，如此设想的科学研究根本无法开始，甚至它的第一阶段也永远无法完成。因为要收集所有的事实不得不等到世界末日，不但如此，即使要收集到目前为止的全部事实，也是不可能的，因为它们的数量无限，种类也无限。所以，亨普尔认为，也许第一阶段所要求的，只是收集和某一个特定问题相关的事实。并且，严格来说，经验"事实"和发现能称得上相关或不相关的，只是参照某一特定的假说而言的，而不是参照某一特定问题而言。收集相关的"事实"或资料，就是为验证这种试探性假说。对于第二阶段，也可以加以类似的批评。如果对经验发现进行分析与分类的特定的方法导致对相关现象的解释，则它必定是建立在有关这些现象是怎样联系着的这样的假说基础上；没有这样的假说，分析和分类都是盲目的。对于第三个阶段，亨普尔反对推论的机械论。

> 不存在这样的普遍可适用的"归纳法规则"，运用它，假说和理论就可以从经验资料中机械地导出或推论出来。从资料过渡到理论要求有创造性的想象。科学假说和理论不是从观察事实中导出的，而是为了说明事实而发明出来的。它们是对正在研究的现象之间可获得的各种联系的猜测，是对可能是这些现象出现基础的齐一性和模式的猜测。这类"巧妙的猜测"需要伟大的才智，尤其是当它们与科学思想流行模式偏离很远的时候，如像相对论和量子论所经历的那样。最后一个阶段包含了关于科学客观性的一个重要提示。科学家在努力寻求他的问题的解答时，可以自由发挥他的想象力，而他的创造性思维过程甚至可能受到在科学上是有问题的观念的影响。①

这也就是说，个体主义风险观或者"量化风险学派"在本质上仍然不泛主观色彩。概率的第一方面体现了科学研究者或实验者对频率的主观"确信"，第二个方面即概率的应用意义——指导个体决策，更明显是主观的、属人化和直觉的，基于行动者内心的"确信"。所以，完全可以认为，"概率"其实只是提供了人们行动决策的信息，而"确信"才是行动的动因。就此而言，风险在决策上的意义或者说作为一种决策资源，没有人能够否定它的意义。风险文化主义、风险社会理论共识性的观点就是概率分析是风险认识与研究的历史起点，这点贝克和道格拉斯等都以不同的立场表示同意，如玛丽·道格拉斯（Mary Douglas）认为尽管通过概率分析方法认识风险已经过时，但它提供了一种现代思维。② 由此，在对风险的理论分析中，必须区分认识范畴的风险概念与实践范畴的基于风险的决策，尽管两者无疑是密切关联的。就风险的认识论而言，个体主义风险观

---

① ［美］卡尔·G. 亨普尔：《自然科学的哲学》，张华夏译，中国人民大学出版社 2006 年版，第 17—24 页。

② Mary Douglas（1990），"Risk as a Forensic Resource"，119（4）Daedlalus 1.

或者"量化风险学派"所要重点关注的就是作为语言形式的风险概念与个体内心"确信"之间的关系。换言之，所关注的是作为语言形式的风险概念有无意义，这很大程度上必须从科学哲学中得到解释。什么样的语句才是有意义的？也就是意义的标准。早期的逻辑实证主义者提出可证实原则，如石里克主张：一个命题的意义，就是证实它的方法。而这种方法，依其逻辑实证主义立场，也就是直接可观察的方法。可证实原则明显无法适用于全称命题的证实，而科学命题大多是全称命题，如"所有金属都导电"。所以，批判理性主义代表人物波普尔提出可证伪原则，然而对于存在命题证伪原则又无法适用。波普尔再三辩解可证伪原则是科学和伪科学的划分标准，而非认知意义的判断标准。科学命题通常是以全称命题的形式出现，因此是可以证伪的。但蒯因对此提出了异议，认为有些全称命题的内在形式比较复杂，也可能无法证伪，如"所有人都会死"。所以，艾耶尔提出可验证原则，即一个陈述如果是有认知意义的，且仅当这个陈述和其他辅助假说合取时，能够推导出观察命题，并且这些观察命题不能由辅助假说单独推出。可验证原则尽管经过艾耶尔本人的修正，但到逻辑学家邱奇（Alonzo Church）建构邱奇公式科学哲学还是彻底放弃了将之作为认知意义的判断标准。其后提出的可翻译原则，包括可定义和可还原要求等，都遇到逻辑上的困难，总能构建出反例。

意义的标准被迫转向整体论，认为认知意义并非"有—无"之二分，而是有程度之分。这种宽容的立场实际上是放弃了逻辑经验主义严格的意义标准。如亨普尔认为意义标准是一个语言建议，所以它没有真假可言。以库恩为代表的历史主义提出"范式"（paradigm）概念在科学哲学中引入历史元素，提出范式间的"不可通约"（incommensurable），从而引发相对主义的问题。这样，科学理论的选择就没有了理性基础，而是取决于历史、社会等偶然因素，于是科学的客观性和合理性都成了问题。库恩的相对主义引发了种种后现代思潮，非理性主义、建构论、女性主义都可视为库恩的历史主义的发展和延伸。库恩的历史主义也正式宣告了逻辑实证主义的终结，以后的科学哲学基本上就是希望综合历史主义和逻辑主义，从而走出一条中间道路来。如劳丹（Larry Laudan）继承了历史主义的传统，从经验论和实用主义的立场来为科学合理性、进步性辩护。他认为，科学的最终目的不是寻求真理，而是在于解决问题，由于新的科学往往比旧范式具有更强的解决问题的能力，因此科学发展是合理的、不断进步的。于是，关于意义的争论转为关于生成与表示意义的方法的争议。个体主义风险观或者"量化风险学派"笃信风险就是"可控制的可能性"，命题的正确性依赖于概率统计方法的可靠性，回到前文对归纳法的评述。

　　所以，必须认识到个体主义风险观或者"量化风险学派"声称风险是"可控制的可能性"命题，本质上属于主观、偶适性命题。它的客观普遍性，即概率的逻辑支持。由于它并非逻辑的必然性命题，因而即使观察与实验得出反例，只有在逻辑统计的意义上超过它的支持概率时，才会被认为是错误的。由此，这些命题其实也并非不正确，但却必然存在个体性与普遍性之间的张力。以道格拉斯为代表的风险文化主义以及以贝克为代表的风险社会理论，正是看到了这点。而试图从普遍性角度阐释风险概念。如道格拉斯建议风险可以用她称作"网格"（grid）和"群体"（group）的概念来分析。"网格"描绘了一种情境，代表一种来自社会分层的约束形式。"群体"指个体间相互被限制在一个较大社区中的某特定子群体的人群中的程度。当群体很强的时候，成员和非成员之间有很清晰的边界。同时，尽管个人可以离开群体，但由于作为群体成员可以获得很多的收益，离开的代价会很高。因此，群体成员可以对个体施加相当的压力使其遵循群体的要求。[①] 利用文化的分类法，道格拉斯坚持认为，风险不是一个客观中立、可测量的词语。风险不能与社区的道德、审美和政治基础分开。贝克将后现代社会诠释为风险社会：发达现代性中，财富的社会生产系统地伴随着风险的生产；短缺社会的财富分配逻辑随着现代化进程中科技的发展、生产力的指数式增长或早或晚会与后现代性的风险分配逻辑重叠。生态、金融、军事、恐怖分子、生化和信息等方面的各种风险，在当今世界里以一种压倒性的方式积聚；深度"全球化""一体化"下"飞来器效应"使风险失去了边界意义，带给地球上所有人不具体却普遍的痛苦，没有逃避的可能，没有什么东西不是危险的。对风险社会理论也做出过重要贡献的安东尼·吉登斯相信高

[①] Hargreaves Heap, S. and Rose, A. (eds) (1992) Understanding the Enterprise Culture: Themes in the Work of Mary Douglas. Edinburgh: Edinburgh University Press, p. 9.

度现代性的中心特征之一就是对真理和对真理主张的不确定性。与此相伴的是对专家预测复杂风险能力的怀疑，加深了大众的焦虑。[①] 贝克强调"有关风险的陈述从来没有简化为仅仅是关于事实的陈述，它包括理论和规范的内容"，[②] 而在理性与抽象层面，风险或风险社会的规定性特征毫无疑问唯有主观性、不确定性。风险即不确定性，彻底颠覆了深远影响人类认识论的"风险和不确定性二分法"，进而构成在其基础上旨在消除风险的、现代社会的政治与法律制度的根本性挑战——现代性的人类学确定性建立在流沙之上。

第二节　风险社会视阈下核灾害成灾机理

一　从灾害到灾害风险：灾害研究与应对实践的发展

灾害伴随人类历史发展的全过程。如我国在进入奴隶社会之后，随着文字的出现，就有了关于灾害的记载。尧舜时期对洪水的描述称："滔滔洪水方割，荡荡怀山裹陵，浩浩滔天，下民其咨""洪水横流，泛滥天下"。[③] 春秋时期有旱、涝、冻、雹、风灾的记录，且有"大旱""大水""五稼皆不收也"等灾害程度的描述。人们对灾害的认识首先是从自然灾害开始的。在早期阶段通常把地震、洪水、台风、滑坡、泥石流等自然现象称作自然灾害，研究它们的形成条件、活动规律和防治措施。如国外灾害研究堪称典范的美国，早期研究主要以地理地质科学、气象科学和工程学为主，称为"工程学派"或"地理学方法"（Geography Approach）。20世纪40年代这种传统的方法受到"风险范式"（Hazards Paradigm）的挑战。"风险范式"又称"行为主义方法"，始于20世纪40—60年代吉尔伯特·怀特（Gilbert White）和他的学生伊恩·伯顿（Ian Burton）和罗伯特·凯特（Robert Kates）关于人类行为对洪水的调节作用的分析。他们反对将自然灾害看成自然界影响人类的终极力量，强调人类行为对环境的

---

① Giddens, A. (1991) *Modernity and Self-Identity：Self and Society in the Late Modern Age.* Cambridge：Cambridge：Cambridge University Press, pp. 108 – 126.

② ［德］乌尔里希·贝克：《风险社会》，何博文译，译林出版社2004年版，第26页。

③ 原国家科委国家计委国家经贸委自然灾害综合研究组：《中国自然灾害综合研究的进展》，气象出版社2009年版，第21页。

影响。按照他们的观点，自然灾害是"人类对自然资源的利用和自然现象系统共存调适过程中的相互作用"①，因为人们的生活方式以及对自然资源的利用决定着人群对环境的暴露度（Exposure），形成人与自然环境相互作用的条件，从而引起人们对自然环境控制关系的变化，最终导致"自然灾害"。"风险范式"运用人类生态模型，其核心层面在于将人的理性作为关键性基础因素，解释自然事件系统中的人类行为什么能够引起灾害的发生。其中，个体或群体关于"自然风险"的意识、反应等都是决定因素，而调节人们的意识与观念可以调节人们的环境暴露度。② 依据"风险范式"，人的理性或者说"有限理性"（Bounded Rationality）支配下的错误观念、知识以及不当决策与行为是灾害产生的支配性因素。强调灾害产生的"人为因素"，对于防灾、减灾无疑具有重要意义，但它过分强调灾害形成的"主观性"。

　　自 20 世纪 70 年代开始"风险范式"受到多种层面的质疑。如一些地质灾害研究者在对发展中国家灾害与饥荒关系的研究中，发现行为主义方法不能解释这些国家发生的灾害现象。针对行为主义方法的根基——"有限理性"，批评者如华克（Walker）认为，尽管怀特（White）等充分意识到社会条件影响个体对"自然风险"的观念与反应，但他们没有提出可操作性的社会理论，以解释如何构成或限制个体或群体的反应。③ 随着批评的不断深入，逐渐发展起新的灾害研究范式——"脆弱性范式"（Vulnerability Paradigm）。因为几乎所有的评论者无论是属于自由主义流派还是激进主义阵营，都试图从不同方面说明社会、政治与经济结构导致风险脆弱性的重要作用，又称"政治—经济方法"。其中，自由主义流派试图从管理的角度揭示社会组织是如何影响个人的观念和行为。而西方马克思主义者倾向于运用政治—经济的分析方法，强调基于阶级的社会差别决定着不同的风险脆弱性水平。按照这种观点，是不利的生存条件导致了风险脆弱性，而不利的生存条件又由社会宏观政治与经济结构所决定。在

---

　　① Burton, I., Kates, R. W., White, G. (1978), *The Environments As Hazard*, New York, Oxford University Press. p. 56.

　　② et al., pp. 110 – 123.

　　③ Denis Arsenault, B. A., B. Soc. Sc. (1998), *Environmental*, *Security and "Natural" Disasters*: *Contesting Discourses of Environmental Security*, Carleton University, Canada, p. 25.

激进主义阵营中最引人注目的批评性观点属于边缘主义理论，其指出发达国家对发展中国家输入资金以改造其传统农作模式，造成这些国家或地区农民应对诸如干旱等自然灾害的能力下降。苏珊（Susman）等甚至认为为减轻灾害的资金输入也常常违背受灾者的利益（尤其是穷人），导致了他们的风险脆弱性。① 尽管"脆弱性范式"对解释灾害原因很有说服力，但也受到责难。如 W. I. 托里（W. I. Torry）认为其过分强调终极原因，而忽视了可能的原因。并且，犯下教条主义错误，因为不能解释资金未输入时灾害的发生。稍后，史密斯（Smith）也指出"脆弱性范式"在促进社会—政治和经济实质性改变中缺少实用性。② 不过，"脆弱性范式"相较于"风险范式"，无疑拓广和拓深了人们对自然灾害的认识。

　　无论何种灾害研究的范式，一般都区分"自然风险"（Natural Hazards）和"自然灾害"（Natural Disaster）。前者指气象、地质或生物的过程或事件，如洪水、干旱、野火、地震、火山喷发、泥石流、疾病和虫害等给脆弱性的人群所施加的威胁，包括对人身安全的威胁，也包括对财产安全的威胁。……当有着相当强度的"自然风险"作用于某大量人口集中的区域，超过人们的承受能力导致大规模的损失时，就是"自然灾害"。③ 显然，"自然风险"（Natural Hazards）不全是"负面的"。如洪水可能是破坏性的，但也会带来肥沃的土壤。保罗（Paul）注意到孟加拉国的农民就用不同的术语区分"有益的"洪水和"有害的"洪水，反映出洪水影响的双重本质。④ 类似地，布莱基（Blaikie）等指出，火山灰能形成肥沃土壤，也许是人们不顾危险而倾向于邻近火山建立定居地的重要理由。⑤ 而由于在定义"自然灾害"中引入关键性的人群"脆弱性"概念，

---

① Susman, P., O'Keefe, P. and Wisner, B. (1983) "Global disaster: A Radical Interpretation", in Hewitt, K. (ed) *Interpretations of Calamity*, Boston, Allen&Unwin, pp. 263 – 283.

② Denis Arsenault, B. A., B. Soc. Sc. (1998), *Environmental, Security and "Natural" Disasters: Contesting Discourses of Environmental Security*, Carleton University, Canada, p. 29.

③ Denis Arsenault, B. A., B. Soc. Sc. (1998), *Environmental, Security and "Natural" Disasters: Contesting Discourses of Environmental Security*, Carleton University, Canada, p. 15.

④ Paul, B. K. (1997) "*Flood Research in Bangladesh in Retrospect and Prospect: a Review*", Geoforum, Vol. 28, No. 2, pp. 122 – 123.

⑤ Blaikie, P., Cannon, T., Davis, I. and Wisner, B. (1994) *At Risk: Natural Hazards, People's Vulnerability and disasters*, London, Routledge, p. 185.

使得定义中的"人为"因素增加，使得以"自然"或"非自然"定义"灾害"的合适性受到质疑。① 自然灾害的"自然"和"社会"（人为）因素得到普遍承认。除了自然灾害定义中关于"自然"的认识深化，对灾害本身的定义也同样如此。较早期的研究（国外大体在20世纪70年代之前）广泛影响人们的观念是，用"超过一定规模的人身与财产损失"定义"灾害"。典型的例子是科罗拉多大学（Colorado）自然灾害研究小组定义灾害为"至少造成一百人死亡或一百人受伤或者一百万美元的损失"。② "定量化"的方法尽管不失客观和准确性，但其不仅在直接损失与间接损失的考虑方面，而且根本上在以金钱损失定义"风险事件"方面均存在明显缺陷。如针对发展中国家该方法就可能不能准确地反映"风险事件"对其在政治与社会方面的影响。甚至可能出现明显的悖论，如龙卷风可能对美国郊区少数家庭造成破坏，从而造成超过一百万美元的损失，因此称为"灾害"；而台风在第三世界国家破坏了数以千万计的茅草房，但损失在一百万美元之内，因之不能称为"灾害"。③ 基于"定量化"方法的不足，"定性化"方法开始被研究者采用。如布莱基（Blaikie）等坚持"灾害"的定义应是：大规模数量的脆弱性人群，遭受"风险"或者损失，或者被迫中断了他们的正常生活，没有外界的帮助就没办法恢复。④ "定性化"的灾害定义显然就是引入"脆弱性"概念的结果，它强调对人们生活的影响以及人们的恢复能力。但这种定义也存在不足之处，即缺少对受影响的人群数量的描述，从而在众多事件中界定"灾害"就会变得困难。因此，就如亚伯兰·伯川德（Albala-Bertrand）认为的，定义灾害中考虑"数量"与"质量"同等重要。⑤

① Wijkman, A. and Timberlake, L. (1984), *Natural Disaster: Acts of God or Acts of Man?*, London, Earthscan, p. 11.

② Denis Arsenault, B. A., B. Soc. Sc. (1998), *Environmental, Security and "Natural" Disasters: Contesting Discourses of Environmental Security*, Carleton University, Canada, p. 16.

③ Wijkman, A. and Timberlake, L. (1984), Natural Disaster: Acts of God or Acts of Man?, London, Earthscan, p. 19.

④ Blaikie, P., Cannon, T., Davis, I. and Wisner, B. (1994) *At Risk: Natural Hazards, People's Vulnerability and disasters*, London, Routledge, p. 21.

⑤ Albala-Bertran, J. M (1993), *The Political Economy of Large Natural Disasters*, New York, Oxford University Press, pp. 11 – 14.

　　我国是自然灾害较为频繁的国家之一，赈灾救灾在封建社会一直是统治者的重要职责。有学者甚至明确将"救灾依赖"视为我国历史上建立大规模国家的发展道路之一。① 新中国成立之初，为尽快从战争中恢复国民经济，我国把灾害防治的重点放在交通路线的周边，为工业建设保障基础设施建设。20 世纪 70 年代基本是我国灾害防治研究的探索阶段，研究者认识到灾害的地区分布性。20 世纪 80 年代以来，随着对自然灾害损失的研究，逐渐认识到人类活动和社会因素是形成灾害的重要因素，即自然灾害的自然与社会双重属性。20 世纪 90 年代以来才开始灾害与社会的综合研究，其基本分三个阶段进行：第一阶段 1990 年以前，重点是进行灾害自然属性即自然灾变的研究。主要是收集、统计自然灾变事件、强度、频次，研究自然灾变的空间分布与发展规律，并进行灾变时、空、强的预测研究。第二阶段 1995 年以前，对灾害的双重属性进行全面研究。除继续研究自然灾害的自然属性外，加强了灾变对社会的影响研究，包括人口死亡、经济损失等；同时开展了减灾能力的初步调查和统计，开始重视自然灾害对社会与环境的影响和人类社会活动及环境变化对灾害及减灾的互馈影响。第三阶段是 1995 年以后，重点进行社会承灾体受灾程度和承灾能力的研究。在对自然灾害双重属性研究的基础上，以自然灾变、社会承灾体易损性、减灾能力三大因素的现状与发展为基础，开展了 1950—2000 年自然灾害危险性、危害性和减灾能力的评估和区划及未来灾害风险的预测研究和评估；并在此基础上，定量化地研究了自然灾害对人类、社会、经济、环境和可持续发展可能造成的影响和社会对灾害的可接受能力，进而提出了一系列灾害防御、灾害应急规划和计划，推动了减灾社会化和产业的发展。

　　显然，我国对灾害的研究也大体遵循"地理学方法"→"风险范式"→"脆弱性范式"的学术发展脉络。20 世纪 90 年代以来，逐渐认识到自然灾害是自然动力活动作用于人类或者二者相互作用的自然社会现象，并普遍承认承灾体的"脆弱性"是灾害系统的基本构成要素。如牛志仁 1990 年在概括灾害的定义时认为，"灾害是对人类社会（生命、财

----

　　① 吴嫁祥：《公天下：多中心治理与双主体法权》，广西师范大学出版社 2013 年版，第53 页。

产、经济、政治等）引起破坏的事件"，① 基本要素包括孕灾环境、致灾因子、承灾体三方面。1991 年马宗晋、高庆华撰写了《减轻自然灾害系统工程初议》，提出减轻自然灾害是一项包括监测、预报、评估、防灾、抗灾、救灾、重建、保险、立法—教育、规划—指挥等十个子系统构成的系统工程。依据自然灾害的自然与社会双重属性，认识到人口—资源—环境—灾害的互馈关系。根据灾害对社会影响和社会的减灾需求，在分析"灾害—社会—减灾—发展"辩证关系的基础上，提出了 21 世纪初的减灾综合策略，认为减少人为致灾因素，转移和保护受灾体是最经济、最有成效的减灾措施；提出社会经济发展、环境建设、防灾减灾是一项系统工程，必须统筹兼顾的策略。1992 年马宗晋、高庆华在《论人口—资源—环境—灾害恶性循环的严重性与减灾工作的新阶段》一文中指出"危害人类生命财产的各类事件通称之为灾害"，"自然灾害是自然变异与社会相互作用的现象"。张梁、张业成、郝秀英等在 1994 年阐述自然灾害含义和属性特征时，认为只有对人类生命财产以及人类赖以生存的资源、环境造成明显直接破坏的自然变异现象或过程才称为自然灾害。因此，自然灾害的基本要素由致灾因素和承灾体两部分组成。1998 年马宗晋、高庆华撰写了《减轻洪水灾害的关键是减少人为致灾因素》等文，进一步阐述了自然变化和人类活动对自然灾害的双重影响，讨论了太阳活动、地壳运动和全球变暖等因素的致灾作用，提出了综合减灾要与人口政策、资源开发、经济发展、环境保护统筹兼顾的对策意见。②

不过，具体在术语用词方面还是存在一定的差别，细致甄别有利于吸取国外研究之所长，为我国的减灾工作提供助益。首先，国外研究较清晰地区分"自然风险"（Natural Hazards）和"自然灾害"（Natural Disaster）。前者是因，后者是果。而我国学者大都对应使用"灾变"和"灾害"两个概念，虽然据此也能较好地突出"灾害"的本质属性与特征，但"灾变"概念主要是否定意义，而"自然风险"则是中性概念。风险有弊也有利，贝克在其风险社会理论中反复强调风险的机会意义，"许多

---

① 牛志仁：《关于灾害系统的若干问题》，《灾害学》1990 年第 3 期。
② 原国家科委、国家计委、国家经贸委自然灾害综合研究组：《中国自然灾害综合研究的进展》，气象出版社 2009 年版，第 5、57 页。

理论和理论家没有认识到风险社会的机会"。① 我国研究者也认识到这种双重性，但却直接表述为"自然灾害既有害，也有利"。② 这里，不仅混淆了"灾变"和"灾害"，坠入灾害研究的早期初浅认识之中。更关键的是"灾变"术语本身，不能突出"风险"的特征。不仅关于灾害的理论研究从 20 世纪 90 年代以来无不以"风险"为核心，而且灾害应对实践从 20 世纪末期开展国际减灾十年活动至今，从减轻灾害向减轻灾害风险转变也是灾害应对的基本发展规律。当然，"自然风险"术语也容易引起误解。在自然灾害具有自然和社会双重属性的共识之下，这种作为"自然灾害"的因的"风险"再冠之以"自然"修辞词，明显不再合适。其次，对于国外灾害研究中的核心概念"脆弱性"，我国学者倾向于使用承灾体的"易损性"。研究者将承灾体分为三大类：自然的——建筑物、工农业基础设施，经济的——经济财产、收益、工业产品，社会的——生活及社会的恢复与重建。并将易损性定义为"指在一定条件下受灾体的抗御能力及其毁损程度"，③ 显然和国外研究中的"脆弱性"概念存在重大差别。"易损性"概念表面上比"脆弱性"更具包含性，但却强调受灾体的性质、结构以及灾害发生时的环境条件等自然物质性因素，而不是"脆弱性"概念中的人为社会性因素。所以，应该说"易损性"概念依然保留着强烈的"地理学方法"特征，和强调灾害风险的灾害研究与应对还是存在较大冲突的。

　　综上，笔者认为，理解灾害的构成因素和定义灾害最好使用"灾害风险"（Disaster Hazards）、"风险脆弱性"（Hazards Vulnerability）以及"灾害"（Disaster）等术语。而自然灾害，即自然环境运动变化与人为因素相互作用下产生的灾害风险，因为承灾体的风险脆弱性，而造成的一定规模的人群正常生活中断，没有外界的帮助就没办法恢复的现象或事件。灾害必须以人为中心，离开了人类中心的讨论不具任何意义。从灾害系统的角度，包括三要素：致灾因子、承灾体和损失。其中，致灾因子是

　　① ［德］乌尔里希·贝克：《风险社会再思考》，郗卫东译，载李惠斌主编《全球化与公民社会》，广西大学出版社 2003 年版，第 296 页。
　　② 原国家科委、国家计委、国家经贸委自然灾害综合研究组：《中国自然灾害综合研究的进展》，气象出版社 2009 年版，第 3 页。
　　③ 同上书，第 69 页。

"灾害风险"的载体，承灾体的"风险脆弱性"是损失的根本原因。

二 环境灾害风险的概括性特征

通常将灾害分为自然灾害和人为灾害两大类。[①] 其中，人为灾害是指主要由人为因素引发的灾害，包括自然资源衰竭、环境破坏、火灾、核灾害等；相应地，自然灾害主要由自然因素引起，是人力不能或难以支配和操纵的各种自然物质和自然能量聚集、爆发所致的灾害。鉴于在自然灾害和人为灾害的两分法中，某些由自然和人为两方面因素共同作用（分不清主次）引起的灾害的类别归属模糊，也有学者提出三分法，即自然灾害、准自然灾害和人为灾害。不过，三分法明显违背灾害分类的同质性原则，如将长期干旱引起的饥荒和人为过量开采地下水导致的地面沉降同时归为准自然灾害，就不具有合理性，因为两者的特征完全不同。在灾害理论研究中，也有自然灾害、环境灾害、人文灾害的三分法。其中的环境灾害主要属于人为灾害，包括资源枯竭、重大环境污染事故、酸雨、水土流失、土壤沙化、温室效应、臭氧层破坏、物种灭绝以及人为诱发的地震、滑坡、泥石流与地面沉降等。[②] 在三分法基础上，也有提出四分法，即自然灾害、人为灾害、由人为原因引发的准自然灾害、由自然原因引发的准人为灾害。另外，还有学者如马晋元等将灾害分为自然灾害、人为灾害、自然人为灾害、人为自然灾害四类。其他的分类方法，如卜凤贤提出按灾型、灾类、灾种三层次进行灾害分类。牛志仁根据自然灾害成因，将自然灾害分为大气圈灾害、水圈灾害、生物圈灾害、岩石圈灾害、天文圈灾害，每类灾害又分若干种灾害。还有一些人根据自然灾害的主要危害对象将自然灾害分为生命威胁型灾害、财产损失型灾害、环境破坏型灾害、复合型灾害等。[③]

各种灾害分类方法虽然都有一定道理，但在灾害的自然与社会双重属性之下，不可避免地会存在不周延的问题。不过，对灾害的分类只是为了

---

① 张继成等编著：《综合灾害风险管理导论》，北京大学出版社 2012 年版，第 61 页。

② 张丽萍、张妙仙编著：《环境灾害学》，科学出版社 2008 年版，第 4 页。

③ 原国家科委、国家计委、国家经贸委自然灾害综合研究组：《中国自然灾害综合研究的进展》，气象出版社 2009 年版，第 57 页。

研究的方便。因此，采取何种分类方法完全取决于研究的对象与范围。所以，本书采取灾害的三分法，将灾害分为自然灾害、环境灾害、人文灾害三大类。环境灾害，严格来说也即自然—人为灾害，或者说混合型灾害。相较于自然灾害，它是随着人口的增长和城市化进程的加速，科学技术迅速发展而生产力、生产规模呈指数性倍增，而出现的爆发快、传播范围广、延续时间长，影响后果非常严重的"新"灾种。理解环境灾害有以下三个关键点。

首先，相对于人的"环境"（人之外的所有物质与能量）① 总是发展变化的，而这种变化有着其客观规律。早在古希腊，赫拉克利特就指出变化的过程不是杂乱无章的运动，而是神的普遍理性的产物。他将唯一的基本实在——"火"称作"一"或神，存在于所有事物之中，统一了所有的事物，命令它们根据思想和理性的原则——所有事物固有的普遍规律运动和变化。② 今天，尽管随着科学技术的发展，人们能够细致区分对象属性而对种种自然环境物质的变化规律给出说明，然而，在科学的不确定性这一"公理性"命题之前，任何解释都可能只是历时性的或者片面和局部的。因之，出于研究必须设定逻辑起点的原因，我们可以笃信自然环境的发展变化有着其固有的客观规律，但必须清醒地意识到这种"客观规律"本身是不确定的、未知的。

其次，人类活动构成自然环境变化的重要外因。奥康纳说："当我们人类为了物质生产的需要而从环境中不断索取'资源'的时候，我们事实上也在改变环境。没有任何一个物种，包括我们人类在内，能够只利用环境而不改变环境。"③ 康芒纳在《封闭的循环》中阐述了他关于生态的四法则：其一，每一种事物都和别的事物相关；其二，一切事物都必然要有其去向（everything must go somewhere）；其三，自然界所懂得的是最好

---

① 环境的定义是争议很大的问题之一，通常按列举法罗列环境要素包括空气、土壤、水等。本书采取爱因斯坦的概括性定义，即"环境是人之外的一切"。参见 Stuart Bell, Donald McGillivry and Ole W. Pedersen（2012），*Environmental Law*（8th edition），Oxford University Press, p. 7。

② ［美］撒穆尔·伊诺克·斯通普夫、詹姆斯·菲泽：《西方哲学史》，丁三东等译，中华书局 2005 年版，第 20 页。

③ ［美］詹姆斯·奥康纳：《自然的理由——生态学马克思主义研究》，唐正东等译，南京大学出版社 2003 年版，第 40 页。

的（nature knows best）；其四，无物产生于无（nothing comes from nothing）①。同样说明了人类活动对环境影响的必然性。不过，奥康纳和康芒纳作为生态主义者，生态优先论之下的人只是生物人，构成自然环境的一部分，而人类活动也就属于自然环境变化的内在系统构成。虽然这种意义上的人类活动，也可能如同曾经的恐龙一样对自然环境造成的巨大影响，甚至造成"灾害"，但因为人类和所有物种一样根本上服从"物竞天择、适者生存"的自然法则，此时的影响可以解释为环境问题或环境恶化，但最多只是第一环境问题；造成的"灾害"仅是自然灾害，而不是环境灾害。生态学马克思主义者福斯特意识到生态主义方法论中的不足，他承认生态法则的同时也突出人的自由。人天生就是社会人，有着意志自由，有一种"偏斜"的能力，尽管这种"偏斜"是以由我们的祖先及与他们相伴随的有限性构成的物质条件为基础的，社会人的自由意志、理性能力不可能彻底脱离生物人属性，就如人不可能像鸟一样的飞、不能像鱼一样的游，人也有许多自然物质尚不能利用。但是，正是人作为社会人的自由意志、"偏斜"能力使得自然环境发展进程出现第二大转折点。"第一大转折点是生命从无机物中脱胎而出，此时，所有的生物种类都通过适应其生存环境，以基因突变和自然选择的方式进化。随着人类的出现，这一进化过程发生了逆转，人类通过改变环境来适应自己的基因，而不再是改变自己的基因去适应环境。"② 因之，人类使自己迅速成为地球占统治地位的物种，能够独立于自然环境。人类的活动也就成为自然环境打破原本固有的变化规律而"突变"的外在力量，从而成为自然环境变化的重要外因。

当然，人类既然具有自由选择的能力，也就能够理性地选择自己的行为，控制自己的活动。如福斯特说："在引起根本性的生态变化方面，我们应该小心地前进，要认识到如果我们在环境中导入了新的、合成的化合物，而不是长期进化的产物，我们可能在玩火自焚。"③ 也即，人类在认

① ［美］巴里·康芒纳：《封闭的循环》，侯文惠译，吉林人民出版社1997年版，第30页。
② ［美］斯里塔夫·里阿诺斯：《全球通史——从史前史到21世纪》（第七版），吴象婴等译，北京大学出版社2005年版，第5—6页。
③ J. B. Foster, (2000), *Max's Ecology*, Monthly Review Press, p. 15.

识自然规律并承认自然在先的物质性前提下运用自己的自由。① 不过，理性与非理性始终是人的两个侧面，人类不能保证每次选择都是理性选择。况且，即便就理性抉择而言，如前阐述的"自然规律"根本上具有不确定性、未知性，"认识自然规律前提下理性抉择"，有可能和非理性选择得到同样的效果。综上，我们可以如同笃信自然规律一样，相信人类作为社会人在利用与改造环境过程中必然对环境造成影响，影响环境的变化规律。但在科学的不确定性之下，造成什么影响？多大影响？依然具有不确定性。人类活动虽然能够通过法律与制度调控，但"影响"的不确定性以及人的理性与非理性属性并存，这种调控必定只能局限于一定范围，完全不可能达到"全面"和"精确"。

最后，承灾体的"风险脆弱性"是环境灾害构成系统的核心，相对于环境灾害风险，承灾体（人群及其财产）永远是"脆弱的"。人类利用与改造自然环境的活动影响自然环境的客观变化规律导致"突变"，所爆发出来的能量通常远甚于正常变化之时，人类无法改变的生物人基因、无法承受自然界的磅礴力量，更何况这种"突变"时的破坏力。但不同承灾体的"风险脆弱性"程度是完全不同的，所以对于某特定区域的特定灾害风险，可能对某些承灾体造成的是灾害，而对另一些承灾体则可能仅仅是影响。承灾体的"风险脆弱性"因素主要有两类：一是自然属性因素，如财产的物理属性与结构，人的体质体能差别；二是社会属性因素。所以，政府间气候变化委员会前主席罗伯特·T. 沃森（Robert T. Watson）在气候变化领域将脆弱性解释为：是自然或者社会系统易因气候变化遭受损害的程度，它是气候变化规模、系统对气候变化敏感性和系统适应气候变化能力等因素共同作用的结果。高度脆弱性的系统是指对气候条件的轻微改变具有高度敏感性的系统，以及其适应气候变化能力受到严重限制的系统。② 政府间气候变化委员会归纳了决定脆弱性的三项因素：一是系统的暴露程度（exposure），例如所处气候环境的特点、变化规模与速度；

① 郭剑仁：《生态地批判——福斯特的生态学马克思主义思想研究》，人民出版社 2008 年版，第 85 页。

② Piers Blaikie et al. （1994），*At Risk: Nature Hazard, People's Vulnerability, and disaster*, 2nd edition, London: Routledge, pp. 8 – 9.

二是系统的敏感性（sensitivity）；三是系统的适应能力（Adaptive capaci-ty）。[1] 卡特（Cutter）将之归纳为两大类：作为预先存在的脆弱性条件（地理空间的脆弱性）；作为减缓反应的脆弱性（社会空间的脆弱性）。[2] 总结学者的认识，J. 比克曼（J. Birkmann）按内涵渐次扩张的顺序，列举了目前世界上最具代表性的关于脆弱性的理解：作为内在风险因素的自然脆弱性、作为可能受伤害程度的脆弱性（以人类为中心）、具有敏感性与应对能力双重结构的脆弱性、多重结构的脆弱性（包括敏感性、应对能力、暴露程度、适应能力等）、多维度的脆弱性（包括自然、社会、经济、环境和制度等多方面）。[3]

三　风险社会语境下核灾害的规定性

核灾害属于环境灾害的范畴。简单地讲，核灾害就是核污染，由于承灾体的脆弱性而造成一定规模的损失。核污染，我国环境法学界也称放射性污染，主要指人工生产的放射性物质在生产、生活活动中造成的污染，也包括经人工开采、运输、冶炼和储存的天然放射性物质在生产、生活活动中造成的污染。[4] 放射性物质，广义上指核燃料，即能产生裂变或聚变核反应，释放出巨大能量的物质，可分为裂变燃料和聚变燃料两大类。前者主要指易裂变核素，如铀^{235}、钚^{239}和铀^{233}等。此外，由于铀^{238}和钍^{232}是能够转换成易裂变核素的重要原料，且其本身在一定条件下也可产生裂变，所以习惯上也称其为核燃料。我国《放射性污染防治法》所指的放射性物质主要就是铀和钍。[5] 聚变燃料包含氢的同位素氘、氚，锂和其化合物等。核污染按照作用机理可分为核放射照射污染与核沾染污染。核放射性照射作用于物质的原子可使其改变某些物理性质。由物质构成的人体（其他生物体也同样）受到核放射照射后，从原子到分子、从分子到细胞

---

① Intergovernmental Panel On Climate Change, Working Group II （2007）, *Climate Change 2007: impacts adaptation and Vulnerability: Contribution of Working Group II to the fourth assessment report of the Intergovernmental Panel on Climate Change*, Cambridge University Press, p. 883.

② Cutter. S. L. （1996）, *Vulnerability to environmental Hazard*, Progress in Human Geography, Vol. 20, No. 4.

③ 葛全胜：《中国自然灾害风险综合评估初步研究》，科学出版社 2008 年版，第 103 页。

④ 金瑞林主编：《环境法学》，北京大学出版社 1996 年版，第 329 页。

⑤ 参见《中华人民共和国放射性污染防治法》第 2 条。

到器官乃至整个人体，都处在复杂的相关损害之中。核放射照射对人体细胞和器官的作用可以分为直接影响和非直接影响：前者可以伤害遗传基因，改变人体细胞功能的平衡，从而伤害人体；后者通过破坏细胞内水分子的正常化学活动对人体造成伤害。人体由各种细胞组成，不同的细胞对放射性照射的敏感度不同。一般而言，需要再生的细胞受到破坏对人体造成的伤害最大，如遗传细胞、造血细胞等，由此会产生遗传性和功能障碍性疾病。人体不同的器官对放射性照射的敏感度也不相同，重要器官的轻度受损可能给人体带来无可挽回的损伤。核沾染污染会造成环境、生态、人的核沾染。核物质进入人体后，除对人体造成核放射内照射损伤外，这些核物质如同水循环一样，不会随着人体的死亡而消失，而是在生物圈中连续性转移，形成比传染病传染机理更复杂的传播。众所周知，放射性物质的半衰期物理特性各异，有的数十天，有的几千年。半衰期上千年的核物质沾染在生物圈中累积效应，造成的核沾染危害远大于核放射性照射危害。

要注意的是，核污染和损害紧密相关，有的学者甚至直接将核污染定义为"核污染损害"。[①] 但是，"污染"和"损害"还是存在明显区别的。通常所说的污染都是对自然环境的污染，而损害则是相对人而言的。自然环境的污染对人而言只是"损害风险"，因为"脆弱性"才造成损害。所以，就自然环境污染而言，从人类利用核能的第一天起，它就不可避免地会产生污染，因之也就对人类蕴藏着强烈的损害风险。核污染可能存在于核工业的各个环节。其中，在铀的生产阶段，詹姆斯·弗林举出美国的例子。美国最初的铀是从比利时、刚果和加拿大进口，1948 年原子能委员会创立起美国铀矿开采业。由于原子能委员会没有执行矿山安全制度，导致数以百计的矿工在开采铀矿的过程中死去，其中很多是纳瓦霍印第安人。在开采和提炼铀矿若干年后，留下的是"分布在不同州的，而且有些是位于印第安部落领地之上的大约 50 处被污染了的矿石加工场所和附近大约 5000 处房产"。尽管美国国会颁布了《1978 年铀尾矿辐射控制法案》，将补救任务交给能源部，并要求其在 1990 年 3 月之前完成清理工作。但这一最后期限被一再推后，最后确定在 2014 年前完成。清理范围

---

① 阎政：《美国核法律与国家能源政策》，北京大学出版社 2006 年版，第 63 页。

不限于工业废料场所，还包括居民区。废弃材料被混入水泥，用于修建人行道、地下室和其他建筑物，受到污染的包括科罗拉多州的大章克申（Grand Junction）及其周围的大约 3300 栋建筑物，以及美国其他地区的另外 1000—2000 栋建筑物。在核武器生产与使用方面，广为人知就是 1945 年美国在日本广岛和长崎投下的两颗原子弹，其他在核武器生产、试验的情况很少有人了解。詹姆斯·弗林说到美国在 20 世纪后半叶占主导地位的核企业——庞大的核武器综合体（Nuclear Weapons Complex），分布在 13 个州的 14 处，主要设施占地超过 3350 平方英里，在 1990 年雇员超过 10 万人。从 1942 年曼哈顿工程项目启动到 1992 年停止核武器生产之间，这个庞大的企业共制造了超过 10 万枚核弹头，为测试引爆了超过一千枚。1948 年 8 月苏联第一颗原子弹爆炸后，由于怀疑苏联为了赶制原子弹而使用缩短冷却时间的"绿色"反应堆燃料，出于测试目的美国原子能委员会释放了一吨冷却 16 天的放射性燃料物质，结果出人所料，实验释放的辐射性是预计的三倍，污染的区域从汉福德一直到俄勒冈州的斯波坎、华盛顿和克拉马斯瀑布。1946 年至 1962 年间，美国进行了涉及军事人员受放射性沉降物影响的武器测试。根据国防部核子局的资料，这种测试大约牵涉到 22.5 万名军事人员，其中 5.7 万人是作为战斗训练演习的参与者，有些士兵被要求在距离核爆中心投影点不足 2 英里处，以测试他们置身于核辐射空间能忍受 5 分钟还是 5 天。[1]

　　民用核电领域的核污染为人们普遍关注，本书也将之作为重点。它主要包括核电厂运营过程中发生安全事故导致的核污染和核废料两个方面。据不完全统计，自 1957 年 9 月 29 日苏联车里雅宾斯克 65 号核废料仓库大爆炸以来，迄今共发生大小核事件 31 起。[2] 按照国际社会对核事件的分级，属于"事故"的有：2011 年日本福岛核事故、1986 年苏联切尔诺贝利核电厂事故、1957 年苏联基斯迪姆后处理装置事故、1957 年英国温茨凯尔反应堆事故、1979 年美国三里岛核电厂事故、1973 年英国温茨凯

　　① ［美］詹姆斯·弗林：《核污名》，载［英］尼克·皮金、［美］罗杰·卡斯帕森、［美］保罗·斯洛维奇编著《风险的社会放大》，谭宏凯译，中国劳动社会保障出版社 2010 年版，第 303—307 页。

　　② 马瑞：《世界各国应对福岛核事故综述》，《环境保护》2011 年第 6 期。

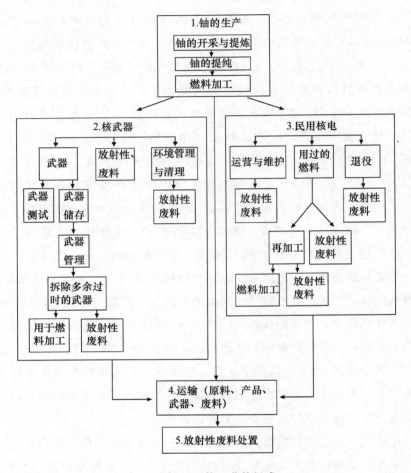

图 1.1 核工业的组成

尔后处理装置事故、1980 年法国圣洛朗核电厂事故、1983 年阿根廷布宜诺斯艾利斯临界装置事故等。就民用核设施发生的事故而言，目前最严重的包括 2011 年日本福岛核事故、1986 年苏联切尔诺贝利核电厂事故、1979 年美国三里岛核电站事故等三起。尽管事故发生的概率的确很低，目前的三起严重事故是民用核电厂在 32 个国家中累积运行 12000 堆年期间仅有的重大事故，但每次事故的影响都是重大的。1979 年美国三里岛核电站发生的严重核泄漏事故，由于其有安全外壳，没有发生大爆炸，释放到周围环境中的放射性物质微乎其微，只有三人受轻微辐射。尽管未造成人员伤亡，但此后 32 年间美国核电站一直处于停建状态。1986 年苏联切尔诺贝利核电站 4 号核反应堆发生的爆炸事故，使 4300 平方公里成为"无人区"，全世界共有 200 万人遭到了此次核泄漏的威胁，27 万人因此致癌。据专家估计，完全消除这场浩劫的影响最少需要 800 年。2011 年日本福岛核事故，国际原子能总署（IAEA）将其定义为 6 级核灾变，仅次于切尔诺贝利事故，相关的核污染相当于 35000 颗原子弹。到目前为止，核事故发生的原因要么是技术原因，要么是人为的操作失误，或者两者的综合。如三里岛核电站的堆芯损坏事故发生频率虽然符合安全标准，但三里岛核电站水位设计有缺陷，结果由于机械故障和人为的失误而使冷却水和放射性颗粒外逸；切尔诺贝利核爆炸是反应堆设计缺陷和操作人员严重违反操作程序；福岛核事故由于设计的抗震标准不高，同时对老旧核设施缺少检查，控制人员没有在第一时间采取"停机、冷却、封闭"的对策应对，延误了处置时间。所以，每次大大小小的核事故（件）之后，总是促进了更"安全"的核技术发展，催生更高和更严格的安全标准，以及与之相应地制定出更完善的核安全法律法规。我们当然不否认技术进步、安全举措的重要性，但"技术的进步"是没有止境的，因而相应的安全保障也就永远是相对的，谁也不敢肯定说下次事故不会发生。用形象的比喻，核电的安全保障就像人们爬山要防各种猛兽袭击一样，尽我们所能地预想出所有可能出现的猛兽种类和数量，并提出万无一失的防范措施，可是，上山后还是不保证不会出现超出我们预想的情况。日本福岛核电站泄漏事故发生在科技高度发达、为意外情形做好充分准备的国家，更清楚地证明这点：核能始终呈现不可控和高风险的特性。迄今为止人类理性既不能充分认识它，更没有能力完全控制它。同时，就数次核事故均与人为操作失误有关而言，人是理性和自由的生物，也是感性和有限的生物，即便人们充分认识到问题的重要性，也制定了严密的安全规划，高度重视、谨小慎微，但"人的失误"总是不可能绝对避免。

相对于其他工业废料，核废料产生的量是相对小的。据世界核能协会（WNA）的介绍，一座轻水反应堆约每年产生 200—350 立方米低和中能核废料。在经合组织（OECD）国家，每年都会产生 30 亿吨有毒废料，但放射性废料仅仅 8 万 1 千立方米。全球范围内核反应堆每年生产 20 万立方米的低中能放射性废料，大约 1 万立方米的高能废料。① 然而，核反应堆更换出来的核废料不会停止链式反应，仍然会产生大量的放射能和热能，甚至在地下深藏状态下仍然可达到超过 300 摄氏度高温。并且，放射性物质的成分变为相当复杂，其物理特性远比原料要活跃，因而具有不可控性。实际上，核废料之所以称为"废料"正是因为这些"废料"核物质的链式反应不可控。更紧要的是，核废料的"寿命"按照放射性物质的半衰期长得出奇，有的可能长达几千年甚至上万年。另外，就核废料的低、中、高分级而言，低能核废料并不意味着它没有危险。美国《低能核废料标准》主要考虑潜在危险性，将低能核废料分为 A、B、C 三级，级别越高的废料具有的放射性能量越大。但潜在危险性的程度不仅仅取决于放射能量的高低，还取决于不同核废料物质本身的物理与化学性质。在 A 级别的低能核废料中，某些放射性物质具有非常长的半衰期，危险性甚至高于 B 级和 C 级。并且，低能核废料的来源一般稳定，但其产量却不稳定。当处理一个达到使用年限而报废的 1000MW 核反应堆时，一次能产生几万吨低能核废料；当发生一次人为或非人为的核污染事件时，能产生数百万吨乃至数亿吨低能核废料，甚至使整个地区数百年变成核废料垃圾场。② 高能核废料被世界核能协会视为可利用的燃料，而不是纯粹的"废料"。事实上，到目前为止，世界上没有关于工业化再生处理核废料的成功例证，但却有美国纽约州核废料再生处理失败造成污染的教训。

　　20 世纪 70 年代，美国某些立法者曾提议把民用核废料用作生产原子武器的原料，其理由是可以一举两得，既解决了核废料处置问题，又生产了原子武器。但是更多的立法者清醒地意识到这种做法混淆了民用核工业与军用核工业的界线，一方面彻底抽掉了核废料处置和防止核污染的环境立法的法理基础；另一方面也会使民用核工业失掉社会的信任。经过激烈的辩论之后，美国最终严格限制了军事核工业的活动范围，在民用核工业外围筑起了不可逾越的法律壁垒。所以，不论低、中、高水平核废料，至少在美国都是名副其实的废料。而核废料的处置，尽管人们曾提出了很多

---

　　① 参见 http：//world-nuclear. org/info/Nuclear-Fuel-Cycle/Nuclear-Wastes/，2015 年 1 月 5 日最后访问。

　　② 阎政：《美国核法律与国家能源政策》，北京大学出版社 2006 年版，第 65 页。

方法，包括外空间处置、海底深藏、冰下深藏、超深井深藏、井下注射处置、熔化岩石处置、再生处置、无行为处置等，但一方面是技术上不一定具有可行性，最重要的是任何处置方法都没有确定的未来。美国 1982 年通过《核废料政策法》，最终确定用地下隔离深藏方式处置核废料，规定亚卡山脉为处置研究点，除美国政府外包括军队在内的任何人、任何政府和民间组织都不得在其他美国领土上进行高能核废料永久深藏库选址地质研究。该项目计划从 1986 年开始到 2119 年完成，总计投资 572 亿美元。尽管如此，和其他处置方法一样，无期限的深藏时间要求同样使得任何技术的保证都失去了意义。

另外，自 1945 年 8 月美军用原子弹摧毁了日本的广岛和长崎，标志着"核能时代降临"，到 1994 年美国和俄罗斯政府达成共识，不再将核武器互相瞄向对方，全球核战争的危险某种程度上已被撤下公共议事程。虽然双方都仍然保留他们的核武器制造工厂（进行研究），并使数千枚弹头处于"一触即发的戒备状态"，① 但"核武器也是废料"的事实却已不容置疑，各国出于政治考虑仅是推迟正式承认的时间。一旦核武器成为废料，面临的就是和高能核废料同样的处置问题。总之，核物质一旦被开始利用，对自然环境的污染也就不再有任何回转的可能。相比其他环境污染，核污染明显更具深刻性、长远性和致命性。因为自然环境的污染，会对人类社造成损害风险。恰如美国科学家姆尔达克说的："一代人的决定威胁到整个民族的安全，一代人的决定牵涉到世世代代的安全。"②

核工业各环节造成的核污染和核事故造成的核污染，从研究角度可以认为前者主要是"常态污染"，后者是"非常态污染"，是核环境突变的结果。前者主要基于是技术原因，后者则是技术、人为操作失误，以及两方面的综合。所以，从哲学抽象层面，如果说哲学是对科学往往忽略的前提性的东西进行全面而深入的思考，以达到对事物本质性的认识，③ 那

---

① 对于美国和俄罗斯政府所控制的核弹头的精确数字，存在很多争议。90 年代有新闻估计为 7900 枚（根据 1993 年战略武器削减条约或 START Ⅱ，这个数字为 3500 枚），报道称它们中的大多数处于"警戒状态"，可以在 15 分钟内发射。

② Steve H Murdock（1984），*Nuclear Waste Socioeconomic Dimensions of Long Term Storage*，Westview Press，p. 21.

③ 刘增明：《试论哲学与科学的区别》，《重庆科技学院学报》（社会科学版）2006 年第 5 期。

么，核污染根本上就源自人类"理性的悖论"。首先，理性意味着与非理性的判分，却永远不可能是最终判分。当核专家声称科学理性有能力控制"核精灵"，依据科学理性制定的核安全、核事故应急等法律制度能够保证公众安全时，也就暗设了非理性因素引发核事故或核灾害的现实可能性。费希特说得再清楚不过，"作为理性社会人的使命就是发现类似于我们的理性生物或人，努力将别人提升到理想程度……（然而）同所有个体完全一致是社会人的不可能达到的最终目标，无限接近这个目标的共同完善过程才是社会人的使命"。① 其次，理性意味着进步与发展，却永远是未完成的进步与发展。稍略梳理哲学史，就可发现从赫拉克利特、苏格拉底、柏拉图、到奥古斯丁以及近代理性主义等，往往都在各自言说"理性"，而自亚里士多德主张理性灵魂支配欲望与感觉灵魂、费希特说自在的人的使命——无限接近理性对一切非理性的驾驭，到现当代主体性哲学提出"主体死亡"命题，其实都在延续柏拉图所说"人根本就是永恒生成而无时存在的东西"。② 当然，这里的断言明显具有普适性，几乎所有类型的环境污染都内蕴同样的规律。前面我们曾指出核污染相对于其他环境污染，具有深刻性、长远性和致命性，主要是从现象层面或者结果意义而言的。就"本质性"而言，核污染和其他环境污染的根本区别，在于核物质利用的高风险性。而这种高风险性，主要就源于人类对核物质本身认识尚存在的许多未知领域，以及因之对其控制的不确定性。正因为如此，核污染中的"理性悖论"更具有契合性。

第三节 风险与核灾害法律

一 理论视野中的风险与法律

不容否定，风险/风险社会的理论探讨主要是集中在社会学、管理学、人类学等领域。关于核灾害风险的讨论则主要是风险概念引入灾害学研究的结

---

① ［德］费希特：《论学者的使命，人的使命》，梁志学、沈真译，商务印书馆1984年版，第19—23页。
② ［古希腊］柏拉图：《蒂迈欧篇》，27D–28A，转引自段德智《主体生成论》，人民出版社2009年版，第5页。

果。在此过程中法律往往被认为与之没有多大关联，起不到多大的作用。就如英国牛津大学环境法教授伊丽莎白·费雪归纳的关于评估环境风险和公众健康风险，或者应该如何制定风险标准的争论，主流的观点是国家必须在两种决策方式之间作出抉择：要么主要依据科学作出决定，要么主要依据价值作出决策。相应地，风险决策要么被理解为是由专家负责支配的事项，要么被理解为是由民主程序支配的事项。按照第一种理解，风险问题的解决方案就是推动和促进科学决策和专家决策。支持者相信尽管风险评定确实涉及价值选择，也受到科学不确定性影响，但是风险是一个科学概念，只能依据科学予以恰当理解。科学的不确定性应予承认，但它是可以驾驭的。价值选择也是重要的，但只须在恰当的风险评估之后，将之融入决策之中即可。科学必须同政治、政策和法律保持距离，从而确保科学的正直和完整。必须警惕非理性恐惧和武断的价值选择影响恰当的科学分析。在第二种理解看来，以上是错误的风险评定进路。支持者认为风险评定必定是承载价值的。科学有着认识论上的局限性，风险决策关系共同体民众整体上愿意怎样生活。科学只是一个有限的决策工具，国家应该采取更民主的应对风险的进路，在决定能否接受特定风险的时候，伦理价值、自由自治、信任建设是非常重要的。国家应该推动技术风险决策的公众参与，应该保证对特定技术风险引起的价值冲突进行充分明白的讨论。

　　无论哪一种理解，法律的作用都不那么重要。法律被描述为简单工具性的、无关紧要的或者是会起妨碍作用的。为此，伊丽莎白·费雪力主这是对风险规制以及由风险规制引发争议的错误的描述，认为争论实质上就是关于在风险规制中"良好"公共行政的作用和性质是什么以及应该是什么的争论。对技术风险、科学、民主的认识，以及对法律建构、限制公共行政以及确保公共行政负责的能力的认识，两者是紧密关联的。风险规制中"良好"公共行政的作用和性质都会受到这些认识的影响，因此，这些争论本质上就是关于行政宪政主义（administrative constitutionalism）的争论，对这些争论的研究会昭示法律、公共行政和技术风险的共生关系。① 据此她得出：与其认为标准制定、风险评估必须在科学和民主之间

---

① ［英］伊丽莎白·费雪：《风险规制与行政宪政主义》，沈岿译，法律出版社 2012 年版，第 1—15 页。

进行选择或者妥协，倒不如认为其必须在不同的行政宪政主义范式之间进行选择。她把这两个不同的范式分别叫做"商谈—建构范式"（deliberation-constitutive）和"理性—工具范式"（rational-instrumental）。前者将公共行政解释成立法机关的"工具""机器人"或"传送带"，它的任务就是严格遵循预先确定的、由立法表达的民主意志。在执行此任务时，它必须是实施到位、卓有效率的。公共行政可以是不民主的，但是应该将之打造成可以确保有效率地实现民主过程形成的目标。后者特指公共行政就特定问题行使实质性的、持续解决问题的裁量权，据此，公共行政可以灵活应对技术风险评定所具有的事实与规范的复杂性。在理性—工具范式之下，立法并非一套严格的命令，而是更接受于一部宪法，为裁量权的行使规定了一系列一般性原则和"广泛的考虑因素"。公共行政不是立法者的"代理人"，而是立法建构的、具有独立意志的机构。

伊丽莎白·费雪分析了英国 1986 年索斯伍德工作小组对疯牛病危机的应对、美国 20 世纪 70 年代风险规制的情况和澳大利亚对风险预防原则的阐述与应用，以及世贸组织关于风险规制的法律文件的制定等案例，注意到两种范式基本都同时存在，风险规制的实践可从两种范式分别予以解读。比如英国传统的公共行政遵循商谈—建构范式，索斯伍德工作小组正是按照这种范式运作的。然而，当《疯牛病调查报告》呈给农业、渔业与食品部以及卫生署时，他们却不再将其看成风险评定过程中一般的信息输入，而是认为"提供了决定性的结论"。这种解读同商谈—建构范式所认识的专家知识作用和性质完全背道而驰，与理性—工具范式所认识的知识达到了一致。在疯牛病危机应对之后，《放松规制方案》在 20 世纪 90 年代加快了步伐，决策者越来越被要求按风险评估和规制影响评估，来证明规制措施的正当性。与此同时，定量化评估不断得到促进。在高级文官那里，理性—工具主义改革使得他们更加工具主义地理解他们的作用。费雪注意到总体上理性—工具范式在全球范围内日益占主导地位，尽管如此，她认为还是必须看到每种情形都是不同的。行政宪政主义根本上就是一种法律文化，在不同国家或地区之间进行简单比较是天真和幼稚的。在英国，理性—工具范式是新公共管理改革的副产品；在美国，也是由类似的改革造成的，但起主要作用的是风险规制法律制度的属性；在澳大利亚，对风险规制的实质审查的认识促进了风险预防原则向理性—工具范式方向的发展。而在世贸组织，更是包括一系列的原因，如没有意识到《SPS 协议》规制的是行政宪政主义而不是科学。如果一定要解释在不同法律文化之中，理性—工具范式占主导地位的原因，她认为就是因为它作为一种公共行政的理想，保证了一个简单的控制和应责模式，而应责是当今时代的"强迫症"（obsession）。但这种模式是否真的简单有效，她认为值得商榷。在她看来，两种范式各有各的优势和局限。商谈—建构范式承诺可以有效地解决问题，代价是放弃了一种决策者负责的简单方式，尽管这种范式很明显也是可以使决策者有效负责的。理性—工具范式保证可以实现应责和控制，却是以有效解决问题为代价。因此，有必要同时承认两者的合法性和价值。①

和伊丽莎白·费雪类似，珍妮·斯蒂尔也说到法律理论者们通常并不怎么关注风险，她认为，这是因为他们仅将风险作为法律理论的工具，从而认为风险在法律理论中"并不那么重要"。她认为，迄今为止，使用"风险"这一词汇的理论者们的主要分歧在于："风险"的最关键意义是指其暗含的不确定性或者危险本身，还是指应对危险不确定性的手段或者方式？这种分歧使得理论者们进一步就另一个问题存在分歧，即风险是否涵盖了人类面临危险和未知状态而进行决策时的人性脆弱，从而意味着风险构成了行动能力？或者与此相反，风险是否涵盖了与此相反的另一面，即人类控制自身命运的途径，从而意味着风险提供了行为和决策的手段？简言而之，这里存在一个根本性的理论争议：风险对于人类的行为和决策是具有促进作用，还是具有威胁效果？珍妮·斯蒂尔认为，风险对于法律理论的更深层重要性正是发端于有关风险的决策与行为的争鸣之中。在法律的核心层面这场争鸣中所采纳的是前一种进路：在这种进路中，风险能促进决策，并使得人类行为可能更加具有责任。② 珍妮·斯蒂尔对风险在侵权法领域的影响进行了研究（主要针对特殊侵权行为方面），认为法律

---

① ［英］伊丽莎白·费雪：《风险规制与行政宪政主义》，沈岿译，法律出版社 2012 年版，第 356—361 页。

② ［英］珍妮·斯蒂尔：《风险与法律理论》，韩永强译，中国政法大学出版社 2012 年版，第 4 页。

理论逐渐摒弃了"可责难性是意外事故法的关键"这一认识。"责任"也逐渐更多运用"风险"来阐明其理论基础。侵权法的责任理论已经在很大程度上不认为"风险事件"与风险分类或者观察到的规律事件具有联系，而是认为其源于冒险行为。也就是说坏结果会被追溯到具体情形下的人的作为或不作为。对这种意义上的"风险"的运用关注人类主体性对结果的影响。在一些不同形式的法律理论中，冒险这一观念被用于概括个体主体与其行为结果之间的具体关系，这种具体关系构成了结果责任的基础。珍妮·斯蒂尔认为，结果责任进路似乎被淹没在分配问题中，而其自身并未意识到以至于理论体系不完整。以自由为基础的侵权法理论并不总是关心行为结果如何与行为人关联，相反，它有时候会构建一个假想的时刻，然后提出一种在该假想时刻解决问题的更好方案。例如德沃金留给人们的印象是仅关心作为结果的责任，但他的理论真正关心的是"想象的决策"。[①]

我国法学界大多欣然接受风险及风险社会的术语，并一致认为其对法律具有重大影响。然而，大部分文献倾向于将风险社会视为一种实际存在，致力于制度变革以"应对"风险社会或"走出"风险社会。从而，和国外法律学者们的通常看法类似，要么法律是风险规制的工具，要么风险是法律理论分析的工具。如在刑法领域，学者指出：风险社会视野下的刑法"要实现刑事政策的重点转移，加强犯罪预防；管住权力，严防腐败；严格执法，及时、全面、公正惩治经济犯罪；防微杜渐，彻底铲除黑社会犯罪势力"。[②]"刑法应主动融入风险权利义务话语体系，理性识别风险、选择刑法对策，在有限的刑法空间内为风险规制提供最有力的支持。"[③] 在侵权法领域，学者认为面对大规模侵权风险，"预防可能发生的损害应当成为侵权救济的重要目标，惩罚性赔偿所具有的惩罚、威慑功能与遏制大规模侵权的目标相一致；在大规模侵权适用惩罚性赔偿时，应当

---

① ［英］珍妮·斯蒂尔：《风险与法律理论》，韩永强译，中国政法大学出版社 2012 年版，第 65 页。

② 杨兴培：《"风险社会"中社会风险的刑事政策应对》，《华东政法大学学报》2011 年第 2 期。

③ 程岩：《风险规制的刑法理性重构：以风险社会理论为基础》，《中外法学》2011 年第 1 期。

考虑责任构成要件的特殊性，惩罚性赔偿数额的确定应当综合考虑侵权人所实施的不法行为的可责难程度、补偿性损害赔偿的金额等多种因素"。①在法理学领域，有学者提出："有效应对风险社会的较为合理的媒介与方式正是通过法律的社会控制。与传统社会模式不同，风险社会中最为稀缺的价值需求是对于确定性的追求，法律作为一种确定性的价值在风险社会的运作中充当着最佳的调控模式。通过法律化解风险，通过法律吸纳风险，在此基础上将风险社会寓于法治社会的背景之中。"② 少数持反对意见的学者，则又或明或暗地表达了风险及风险社会概念对法律没什么影响的观念。如张明楷教授认为，"风险社会"并不一定是社会的真实状态，而是文化或治理的产物，不应将"风险社会"当作刑法必须作出反应的社会真实背景。在任何时代从事相关活动的人们一般都会意识到该活动的风险，其中包括该活动本身造成的危险，人类就是在面临各种风险时通过权衡利弊作出适当选择而进步的。③ 夏勇教授认为，近年我国刑法学界热衷于德国贝克教授提出的风险社会理论，相应地提出了风险类型犯罪，并主张以严厉刑法应对。但这场研讨未能恰当区分"风险社会"的"风险"与"社会危害性"意义上的"风险"；未能区分"风险社会"的"风险"与德国当代若干刑法学说中的"风险"，从而也未能分清刑法中哪些是"风险社会"的"风险"犯罪。这既不利于刑事政策的恰当选择，也不利于我国刑法学研究的深入开展。④

不过，我国也有学者从"风险—不确定性"这种认识论意义上描述风险对于法律的影响和意义。

　　风险社会的出现使我们无法再以绝对性、确定性、统一性、可计测性为前提来构想生活空间和秩序。无论是政府还是个人，都不得不以瞬息万变、相对化为前提来进行各种各样的判断和决策……风险所带来的不确定性、不可计测性很难通过法律和政府举措来缩减，更不

---

① 陈年冰：《大规模侵权与惩罚性赔偿——以风险社会为背景》，《西北大学学报》（哲学社会科学版）2010 年第 6 期。
② 杨春福：《风险社会的法理解读》，《法制与社会发展》2011 年第 6 期。
③ 张明楷：《"风险社会"若干刑法理论问题反思》，《法商研究》2011 年第 5 期。
④ 夏勇：《刑法学研究中"风险"误区之澄清》，《中外法学》2012 年第 2 期。

必说消除殆尽。所以规范预期不得不相对化，不得不以"风险 vs. 风险"的状态为前提来考虑风险对策以及相关的制度设计。①

具体到制度设计，有学者举出三个方面：第一是责任制度的变化。"风险"使得因果律的作用受到极大的限制，从而不分青红皂白让所有人都分担损失或者无视各种情有可原的条件而对行为者严格追究后果责任，逐步成为司空见惯的处理方法。第二是制度的稳定性变化。"风险社会"使得现代法治通过完整的规范体系为交易安全建立起系统信赖的设想落空，迫使制度的设计者以及政府各职能部门不得不改变高高在上的姿态，不得不深入现场、深入群众，随时掌握千变万化的实际情况，作出灵活机动的、适当的反应，并修正决策和执行中的偏差。第三是制度的具体内容更新。程序性规范将以促进参与和共同决定为中心，实体性规范方面为了防止制裁机制失灵，需要对作为与不作为的后果作出明确的细致规定，把由职权决定的事项转化为可以由当事人一方直接行使的权利。就裁量而言，是在相对化、动态化的语境里对特定事态和结果进行限制，从行为防范上防止决策和执行举措的随意性。②

二　从认识论角度对风险与法律关系应持的观念

不难发现，费雪和斯蒂尔虽然对现今法律理论界关于风险与法律关系的描述不同，费雪认为法律理论者们往往将法律视为风险规制的工具，而斯蒂尔反过来认为是将风险视为法律的工具。但她们阐述自己观点的思维路径以及观点本身却基本一致，即都认为有关风险（规制）的问题本身就是法律问题，风险是法律的内在构成因素。费雪主要从技术风险的规制角度，并且是从政府层面展开论证，而斯蒂尔关注的是侵权法，但都认为风险对法律的核心意义就是"不确定性下的决策"。尽管费雪的"决策"主要是政府在风险规制中的决策，而斯蒂尔的决策更多是风险制造者（侵权人）关于冒险行为的决策。"决策"虽然在法律活动中就是"行动决策"，即决定采取行动，广义上甚至包括决定选择采取哪种行动。不

---

① 季卫东：《风险社会与法学范式的转换》，《交大法学》2011 年第 2 卷，第 9—13 页。
② 同上。

过，显而易见，它都和"行动"相区别，决策指的主要就是主观思想的活动。因而，在哲学层面它主要属于认知的范畴，如同理性与非理性是作为主体的人不可或缺的因素，认知与实践（"知"和"行"）也是作为主体的人不可或缺的因素。诚然，哲学史很大程度是有关认知主体的，从普罗塔哥拉宣布"人是万物的尺度"，苏格拉底说"美德就是知识""认识你自己"，笛卡尔的"我思故我在"，斯宾诺莎在《伦理学》中提出"至善在于知神"，到康德以解决"先天综合判断何以何能"为基础的批判哲学，再到马克思关于人和动物的区分，完全可以说，如果离开了认知主体性，人的任何其他主体性都是不可能的。但是，人也具有实践能力，人认知的根本目的就在于通过实践活动改变自己周围的环境，改造物质世界，以满足自己的物质和精神的需要。从这种意义上，也可以说，实践活动是人的主体性的集中体现。因此，也有许多思想家十分重视作为主体的人的实践活动和实践能力。其传统可追溯到亚里士多德，他将人类的知识分为四大类，第一类是逻辑学，这是求知的工具；第二类是理论科学，这是一种为求知而求知的科学，包括形而上学、物理学和数学；第三类是"实践科学"，包括政治学、伦理学等；第四类是制作和生产科学。并且，亚里士多德不同于苏格拉底主张"实践智慧"，认为美德是在实践活动中逐步训练出来的。因此，他将德性分为"知德"和"行德"两种。亚里士多德的实践哲学传统延续到近现代，被哲学中心向认识论转移所打破。康德批判哲学的一个重要作用就是它在一定程度上复兴了古代实践哲学的传统，他在《实践理性批判中》原则性地区分了认知能力和实践能力，并确立了实践理性高于理论理性的哲学原则。他说道：

> 理性作为原则的能力，规定一切内心能力的兴趣，但他自己的兴趣却是自我规定的。它的思辨认识的兴趣在于认识客体，直到那些最高的原则，而实践运用的兴趣则在于就最后的完整的目的而言规定意志。①

在西方哲学史上，把"实践"提升到"本体论"和"生存论"高度

---

① ［德］康德：《实践理性批判》，邓晓芒译，人民出版社 2003 年版，第 164 页。

是费希特，他强调："不仅要认识，而且要按照认识而行动，这就是你的使命。"① 与康德、费希特不同，黑格尔不是把自我的构成同孤独的自我对自身的反思相联系，而是从自我的形成过程，即从主体的交往一致性中来把握自我的构成。意识赖以获得实存的中介也不是反思，而是普遍的东西和个别的东西的同一性赖以形成的媒介，这种媒介在他看来有劳动、语言和家庭。马克思突破了康德、费希特和黑格尔把实践局限于理论批判的范围，赋予实践以感性物质内容，开始将劳动、生产和实践结合在一起，发现了人类实践活动的基本形式，即生产劳动或劳动实践。

　　"知"和"行"的问题同样也是中国哲学的基本问题，《论语·子张》中有"博学而笃志，切问而近思，仁在其中矣"。《中庸》有："博学之，审问之，慎思之，明辨之，笃行之"。王阳明更是批判朱熹对知行的割裂，强调"知是行的主意，行是知的功夫。知是行之始，行是知之成。若会得时，只说一个知，已自有行在。只说一个行，已自有知在"（《传习录》上）。毫无疑问，就人的应然状态而言，"知"和"行"是合一的，费希特和王阳明说的都是有道理的。但是，"知"毕竟不同于"行"，主观的思想活动和客观的实践活动存在原则性区别。王阳明说"一念发动处，便是行了"（《传习录》下）明显将"知"与"行"混为一谈。无论如何，"念"只是"行"的动机，而不是"行"本身。所以，如同人的理性与非理性并存，并永远存在着紧张；认知与实践（"知"和"行"）对于人的主体性同样不可或缺，却也永远存在着张力。

　　法律是实践科学，法律规范（规则）就是有关行动的规则。但根据"知"和"行"的关系，不可否认，法律也包含"知"的问题，并且首先就是"知"的问题。法律是一种理性的能力，它总是追求"知"和"行"的合一，认识到问题于是制定立法，要求人们按规则去解决问题。而之所以需要法律的引导和约束，无非就是因为现实生活中的人，"知"和"行"永远存在着张力，或者"知而不行"，或者"不知而盲行"。风险术语，的确可以如费雪以及斯蒂尔提到的，现今法律理论者们或者将之视为风险规制的工具，或者将风险视为法律的工具。澳大利亚法官斯坦的

────────

① ［德］费希特：《论学者的使命，人的使命》，梁志学、沈真译，商务印书馆1984年版，第148页。

观点在一定程度上代表了这种通常的倾向，他说："在我看来，风险预防原则是对常识的表述，在它被明白地说出来之前，决策者早已将其应用于适当的情形之中。"① 因而，风险对于法律的意义只不过是将法律传统早已存在的谨慎义务课加给决策者而已。我国学者反对将风险社会作为刑法回应性变革的真实背景时，思维出发点和斯坦法官类似，"人类就是在面临各种风险时通过权衡利弊做出适当选择而进步的"。② 然而，稍稍细致比较就可发现，学者们之所以能够得出这种结论，正是对风险认识的不同。斯坦法官和我国学者所指的"风险"，是人类自始以来就存在的那种风险，是通过概率，或者通过其他方法可以预测和控制的风险。虽然斯坦法官的谨慎义务是在"有关环境损害性质或范围的知识不确定或者处于无知状态的时候"所要求的义务，但在他看来，这种不确定性依然在法律的框架内可以控制。我国学者注意到，"风险社会"理论的"风险"与刑法中的"风险"并不一致。③ 这当然是可能的，就如前文指出的灾害研究与应对中使用的"风险"概念和"风险社会"理论中的"风险"也不一样。但包括斯坦法官、我国学者等在内的"风险反对论者"，既然并不否定风险／风险社会术语意义的存在，必然也就不妨碍从"风险社会"角度去理解法律与风险的关系。

所以，从认识论的角度费雪和斯蒂尔的观点无疑是公允的。风险（社会）对法律的影响，就是对法律决策的影响，它要求一个新的法律决策模式，包括立法决策也包括依据立法而行动的决策。正如斯蒂尔所说，如果风险仅仅是基于纯粹的以统计为基础的"概率"说明，则不可能探讨风险这一观念的影响。④ 然而，这种观点的直接阐明方式，明显并不构成对反对者的实质性批判，他们依然可以"各说各话"依据于另一种不同的"风险"认识而坚持他们的观点。费雪认为风险规制就是公共行政，因而风险规制本身就是法律，在风险规制中有关风险评估的术语争议就是法律的术语争议。法律不仅在建构、限制公共行政并使其负责方面发挥着

---

① *Leatch V. National Parks and Wildlife Service*（1993）81 LGERA 270，p. 282.
② 张明楷：《"风险社会"若干刑法理论问题反思》，《法商研究》2011 年第 5 期。
③ 夏勇：《刑法学研究中"风险"误区之澄清》，《中外法学》2012 年第 2 期。
④ ［英］珍妮·斯蒂尔：《风险与法律理论》，韩永强译，中国政法大学出版社 2012 年版，第 34 页。

重要作用，它本身也是争论得以在其中进行的对话。她立足于西方国家法律传统的理解是有道理的，尽管她也说，行政宪政主义本质是法律文化，因而在不同国家或地区有不同的理解和存在方式。比如她说英国的行政宪政主义就是多元主义的，性质上更多是"政治的"而非法律的。历史上，在确保行政机关负责地作出决策方面，法院的作用是边缘性的。建构、限制行政并使决策者负责，是通过组织结构、政治过程、政策、管理技术以及精神气质的促进来实现的。与之相反，美国联邦层面的行政宪政主义明显独立于一般性的宪政争论，而且确确实实是法律性质的。联邦行政国家诞生于一个明确的争论过程，尤其是围绕着 1946 年的《行政程序法》和 20 世纪 60 年代后期至 70 年代早期的"权利革命"，大多数风险规制行政机关都是后一时期的产物，而且是在很短的时间创设出来的。有关联邦的行政宪政主义争论是在法律领域运用法律术语进行的，法院主导着对话。而澳大利亚的情况又比较特别，一方面风险规制决策的法律框架受到立法的限制，此外对风险规制的司法审查也发展起一套复杂的判例法；另一方面 20 世纪 70 年代"行政法一揽子改革"创设了一系列准司法机构，通过一种兼具行政和司法性质的实质性审查，限制公共行政并保证使其负责。① 费雪主要从技术风险角度，认为由于技术风险的特征，使得它们成了必须由政府管理的事项。于是，风险的可接受性提出了社会组织和社会统治方式的可接受性问题，形成了一种公共领域的政治。换言之，作为风险争议的核心风险可接受性争议，因政府对风险的管理也就是对政府风险管理决策可接受性的争议。正是风险决策的可接受性，或者公共行政的合法性（可接受性）构成对那种持不同风险观念的反对意见的根本责难。

当然，对我国这种尚在法治建设之中的国家而言，关于风险决策的可接受性争议还不是纯粹的法律争议。新中国成立后百废待兴，其后又历经十年的"文化大革命"，依赖行政政策与命令进行社会管理（控制），很大程度上形成"路径依赖"。在环境保护领域，1974 年成立了国务院环境保护领导小组，标志着我国历史上第一个环境保护机构的诞生，但直到 1989 年才制定颁布《环境保护法》。自 20 世纪 50 年代末期开始发展核工

---

① ［英］珍妮·斯蒂尔：《风险与法律理论》，韩永强译，中国政法大学出版社 2012 年版，第 70—74 页。

业，1984 年经当时的国家科委建议，成立了国家核安全局。1985 年我国第一座核电站秦山核电站开始动工，但《中华人民共和国民用核设施安全监督管理条例》直到 1986 年 10 月才制定发布，其他核安全法律法规绝大部分是 90 年代陆续制定，2003 年制定了《放射性污染防治法》。显然，法律对公共行政不起建构的作用。而一旦法律的作用被孤立为限制行政权力，法律的边缘化从政府角度就不难理解。政府先设置风险规制机构，然后才制定法律，法律的工具性质也就在情理之中。有关风险决策可接受性的争议，因为法律与行政之间的张力更显激烈化和复杂化。费雪认为主要是技术风险的特征决定了风险属于政府管理的事项。无论是"商谈—建构范式"还是"理性—工具范式"，风险规制的主体都是国家（政府）。之所以国家成为风险规制的主体，最重要的是因为风险的"公共性"和国家的"公共性"经由民主与法律制度的建构而相吻合。由此，必须澄清或阐明一种国家及其公共性的理论思辨脉络。

关于国家的理论阐述汗牛充栋，公共性的论述同样灿若繁星。而这里只须关注国家的主体性及其与公共性的关系。亚里士多德说："尽管个人和家庭在实践顺序上先于城邦，但城邦在本性上（价值或功能）先于家庭和个人。因为在本性上整体必然先于部分。"[①] 不过，亚氏认为寡头政体、君主政体和贵族政体均存在不稳定性，而主张建立平民政体，"城邦是若干公民的组合"。因而，作为整体的城邦（国家）显然不具有国家拟人化要求的独立人格。西塞罗如同柏拉图倾向于贤人政治，但国家的独立人格依然晦涩不彰，"在一个由其最优者统治的国家中，公民一定会享有最大的幸福，没有任何顾虑与不安；他们一旦委托他人来维护自己的安宁，后者的职责便是警惕地护卫，从来不让人民认为自己的利益被统治者所忽视"。由此，真正的国家即"人民的财产"，而法律是团结市民联合体的纽带。[②] 拟人化的国家得以理论确立，当归于霍布斯的国家主权学说。霍布斯教导说：

---

① 〔古希腊〕亚里士多德：《政治学》，高书文译，中国社会科学出版社 2009 年版，第 6 页。

② 〔古罗马〕西塞罗：《国家篇法律篇》，沈叔平、苏力译，商务印书馆 2000 年版，第 39—42 页。

　　既然在同一目标上若干意志的联合不足以维持和平和稳固的自卫，那就要求有一个单一的意志，要求每个人都使自己的意志服从某个单一的意志……一个人让自己的意志服从另一个人的意志，就是向那人转让了自己运用各种力量和资源的权利，当其他人同样这样做时，接受他们的服从的人就能将个体的意志联成整体，达成一致。……这样形成的联盟称为"国家"或"法人"，因为他们所有人共有一个意志，而它被看成是有自己财产和权利的一个人格。①

　　霍布斯彻底颠覆了亚里士多德经验主义的"整体"概念，整体不再由个体自然生成，而是基于个体理性的命令，"整体"即实体，其与个体之间的冲突因社会契约下的"服从"而烟消云散。这种理性主义理路在黑格尔那里达到顶峰，黑格尔认为实体同时即主体，他反对国家建立在契约之上，"国家是绝对自在自为的理性的东西，因为它是实体性意志的现实，它在被提升到普遍性的特殊自我意识中具有这种现实性。……现代国家的本质在于，普遍性是同特殊性的完全自由和私人福利相结合的，所以家庭和市民社会的利益必须集中于国家"。当然，黑格尔也强调人民主权，"可以说国内的主权是属于人民的"。不过，在他看来人民是一个整体的概念，因而同君主的主权完全一致。"把君主的主权和人民的主权对立起来是一种混乱思想，这种思想的基础就是关于人民的荒唐观念。如果没有自己的君主，没有那种同君主必然直接联系着的整体的划分，人民就是一群无定形的东西，他们不再是一个国家"。②

　　"公共"一般认为是相对于"私人"或"个别"而存在的领域。但两者的界分标准具有公认的模糊性、复杂性，致使"公共"一词的含义犹如"普洛透斯"的脸，不同情境下使用意义迥异。杰夫·温特劳布（Jeff Weintraub）将之归纳为四个方面：第一，自由经济模式下，"公"与"私"的区分主要对应为国家与经济；第二，民主共和观念所指的

---

① ［英］霍布斯：《论公民》，应星、冯克利译，贵州人民出版社 2003 年版，第 57—58 页。
② ［德］黑格尔：《法哲学原理》，范扬、张企泰译，商务印书馆 2009 年版，第 297、338 页。

"公共领域"意味着政治社会与公民资格；第三，文化与社会历史的方法中，"公共领域"被视为非固定化的社会关系，区别于社会结构和亲情与家庭生活的私人领域；第四，女权运动者们倾向于将"公"与"私"的关系设想为家庭与强大的政治经济秩序之间的区别。① 乔治·弗雷德里克森指出："公共"的古典含义首先来自希腊语"pubes"或者"maturity"（成熟），意思是一个人的身体、情感或智力已经成熟，能从只关心自我的利益发展到超越自我，能够理解他人的利益。它意味着一个人业已进入成年，能够理解自我与他人之间的关系。"公共"（主要指"common"）的第二个词源是希腊语"koinon"。而"koinon"一词又来源于希腊语中的另外一个词"kom-ois"，意思是关心。成熟和超越自我看待问题的观念似乎暗示着"公共"既可以指一件事情，如公共决策，也可以用来指一种能力，如能够发挥公共作用，能够与他人相处，能够理解个人行为对他人产生的后果。把"共同"和"关心"这两个词与"成熟"加在一起使"公共"意味着一个人不仅能与他人合作共事，而且能够为他人着想。② 古希腊这种饱含关怀情感，以"共同决策"为核心含义的"公共"概念，随着罗马对外征服，"事实上，在罗马人民已经增长到这样的程度，以至于难以为批准法律把他们召集到一起的情况下，以同元老们商议取代同人民商议，被认为是适当的"。③ 虽然罗马人依然坚持"公民之间平等，而对待非公民严酷"的原则，但罗马法律开始区分人民与平民，"平民不同于人民，犹如属于不同的种，事实上，人民的名称用来指全体市民，也包括贵族和元老。然而，平民的名称用来指不包括贵族和元老的其他市民"。④ 这也就是说，所有罗马人（奴隶除外）都是市民，享有市民权，但平民、贵族和元老却迥然有别。所以，西塞罗在《共和国》中描述其

---

①　J. Weintraub（1997），"The Theory and politics of the Public/Private Distinction", in J. Weintraub and K. Kumar（eds），*Public and Thought and Practice*，Chicago：University of Chocago Press.，p. 7.

②　[美] 乔治·弗雷德里克森：《公共行政的精神》，张成福等译，中国人民大学出版社2003年版，第19页。

③　[古罗马] 优士丁尼：《法学阶梯》，徐国栋译，中国政法大学出版社1999年版，第17页。

④　[英] 恩斯·伊辛、布雷恩·特纳主编：《公民权研究手册》，王小章译，浙江人民出版社2007年版，第129页。

政治理想时说道：在城邦中，必须在权利、义务和职务之间有一个公正的平衡点，为此，执法官要拥有足够的权力，领导公民的机构要具有足够权威，人民要享有足够的自由，从而共和国（Republica）能够免于经常性的动荡不安。戴维波·切尔顺着西塞罗的论述进一步指出：罗马公民均依罗马政制参与公共生活，从而公共生活在很大程度上是"大公民（great citizens）的'尊严'和普通人的'自由'之间一场紧张的拔河比赛"。①大公民（那些执政官，领导公民的机构）的自由是积极自由的原型，而普通人的"消极自由"，则与此相反，主要意指他们能免于来自大公民之逾越法律的掠夺。一直到现在，研究罗马公民权的历史学家一直热切地希望追随大公民的足迹，一边倒地强调通常被一小部分大公民所垄断的那种"政治权利"，而排除或忽略这些"消极自由"——"私人权利"，事实上，这些权利才是普通罗马公民以及他们的公民权的真正"核心"。②而随着亚里士多德以古希腊城邦治理为样本描述的公民概念，由政治身份向法律身份转变。相应地，"公共"的核心含义由公民直接参与、共同决策开始向"透过"法律或制度的间接参与转变。分散个体团结的纽带——"公共"的情感开始由法律的理性所替代。公元476年西罗马帝国灭亡后，中世纪城市兴起之时的公民资格，其实只是封建等级制对古罗马平等公民资格的分化与异变，公民还是个排斥外邦人和奴隶的概念，但大公民分化为国王与封建领主，以及有产的"市民"，分化后的公民各自适用属于他们自己的法律。到近代民族国家出现，情况开始有了改变。国王与领主之间建立起主从关系，君权得到强化，中央权力加强。国家建立起常备军、中央性司法机构，一个比城市更大的统一共同体形成。让·博丹说道：现在构成国家的市民（Civis），可以有不同的法律、语言、习俗、宗教和种族，他们居住在城市、村庄或乡村，但他们有一个或更多的统治者主权，服从同样的法律和习俗。他还区分公民与市民："当一个家父离开他主持的家和其他家父联合，以便讨论那些关系共同利益的事情时，他停止了作为领主和主人，变成一个平等的人与其他人联系。他撇开了其私人

---

① ［英］恩斯·伊辛、布雷恩·特纳主编：《公民权研究手册》，王小章译，浙江人民出版社2007年版，第130页。

② 同上书，第131页。

的关切而参与公共事务。在这样做时，他变成了一个公民，而公民可以定义为依附他人之权威的臣民。"① 把公民仅与国家主权、公共事物联系，回溯了古希腊公民观，而"公民—臣民"发展了古罗马的"消极公民"形象，并将之普遍化。

霍布斯论述的国家概念正是以"公民—臣民"为基础的，只不过是基于社会契约而"自愿"臣服。从康德强调相对于国家的公民个体权利，到黑格尔主张"主权在民"，再到奉尊启蒙思想的资产阶级革命建立近代国家，"公民—臣民"观念被彻底抛弃，而社会契约论的思想被继承下来，并试图将这种思想付诸实践，精制出民主机制和代议制政府，并发展起公法系统以确保其稳定。自此，在民主与法律制度建构的话语体系中，国家（政府）也即公共，它具有主体性，拥有独立人格，代表全体人民拥有财产、表达意志。然而，从马克思对黑格尔进行批判，指出是市民社会决定国家，"理念变成了独立的主体，而家庭和市民社会对国家的现实关系变成了理念所具有的想象的内部活动。实际上，家庭和市民社会是国家的前提，它们才是真正的活动者；而思辨的思维却把这一切头足倒置"。② 马歇尔（T. H. Marshall）在 1949 年发表的《公民资格与社会阶层》中，重新阐述自由主义的公民资格观，将之区分为三个独立组成部分或要素：18 世纪产生的公民权利（civil right）、19 世纪兴起的政治权利（political right）、20 世纪得到确立的社会权利（social right）。③ 到登哈特对自由主义的"消极公民资格"批判，主张将"重心放在开发普通个体所必须的具有政治相关性的品质上"④，再到伊雷（Eran）等将公民参与扩展至政治参与之外的一切公共参与，主张参与是公民资格行为的核心内容，体现在三个领域：第一是治理（Governance），即国家层面；第二是参与社区生活（Local lives），即社会层面；第三是工作参与（Work-

---

① 转引自徐国栋《论市民——兼论公民》，《政治与法律》2002 年第 4 期。

② 《马克思恩格斯全集》第 1 卷，人民出版社 1972 年版，第 250—251 页。

③ T. H. Marshall（1950），*Citizenship and Social Class*, p. 72. 转引自［奥］巴巴利特《公民资格》，谈谷铮译，台湾桂冠图书股份有限公司 1991 年版，第 7 页。

④ ［美］珍妮特·V. 登哈特·罗伯特·B. 登哈特：《新公共服务：服务，而不是掌舵》，丁煌译，中国人民大学出版社 2004 年版，第 47 页。

place），即组织层面。① 相应地，"公共"的概念也极大地突破了近代民主和法律制度建构的框架，从哈贝马斯在《公共领域的结构转变》中描绘了早期资本主义公共领域的兴起，认为18世纪文学俱乐部、报纸与政治刊物、政治辩论与政治参与制度，提供了一个介于国家和私领域之间的，可供人们进行自由而理性探究和讨论的领域。到日本学者近年致力于开创"新公共性"，这种"新公共性"与英语中的"Public"相近，意味着对所有人开放。② 一种和风险的"公共性"吻合的"公共观"逐渐成型，它自始以来就构成对近代民主和法律制度建构的那种国家（政府）代表的"公共性"的强烈挑战。

所以，总体而言，从认识论角度风险与法律的关系就是有关风险的争议，就是有关公共行政对风险决策的可接受性的争议，而本质上则是后工业社会那种与风险的"公共性"吻合的社会性"公共观"，和近代民主和法律制度建构的由国家（政府）代表的"公共性"之间的对抗。从马克思论述的家庭和市民社会构成国家的基础而言，这种对抗除非政府主动作出改变，接受这种社会性的"公共观"，风险决策转向公共化，否则永无休止，公共行政的风险决策合法性（可接受性）也就始终会遭受质疑。

三　核灾害风险应对中的法律

据此，费雪的论述有一点需要澄清。她将有关风险的决策归纳为行政宪政主义的理性—工具范式与商谈—建构范式，两者的关键性区分主要在于对待专家意见的态度，前者是依赖性的，后者是启发性的。因此，"商谈"成为后者的必然。但她明显将这种商谈限于政府之内，商谈仅是在政府官员之间，以及官员与专家之间进行的对话。诚然，这种对话是存在的，即便在理性—工具范式之下也会存在某种程度的"对话"。因为，在

---

① Eran Vigoda-Gadot and Robert T. Golembiewski（2004），"Citizenship Behavior and the New Managerialism: A Theoretical Framework and Challenge for Governance." In *Citizenship and Management in Public Administration*, ed. Eran Vigoda-Gadot and Aaron Cohen, Edward Elgar Cheltenham, UK·Northampton, MA, USA, pp. 13–15.

② ［日］长谷川公一：《NPO与新的公共性》，载［日］佐佐木毅、［韩］金泰昌主编《中间团体开创的公共性》，王伟译，人民出版社2009年版，第12页。

"事实"层面，现代国家（政府）就是由政治家和行政官员构成的组织体，只有在"规则"层面它才是民主与法律制度建构的独立主体。然而，将商谈限于政府公共行政的结构内部，无论如何解决不了公共行政决策的合法性（可接受性）问题。费雪也意识到，无论哪种范式，都失败了，因为利益代表过程和商谈过程没能确保"政治权力最终握在整个成年人手中"。但她坚持将行政和公共政治区分，从而又说："更何况，假如这些努力成功了，那么，整个这样的制度情境就不再是行政性的了。"① 如此，就印证了她在《风险规制与行政宪政主义》结尾对著作的评论，"这仅仅是第一步……我的目标是通过考察不同法律文化中的相同问题来实现重新定位"。所以，本书前文支持费雪的观点：公共行政本身就是法律，法律建构公共行政也限制公共行政，公共行政的合法性（可接受性）也即法律的合法性（可接受性）。但却必须明确，正如她自己说的她仅是做了第一步工作，不管是理性—工具范式，还是商谈—建构范式运作，本身都不能解决法律的合法性（可接受性）问题。从这层意义上，显然从政府"内部商谈"转变为广泛范围的"外部商谈"才是正解。法律就是公共意志的体现，无论如何，由公众决定法律是顺理成章的事情。风险决策公共化（法律决策公共化）不是指法律的政治化，而是法律属性本身所蕴含的逻辑必然。这种必然性长期以来被代议制民主以及基于其之上而创制的法律制度所遮蔽，是风险（对风险的认识）使之得以被发现。强调风险决策的公共化，并将之与法律（尤其是立法）本身应有的属性关联，在核灾害风险领域尤其重要。核灾害风险是典型的技术风险，科学与民主之间的对立，理性—工具范式和商谈—建构范式之间的矛盾，在这里将更为集中。而因为技术性，政府和专家们从来就认为他们更有话语权，更能代表理性的力量。他们迄今为止都在宣扬着核能的安全、清洁，公众的认识一直以来都被认为是源自"无知"，公众的情感总是被认为是毫无根据的非理性恐慌之源。另外，在核灾害风险领域，强调风险决策的公共化也具有很大的特殊性。

　　首先，费雪主要关注政府对风险规制的决策，从而将法律的分析置于

---

① ［英］伊丽莎白·费雪：《风险规制与行政宪政主义》，沈岿译，法律出版社 2012 年版，第 45 页。

理性—工具与商谈—建构两个范式内；斯蒂尔主要关注侵权法领域风险制造者的决策，因而重点批判那种"风险内部化"的看法。在核灾害风险领域，这两种决策同时存在，又以掺杂着复杂利益关系的方式统一。美国民营化大师萨瓦斯针对公用事业等基础设施的政府经营模式，斥之"莫名其妙的逻辑"——基础设施十分重要，它使公民普遍受益，建设所需资金庞大。因此，这种责任不能交给私营部门去承担，一般私营部门也无力承担。① 不幸的是，这种逻辑却广泛存在于现实之中，核工业领域更是如此。美国《1954 年核能源法》规定：一切放射性物质的所有权属于国家，由美国能源部行使国家对一切核物质的所有权。我国至今未制定"能源法"，不过《矿产资源法》第 3 条已经宣布：矿产资源属于国家所有，由国务院行使国家对矿产资源的所有权。地表或者地下的矿产资源的国家所有权，不因其所依附的土地的所有权或者使用权的不同而改变。当然，美国由于根深蒂固的自由主义市场经济传统，对放射性物质的国家所有权基本不影响铀的市场交易，尽管它交易的只是使用权。并且，美国对核电厂也采用民营形式。我国核电工业系统在体制改革之前，一直采用垂直一体化的政府垄断管理经营模式，国家核电工业主管部门掌管整个核电系统，不仅核电站是国家投资、国家管理，而且电网建设也只能是国家投资经营。改革开放之后，我国运营核电厂的主要就是三家大型国有企业：中国核工业集团、中国广东核电集团、中国电力投资公司。按照 1986 年颁布的《民用核设施安全监督管理条例》第 4 条规定："国家核安全局对全国核设施安全实施统一监督，独立行使核安全监督权，其主要职责是……组织审查、评定核设施的安全性能及核设施营运单位保障安全的能力，负责颁发或者吊销核设施安全许可证。"而按前电力工业部 1995 年制定的《核电站建设项目前期工作审批程序的规定（试行）》，核电企业要编制初步可行性研究报告、项目建议书、可行性研究报告、环境影响评价报告等文件，原电力部（现国家能源局）、国家发改委行使审批权，其中涉及厂址核安全部分报国家核安全局审批，环境影响评价报告由国家环保部审查批准。另外，国家核安全局还负责核电厂首次向堆芯装入核燃料的

---

① ［美］E. S. 萨瓦斯：《民营化与公私部门的伙伴关系》，周志忍等译，中国人民大学出版社 2002 年版，第 249 页。

许可。在核电厂试运行一年后，该核电厂的营运单位必须向国家核安全局正式提交《核电厂运行许可证申请书》，国家核安全局通过相关的审评，并听取"国家核安全局核安全和辐射环境安全专家委员会"咨询意见。所有程序都通过后，国家核安全局向该核电厂的营运单位（许可证件的申请者）正式颁发《核电厂运行许可证》。审批程序虽然体现了政府监管与核电企业运营的分离，使中央政府掌握着核电厂建设与运营许可的决策权，但在国有企业经营模式下，不可避免会形成复杂的包括中央政府、地方政府、核电企业在内的复杂错综的利益关系。

其次，核灾害风险是典型的技术风险。法律决策公共化的要求，必须考虑科学技术与法律的关系。德国公法学教授莱纳·沃尔夫（Rainer Wolf）认为，科学和技术的结合使法律与一个"不能明确地对安全做出承诺，更谈不上兑现"的担保人联系在一起。如果关于生态安全的知识严重地受到不确定性的感染，那么，科学也无法履行现代社会赋予它的安全保卫的角色。伴随着认知的增长，增加的不仅是知识，而且也增加了对未知事物规模的了解。由此，法律——就何时何处需要排除危险的措施——获取确定性的渠道也干涸了。① 然而，法律仍然要设法保证安全，对科学技术的依赖虽然受到不确定性的影响，但不可能完全置之不理，而企图在"真正的"未知中决策。就如贝克所说：

> 科学对风险的研究每每都落在以环境、进步和文化视角对工业体系进行的社会批判后面蹒跚而行。在这种意义上，在对风险的科技关注中总会存在一种改革者未曾明言的文化批判热情。……我的论点是，对科学和技术的批判起源并不在于批评者的"非理性"，而在于科技理性面对文明的风险的威胁的增长时的失败。②

尽管如此，贝克还是承认，公众的"技术恐惧症"的焦虑和批评主

---

① ［德］莱纳·沃尔夫：《风险法的风险》，陈霄译，载刘刚编译《风险规制：德国的理论与实践》，法律出版社2012年版，第93页。

② 大多对后现代理论的普遍批评正是从这个角度，认为纯粹是在夸大其词。包括贝克也认为"不觉得后现代理论有什么高明之处"。

要来自专家和反专家的辩证法。没有科学论证和对科学论证的批判，它们仍旧是乏味的；确实，公众甚至无法感受到他们批评和担忧的"不可见"的对象和事件。（因而可以说）没有社会理性的科学理性是空洞的，但没有科学理性的社会理性是盲目的。① 这也就是说，对待科学技术，法律既需要它，又要批判它。辩证看待科学技术对那种固守传统法律观念的论者来说，是重要的冲击。因为他们往往直接将科学技术看成"确实性的事实"，法律的"知""行"统一特点，决定着就是按照科学的发现或技术的规则而制定法律行为规则。

然而，在有关核安全的法律现实中，并非那么简单。由于核的高度技术性，法律往往（事实上也只能）是高度抽象的"授权性"规定。如我国国家核安全局 1991 年制定的《核电厂厂址选择安全规定》〔（HAF101）〕第 3 部分关于选址的总则性要求，第 3.1.1 条：必须调查和评价可能影响核电厂安全的厂址特征。必须调查运行状态和事故状态下可能受辐射后果影响的区域的环境特征。第 3.1.2 条：必须根据影响核电厂安全的自然事件和外部人为事件各种现象的发生频率和严重程度，对推荐的核电厂厂址的安全性进审查。第 3.1.3 条：必须评价核电厂所在区域影响核电厂安全的自然和人为因素在其预计寿期内可预见的演变，并在核电厂整个寿期内也必须监控这些因素，特别是人口增长率和人口分布特征。如有必要，必须采取适当措施，以保证总的风险保持在可接受的低水平。第 4 部分关于外部事件设计基准评价，第 4.1.1 条：必须评价厂址所在区域因降水、高水位、高潮位引起的并影响核电厂安全的洪水泛滥的可能性。如果存在这种可能性，则必须收集并鉴别包括水文和气象历史数据资料在内的全部有关数据资料。第 4.1.1 条：必须评价厂址所在区域是否存在影响核电厂安全的海啸或湖涌的可能性。第 4.4.2 条：必须调查研究在厂址及其邻近地区不否发生过地表断裂现象。

国家核安全局 1991 年制定的《核电厂运行安全规定》（HAF103），同样是类似的行文。第 3.1 条：为保证核电厂运行符合设计要求，核电厂营运单位必须制定包括技术和管理两个方面的运行限值和条件。运行限值和条件必须反映最终设计，并在核电厂运行开始之前经国家核安全部门评

① ［德］乌尔里希·贝克：《风险社会》，何博文译，译林出版社 2004 年版，第 69、30 页。

价和批准。运行限值和条件必须包括各种运行状态（包括停堆在内）的要求。显然，在这里科学技术没办法成为批判的"靶子"，依据科学技术对核电厂选址或运行安全的评价过程，同样没有批判的余地。所以，就如费雪强调的风险和法律的关系，关键的是如何看待专家的意见，也是对科学技术评价结果的关注，而不是科学技术本身或过程的关注。而在核灾害风险领域，公开化的法律决策集中于讨论科学技术对核安全评价的结果。有两个方面必须纳入探讨的范围：

第一方面就是常见的倾向往往将法律和风险的关系描述为不确定性下证明责任的转移。比如在核电厂选址安全评价或核运行限值和条件的设计中，要求核电厂运营者证明"安全"，否则承担举证不能的责任。费雪的批评主要是从逻辑角度，认为证明责任转移意味着，在决策过程中，按照常理证明责任应由反对风险的人来承担，其要证明该行动造成了危险，但是，当反对者证明存在"威胁"之后，就要求证明责任由希望采取行动的人负担。这种和审判相关的证明责任转移概念，适用于一个两极对抗情境，用来分配在审判没有揭示事实真相情况下的错误风险。无论如何无法适用于风险规制之中，风险即不确定性，风险规制的行政活动也不能揭示事实真相，但却必然要"评定事实"，为采取行动提供认识论基础。[①] 费雪这里的评论是正确的，无论是风险预防原则还是风险规制的其他理论与应用领域，都不存在一个证明责任预先分配给风险反对者的法律推理起点。所以，这种将风险对法律的影响认为是"证明责任"的转移是虚构的、没有意义的。当然，风险决策也需要运用证据，需要证明决策的理由。在风险决策的理性—工具范式中，这种情形很容易得到理解，决策者必然要采用某种证明方法，如根据盖然性权衡证明风险存在，或者提出证据表明风险预防原则适用的门槛已经满足。在商谈—建构范式中，商谈不可能是毫无根据地"漫谈"，它本质上就是交换与共享信息，交换意见和观点的过程，而意见和观点通常都需要相关充当证据的信息或知识，或者是和司法证明相同形式的证据来支持。然而，这种证明显然不同于审判/对抗领域的证明概念，更不存

---

① ［英］伊丽莎白·费雪：《风险规制与行政宪政主义》，沈岿译，法律出版社 2012 年版，第 59—61 页。

在证明责任的"转移"。本书这里坚持"外部商谈"、法律决策公共化，同样需要科学技术对核安全评价报告的观点提供证据，但这种证据必须要看成为公共决策提供信息来源。就如一位澳大利亚法学家针对环境影响评估，认为环境影响评估是让决策者就最重要的争议问题进行商谈，是用来确保行政机关履行其"商谈义务"的。① 在里奇诉国家公园与野生动物保护服务处（*Leatch V. National Parks and Wildlife Service*）案中，澳大利亚斯坦法官也说道：案中所涉及的动物影响报告本身不是目的，它是为"帮助决策者履行其职责，向公众披露信息，使公众参与得以实现"。② 核电厂安全评价报告也要证明"安全"的事实，但在科学技术的不确定性之下使用的是诸如这样的表达："根据现有信息和知识，可能是安全的。"这种"可能性"和审判过程中因证据不足而出现的"可能性"完全不同质，审判过程中依据"可能"就能够决策，即按证明规则分配责任，但风险规制决策的合法性（可接受性）要求决策基础必须是"共识"。就如美国国家研究委员会（National Research Council，NRC）曾经指出的，环境风险规制更多地不是要"评估和减少风险，而是要逐渐形成对生态系统条件的共识"。③

共识的达成无疑只有通过沟通，于是引出了第二个方面问题——科学与法律的沟通问题。作为传统法律思维的结果，法律界喜欢寻求科学界的帮助，强调科学问题对解决法律争议的重要性。这种思路存在一个基本假设，就是科学界有能力按要求，以一个能和法律系统兼容的方式提供科学信息。法律的这种思维倾向在我国，前已提及直到今天也没有根本性动摇，它在普通法世界，也有着悠久的历史。早在1554年英国法院就鼓励法官聘请科学专家解决法律中的科学问题。"如果我们法律中出现无法解决的有关科学的问题，我们通常寻求相关学者或专家的帮助，这是值得提倡的。"④ 到1782年，在福克斯（Folkes v. Chadd）一案中，法院开始接

① B Preston，"Adequacy of Environmental Impact Statement in New South Wales"（1986.3）*Environmental and Planning Law Journal* 194，p. 203.

② *Leatch V. National Parks and Wildlife Service*（1993）81 LGERA 270，p. 282.

③ National Research Council，*Understanding Risk：Informing Decision in a Democratic Society*，Washington DC，National Academy Press，1996，p. 18.

④ Buckley v. Rice Thomas（1554）.1 pl. Comm. at 124，per Saunders J.

受当事人自己聘请的科学专家的证据。然而，19 世纪中叶普通法体系开始担忧法律与科学的关系问题。1982 年瑞查德·卡彭特（Richard Carpenter）博士在一篇总结美国国家环境法的发展与实施的文章中，指出：近些年这一问题更严重了，部分因为在环境决策中迅速增长或增加的更复杂的科学问题，这导致法律系统的需求远远超过科学界所能提供的帮助。"环境科学没有能力提供环境法所期望的事实、理解和预测。律师和科学家之间的关系陷入僵局：科学家们反对对抗性法律程序；而律师们没能对学科间的合作做好学术性的准备；科学家们否认人为因素；而律师们倾向于从流行杂志上获得他们的'科学信息'。"① 对此，拉里·阿诺德·雷诺兹（Larry Arnold Reynolds）博士归纳道：普通法体系中出现的科学与法律之间的"分歧"可能是潜在的存在，但对法律系统而言却是根深蒂固的、内在的和系统的不确定性。可能的解决方法只能是要求在法律与科学之间，发展学科间的相互沟通与合作。② 然而，由于科学与法律之间术语差异，沟通并不容易。拉里·阿诺德·雷诺兹（Larry Arnold Reynolds）博士列举了一个经典的例子，亚伯达省行政法院在审理一个有关建议使用固体废弃物处理设备的案件中，一位水文地质学家被要求提出可能导致地下水污染的专家意见。在形象地展示垃圾填埋场污秽不堪的"新"沥出物之后，这位水文地质学家通过模型详细地说明这些沥出物是如何通过填埋场的土层最终渗透至周边溪流的地下水之中。然而，他的阐述给当时包括行政法官在内的法庭参与者的感觉是沥出物如洪水般涌入周边溪流的地下水之中。这些参与者们显然没能区分专家使用的水"数量"沥出物模型和同样考虑沥出物污染的"质量"模型。事实上，土壤层能够固定沥出物至少 150 年，在这过程中，如果将污秽的沥出物抽出处理，专家描述的最终沥出物将是相对干净的。该案尽管最终澄清了水"数量"和"质量"模型的区分，并在固体废弃物处理中采取了"补救性措施"。然而，

① Carpenter, Richard A, "Ecology in court, and other Disappointments of Environmental Science and Environmental Law" (1982), Natural Resource Lawyer, Vol. 15, No. 3, p. 573.

② Larry Arnold Reynolds (2000), *Managing Uncertainty in Environmental Decision-Making: The Risky Business of Establishing a Relationship Between Science and Law* Department of Public Health Sciences Faculty of Law, University of Alberta, Canada, p. 4.

专家的意见当时无疑的确使法律界产生了谬误，幸亏这里的区分是明显的。① 发生这种理解困难当然不能简单地认为是"知识匮乏"或"无知"导致的，科学和法律作为两个不同学科已经发展起自己独立的价值观、哲学观和程序观，如此，使得他们能够发展起自己的语言在科学范围内进行观念的沟通。然而，他们发展起来的专业语言能够在所属学科中进行有效沟通，却必然无法在学科间沟通。美国核管制委员会的原子能安全与审查局的两位官员表达了自己的意见，"……使用术语反映的是学科间沟通的一个微妙问题"。在一个确定的环境问题中它反映这样的事实：科学界与法律界"将从不同侧面依据不同价值取向而解决问题，而这源于他们不同的经验"。所以，他们总结道："我们认为术语集中体现了学科之间的差异，有效的学科间沟通不仅取决于我们理解术语，而且（或者更重要的）取决于我们理解不同的价值观。"②

关于风险与核灾害法律的最后一点需要提及的是，灾害法律包括灾害基本法、灾害预防法、灾害应急对策法、灾害恢复重建及其财政金融措施法等。在灾害管理中，根据自然灾害的发生发展特征和自然灾害应急管理的目的，从全过程角度，将自然灾害应急管理划分为预防与应急准备、监测与预警、应急处置与救援管理以及灾后恢复与重建四个阶段方面的工作。其中所谓的预防与应急准备，主要是指为灾害应急响应与处置，保障应急需要，以尽可能降低灾害损失，在自然灾害未发生时和灾害发生前所做的一切防范与准备工作。主要包括：应急管理组织与相关制度建设（管理体制、机制和法律制度以及预案等），应急队伍、物资装备、资金、工程和技术等保障，以及应急演练和应急知识的宣传、教育和普及等工作。③ 国际减灾十年活动开展以来，将风险概念引入灾害管理之中，就如前文提到的灾害研究者，包括灾害管理与法律的决策者或者在概率统计上

---

① Larry Arnold Reynolds (2000), *Managing Uncertainty in Environmental Decision-Making: The Risky Business of Establishing a Relationship Between Science and Law* Department of Public Health Sciences Faculty of Law, University of Alberta, Canada, pp. 38 – 39.

② Paris, Oscar and Frye, John, "Symposium on Law-Science Cooperation Under the National Environmental Policy Act: Appendix". (1982), *Nature Resources Lawyer*, Vol. 15, No. 3, pp. 655 – 656.

③ 张乃平、夏东海编著：《自然灾害应急管理》，中国经济出版社 2009 年版，第 27 页。

使用"风险"一词，或者将等同于危险事件（灾害），如我国作为减灾管理系列教材的《综合灾害风险管理导论》直接使用"应急风险管理""危机风险管理"等概念。① 英国"眼泪基金"（Tearfund）2003 年对中东及非洲和美洲一些国家减灾情况的调查报告还指出，风险减轻（risk reduction）在这些被调查的国家并不占政府工作的主流。之所以如此，因为一是缺乏对风险减轻性质的认识，二是灾害应对区分为救灾和发展两大块，而灾害风险减轻不属于任何一块，三是减轻灾害风险的工作往往被其他更紧迫的事项所排挤。② 所以，完全有必要强调从风险与法律角度，所涉及的仅是指核灾害预防法律制度，在目前的法律制度体系中，如我国就指一系列有关核安全的法律规范。

---

① 张继权等编著：《综合灾害风险管理导论》，北京大学出版社 2012 年版，第 6、7 章。

② "*Natural Disaster Risk Reduction The policy and practice of selected Institutional donors*"，Tearfund Research Project，http：//www. tearfund. org/webdocs/Website/Campaigning/Policy，2015 年 7 月 1 日最后访问。

第 二 章

文化的风险：核灾害预防制度建设的依据

第一节　核灾害风险的文化构建

一　风险文化主义与风险社会理论

　　按照学者的一般理解，贝克和吉登斯等的风险社会理论基本是一种风险实在论，风险具有现实性。而道格拉斯和维达夫斯基的"风险文化主义"与建构论的框架紧密联系在一起。贝克在讨论环境和自然风险的增长时，分析了由工业和科学导致的风险的责任是如何被系统地作为个体的责任推卸到外行的社会公众身上。与之形成对照的是，道格拉斯和维达夫斯基认为所有的风险都是社会构建出来的。风险是一个"纯净与危险"的问题，是某种仪式性的污染：自然污染仅是仪式污染的一种类型。她们认为有组织的不负责任是次要的。真正重要的是，那些认同不同风险文化的个人不是先去发现风险，再来推定应归咎于谁。相反，这些人总是先找到他们想归咎的社会群体，再由此去推定应该关注哪种风险。这就是说，风险文化不是从风险出发，而是从归咎出发，从"应归咎于谁"出发。道格拉斯（和维达夫斯基）主要的作品《纯净与危险》（1966 年）、《自然符号》（1970 年）、《风险与文化》（1983 年）等，其中的观点思路具有相当的延续性。如果将之置于 20 世纪 60 年代后期和 20 世纪 70 年代早期的学生运动和工会草根激进主义的背景中理解，显然可看作对这种背景的一种回应。道格拉斯有效地将这种激进主义的嚣尘归咎于社会统治机制的"软弱"和过分忍让。借助"网格"和"群体"的概念，道格拉斯认为，正是社会的核心制度过分容忍导致了群体和网格的松懈，从而为非驴非马（liminality）、混乱和激进主义创造了空间。因此，她坚持现代的风险其实没有增加,而仅是风险的感知增加了。而感知到的风险增加的原因就在于一群有影响力的社会成员以一种强有力的方式声称真实风险正在增加。所以,对道格拉斯和维达夫斯基等风险文化主义者而言,重要的不在于风险的现实,而在于风险是由这样一群被环境保护运动所吸引的激进的"边缘分子"构建的。①

贝克和吉登斯对风险社会的论述。都强调制度的重要位置。在他们看来,制度的功能既是专家系统又是民主论坛,它们不是在以道格拉斯的方式重申的传统中发挥作用,而是在不断发展的有序的社会变迁中发挥作用。他们关注的不是对激进分子的社会控制,而是减缓环境和认同危险(比如家庭和生物技术领域)的措施。他们的观点是,现代政治和经济制度事实上导致了许多自然的和认同的风险产生,而同时这些制度和其他制度也在治理这些风险。治理取得了部分成功,但却产生了可能导致更多风险的副作用。为此,贝克和吉登斯主张用一套反思性的、更民主的制度去处理这些副作用和不断产生的新风险。尽管他们也意识到,这套新制度同样会产生副作用,但"制度主义"仍然是他们论述观点的显明特征。因之,"风险社会"是规范有序、垂直构架并且是基于个体的;相反,风险文化是价值无序、水平架构并且是基于社群的。在道格拉斯和维达夫斯基的《风险与文化》中,他们划分了三类风险:社会政治风险、经济风险、自然风险。三类风险相应地形成三种不同的"风险文化":趋向于选择社会风险的等级制度文化;趋向于选择经济风险的自由市场文化;趋向于选择自然风险的"派系""边缘"文化。她们感知的风险增加只是第三类风险——"技术带来的风险",其原因就在于三种不同风险文化的结构变化:前两种类型的风险文化,即等级制度主义者和市场个人主义者组成了道格拉斯所说的"中心",而边缘文化则构成了带来威胁的外围部分。

对于道格拉斯和维达夫斯基的风险文化主义,据英国学者大卫·丹尼的整理,有的认为道格拉斯是用静态的方法来处理风险问题,这种静态的观点在理解文化和风险的关系时,其起点是结构功能主义的。有人指出道

---

① 〔英〕斯科特·拉什:《风险文化》,载〔英〕芭芭拉·亚当、〔德〕乌尔里希·贝克、〔英〕约斯特·房·龙编著《风险社会及其超越》,赵延东等译,北京出版社 2005 年版,第 70 页。

格拉斯似乎不关注风险感知的未来变化，她在分析中对环境和结构问题，如贫困问题更为关注。卢普顿认为道格拉斯观点的另一个危险是个体主义风险专家已经把其思想纳入他们的概念化工作之中了。道格拉斯的作品显示出文化和政治压力是如何影响常人对风险的感知的。罗莎（Rosa）认为道格拉斯与维达夫斯基在著作中，没有区分存在论的世界和风险的认识论。存在论关注人类拥有的保持自身身份和社会行动能力的信念，关注人们寻求自身以及存在于这个世界上的意义的方式。太阳每天在早上升起对人类而言是一种存在论的保障形式。认识论是有关个人和个体组成的群体知晓和认识风险的方式，这导致了道格拉斯和维达夫斯基在共同的条件下对风险的概念化，并流于宽泛。在后传统社会中，罗莎描绘了风险理解方式的感知二元论。风险与命运和可能性密切联系在一起，命运和可能性在考虑个人如何作出风险判断时联系在一起。道格拉斯由于没有能够认识到这种二元论，从而未能区分现代社会和传统社会。罗莎认为，把道格拉斯和维达夫斯基这样的文化主义者置于了风险连续体中极端的相对主义，而实证主义的和个体化的风险评估处在另一极端，有可能导致文化主义者对风险现实的遗忘。[①] 不难发现，评论者的观点基本上立足于建构论与实在论的区分与对立，并且有意无意地以实在论为前提假设。所以，对于同样持风险文化主义立场的斯科特·拉什看来，道格拉斯等的风险文化理论的局限性主要是过分简单地将复杂的文化问题划分为中心与边缘，并据此进行风险归责。他认为社会结构的变迁是复杂的，道格拉斯和维达夫斯基只强调自然技术的风险感知增加是不够的，现代社会的风险感知在全面增长，不仅包括自然技术的风险，也包括个体化逐渐增长和对民族国家威胁逐渐减少的背景下的社会结构风险，同样还包括了因逐渐全球化的市场、专业化消费等引起的动荡所带来的经济风险。[②] 因此，拉什明确反对将风险归责于那些处于相对边缘的群体和派系主义者，但他和道格拉斯等同样使用"社群"的概念，因之反对归责其实只是反对归责于个体，并未

---

① ［英］大卫·丹尼：《风险与社会》，马缨等译，北京出版社 2009 年版，第 25 页。

② ［英］斯科特·拉什：《风险文化》，载［英］芭芭拉·亚当、［德］乌尔里希·贝克、［英］约斯特·房·龙编著《风险社会及其超越》，赵延东等译，北京出版社 2005 年版，第73 页。

（事实上也不能）否定风险的文化建构中的"中心"与"边缘"划分的积极意义。"如果对当下激进的批判性风险共同体做一种积极理解的话，派系概念或许还是有一些益处的。"①

学界对于贝克的批评，主要集中在他的"实在论"一方面。如认为他没能充分认识到具体风险情境的复杂性。"'风险社会'主题的一个重要特征在于它基于一种'价值一致性'，即预先假定大众的关注点已经从生存转向了和不安全相关的领域。与吉登斯一样，贝克假定西方社会对物质贫困和歧视的关注已经被不安全感和对新形式风险的恐惧所代替。"②由此，奥马利（O'Malley）得以认为贝克在历史方面存在问题，指出风险社会从起源上看是有条件的，从形式上看是可变的。把当前关注风险的状态作为历史逻辑不可避免的结果是危险的。整个人类历史中，风险在公民和政策制定者心中一直占据着最高的地位。以往历史中，非个人的和无法观察到的风险，如瘟疫，都是全球性的并影响了社会所有的阶层。③诚然，这里的评论是中肯的。本书前面已论证风险社会理论本质上就是一个认识论的革新问题。而从认识论角度，我们通常说的"两条基本路线"（从物到感觉和思想——唯物主义的认识路线，从思想和感觉到物——唯心主义的认识路线）并没有高下之分，完全可以也应该将其看成只是认识起源的假说基础不同而已。所以，贝克可以假定风险是"现实的"，但假定它必定是普遍性的、世界性的，则显然并不是事实的全部。比如他在《风险社会》中坚持他主要关注的环境风险是"没有边界的"，"飞来器效应"使得那些生产风险或从中受益的人迟早会受到风险的报应，食物链实际上将地球上所有的人连接在一起。风险在边界之下蔓延，全球化趋势带来不具体的普遍性的苦痛。④无论从何种角度理解，实际情况并不是那么糟糕。

贝克本人尽管的确不完全认同道格拉斯和维达夫斯基的见解，但对于

①　[英] 斯科特·拉什:《风险文化》，载 [英] 芭芭拉·亚当、[德] 乌尔里希·贝克、[英] 约斯特·房·龙编著《风险社会及其超越》，赵延东等译，北京出版社 2005 年版，第 73 页。

②　[英] 大卫·丹尼:《风险与社会》，马缨等译，北京出版社 2009 年版，第 31 页。

③　同上书，第 32 页。

④　[德] 乌尔里希·贝克:《风险社会》，何博闻译，译林出版社 2003 年版，第 39 页。

那些认为他是"实在论者"的评论，却认真澄清"其实是误读了他的观点"。在《再谈风险社会：理论、政治与研究计划》一文中，他说道：

> 我认为实在论与建构论既不是一种非此即彼的选择，亦非纯粹的信仰问题。我们无需对某种特定理论观点或视角宣誓效忠。对我来说，采用实在论或是采用建构论的观点是一个相当实用的决定，一个如何选择合适的手段来达到预期目的的问题。如果当一个实在论者可以使社会科学对全球风险时代中新的、矛盾的观点开放，那么我会心安理得地采用实在论的姿态和语言。如果建构论能使一种积极的问题转变成为可能，同时有助于我们提出实在论无法提出的重要问题，那么我对做一个建构论者也并无不满。我是在建构论哲学思想家，如康德、费希特和黑格尔的熏陶下成长起来的，因此在今天，特别是在风险的社会学领域，我并没有将自己的分析局限于一种视角或一种概念教条。我既是一个实在论者，也是一个建构论者。我可以同时使用实在论和建构论，只要这些元叙事能有助于理解我们所处的世界风险社会中复杂而又矛盾的风险"本性"。①

不仅如此，贝克将其关于风险的概念归纳为 8 个方面以"再现为一个整体"时，首先就是"风险不同于毁灭"。

> 它们不涉及已经发生的损害，但风险确实有一种毁灭的威胁。风险话语开始于我们对安全和发展信仰的信任终结之处，停止于潜在的灾害变成现实之时。因此，风险的概念反映了一个位于安全与毁灭之间的特定的中间地带，在这里，对风险威胁的感知决定着人们的思想和行动。有鉴于此，我很难看出斯科特·拉什所讨论的"风险文化"概念与我的"风险社会"概念之间有什么差异。……正是文化感知

---

① ［德］乌尔里希·贝克：《再谈风险社会：理论、政治与研究计划》，载［英］芭芭拉·亚当、［德］乌尔里希·贝克、［英］约斯特·房·龙编著《风险社会及其超越》，赵延东等译，北京出版社 2005 年版，第 321 页。

和定义构成了风险。"风险"与"公众定义的风险"就是一回事。①

在《风险社会》一书中，贝克也说道:产生于晚期现代性的风险，完全脱离人类感知的能力，但却基于因果解释而以知识的形式存在。因而，它们在知识中可以被改变、夸大、转化或者削减，并就此而言，它们是可以随意被社会界定和建构的。②

贝克使用"知识、潜在影响、症状效果"三个概念表达他的实在论与建构论相结合的思想。声称风险与其他政治议题不同，只有当人们清晰地意识到它，体现为文化价值和符号以及科学论断时才会构成危险。有关风险的知识和其历史及文化以及知识的社会结构紧密联系，从而会出现不同区域的人们以不同态度以及不同的处理方式对待同样的风险。③ 这里似乎显示了贝克较彻底的风险文化主义倾向，风险只有被认知（在知识中）才成为风险（危险）。但他同时又坚持风险的实在性源于不断发展的工业和科学研究与生产带来的"影响"，知识和影响存在巨大的空间分裂，而风险感知总是在本土化语境之中被建构的。这种本土化语境只有在想象中，在诸如电视、计算机和其他大众传媒的帮助下才是可以延伸的。处于"分裂空间"或者说连接建构的风险与实在的风险之间的因素就是"症状效果"。他举出20世纪90年代英国变异型克雅氏病的例子，认为仅当风险的影响在某时空范围内具体化为一种可见的"文化"现象后，它才突破在空间上的限制，才会成为一种可感知的症候，才会变得可知。由此，贝克以他的论证方式既认可道格拉斯和维达夫斯基等风险文化主义者的"研究价值"，又表达了和她们的不同:风险不仅是现实的，也是建构的。而建构的风险并不和实在的风险完全吻合。公众所认识到的风险越少，生产出来的风险就越多。

---

　　① ［德］乌尔里希·贝克:《再谈风险社会:理论、政治与研究计划》，载［英］芭芭拉·亚当、［德］乌尔里希·贝克、［英］约斯特·房·龙编著《风险社会及其超越》，赵延东等译，北京出版社2005年版，第320—323页。

　　② ［德］乌尔里希·贝克:《风险社会》，何博闻译，译林出版社2003年版，第20页。

　　③ ［德］乌尔里希·贝克:《再谈风险社会:理论、政治与研究计划》，载［英］芭芭拉·亚当、［德］乌尔里希·贝克、［英］约斯特·房·龙编《风险社会及其超越》，赵延东等译，北京出版社2005年版，第333页。

　　的确，恰如美国当代学者肯尼斯·J. 格根（Kenneth J·Gergen）所说："实在论和建构论无论是什么，它们都是话语形式。不管它们可能以什么方式起作用，两者都是被用来展示文化生活方式。"因而

　　　　我们将实在论和建构论理解视为个体心智的表达、超验逻辑或真理假定，不如把它们看成是言说或写作的形式——人们在各种场合使用的附带着某种后果的术语和词组的混合物。就这些话语对各种群体都有用而言，我们也准备将它们视为文化资源、在某些文化传统中发展起来的并且现在加入到当代文化剧目中的可理解模式。①

　　所以，尽管建构论和实在论有区别：实在论是一种相互信任的语言。它以一种方式将参与者统一起来以维持秩序和促进可预见性。同时，这种话语也发挥着一种控制工具的作用，它排除了其他的可能性，从而支持保守主义力量和制度性现状，它还引发了对所有那些没有共享常规的人的不信任。而建构论话语常常起着与实在论相反的作用。它是一种解放性动因，挑战理所当然的观点，开启理解和行动的新领域。但是，很明显对于我们个体与群体或社会而言，这两种话语都至关重要。而既然实在论和建构论都是话语形式，两者的冲突就完全可能统一在语言的意义理解方式之中。具体而言，即转变话语语境，从一种冲突立场转向一种问题化冲突本身，区分表达者和表达、强调多音表达和探索关系是降低毁灭冲动的方式，同时，也是使它们自身适用于更丰富和更持续的共同生活的方式。②

　　至此，结论已经清晰：完全可以认为风险社会理论与风险文化主义并不矛盾，相反，它们能够完成语言意义的必要的相互补充。贝克说"在文化定义的风险概念下，风险社会概念仍然有必须存在"。③ 其实不仅是"必要存在"，而且是"必须存在"。风险文化主义强调风险建构的"边缘

――――――――――

　　① ［美］肯尼斯·J. 格根：《语境中的社会构建》，郭慧玲等译，中国人民大学出版社 2011 年版，第 13 页。

　　② 同上书，第 22 页。

　　③ ［德］乌尔里希·贝克：《再谈风险社会：理论、政治与研究计划》，载［英］芭芭拉·亚当、［德］乌尔里希·贝克、［英］约斯特·房·龙编著《风险社会及其超越》，赵延东等译，北京出版社 2005 年版，第 323 页。

性"("特殊性"),风险社会理论强调普遍性。毋庸置疑,普遍性总是寓于特殊性之中。风险,尤其是"环境风险"的建构(认识过程)就是一个从特殊到普遍的非连续过程。从17世纪中叶J.易布林鉴于伦敦空气污染严重向议会提出议案,到W.配第和J.格兰特首次提出环境问题,再到当代"环境风险"的概念可清晰地看到"少数社会精英的发轫——社会公众的觉醒——社会上层被动应对与自觉反省"①的建构路径。在美国,20世纪六七十年代发生空前规模的环境运动,其人文基础可追溯到第二次世界大战前30年代的资源保护运动,其主要领导者是少数政府官员、科学家和实业界人士组成的精英层,到新政期间因富兰克林·罗斯福组建民间资源保护队及实施其他资源保护措施而使得更多的下层民众参与到资源保护运动中来,资源保护意识开始在大众中间普及。随着第二次世界大战不仅创新了世界政治新秩序,也给思想文化观念带来巨大的冲击,社会的日趋复杂化,各种社会思潮层出不穷,反战运动、新左派运动、自由主义运动、反主流文化运动、民权运动和女权运动等各种社会运动此起彼伏,连绵不断。正是道格拉斯她们说的社会统治机制的"软弱",导致了群体和网格的松懈。20世纪90年代环境运动开始从"草根"发展为职业化,从对抗过渡到对话和合作,从而更多地选择"制度化"参与模式。然而,没有任何证据表明职业化运动取代了草根行动,对话和合作取代了对抗。卢茨说得很对,社会运动不可能完全制度化而继续保留社会运动的身份,只要运动依然保存着活力,就会存在对由制度化带来的妥协进行抵制的人。② 所以,尽管在道格拉斯和维达夫斯基所说的"一群被环境保护运动所吸引的激进的边缘分子构建环境风险"之前,"环境风险"无疑也应该是存在的。不过,这种风险正是贝克、吉登斯说的"前现代社会风险",它处在制度的控制逻辑之内。风险社会或风险文化主义构成新的认识方式,就必须以新型风险为基础。如此,风险文化主义的重要贡献无疑正在于指出了风险建构的源头。借助于它,我们可以也必须理解现代社会风险的具体建构过程。

---

① 谭江华、侯均生:《环境问题的社会建构与法学表达》,《社会科学研究》2004年第1期。
② [英]克里斯托弗·卢茨主编:《西方环境运动:地方、国家和全球向度》,徐凯译,山东大学出版社2012年版,第8页。

二 风险文化建构中的媒体

贝克和道格拉斯都承认，大众传媒对于一个以对风险的恐惧为主导的社会的产生和维持来说，起着关键作用。2000 年，科特勒（Kotler M. L.）和希尔曼（Hillman I. T.）两位学者曾就日本和东北亚的能源问题进行了民意调查，结果显示，公众普遍对核武器不了解，但存在很大的恐惧，对核电站信息的了解也很少。在人们心目中，核电站离生活很遥远，不能直接产生效益或者危险，公众对核电站的印象主要来自媒体报道。[①] 众多的媒体、批量化的信息，给了人们整个世界和全部的自由：我们足不出户就知晓"人事、我事、天下事"，我们也可以尽释"原始本能"在网络中发泄。但无形之中，个体的自由意志瓦解了，丧失了唯一重要的自由——思想自由。对看电视的人来说，新闻自动成为实在的世界，而不是实在的替代物，它本身就是直接的现实。然而，令人吃惊的是，尽管人们通常对这种"后现代状态"的描述也会基本认同，但稍逝之后却又会认为它绝不是"真实的"。具体现实世界的每个个体都会觉得他每时每刻都在怀疑、判断和抉择。[②]

人们甚至会清楚地觉察到媒体并不关心交通意外之类的风险，但对于一些有可能使读者认为他们也身处风险之中的戏剧性事件，媒体却经常予以夸大。[③] 20 世纪 80 年代初，当美国《纽约时报》以"在 41 位同性恋者身上发现罕见癌症"为题报道艾滋病时，并未引起太多关注。到 1982 年一些杂志开始使用"获得性免疫缺陷综合症"或"艾滋病"（AIDS）一词来描述这一神秘病症时，主流新闻媒体对这些案例几乎还不作任何报道。有些为同性恋出版物工作的记者试图把艾滋病议题推动为全国性新闻议题，但没有得到回应。随着 1983 年 5 月《美国医学会杂志》上发表了一篇由全国过敏性和传染性疾病研究所所长安东尼·福西（Anthony Fau-

---

① Peter Haug, *Public Acceptance*: *A Wake-up Call from the People of Europe*, World Nuclesr Association Annual Symposium, 2002, 9: 4 – 6.

② 大多对后现代理论的普遍批评正是从这个角度，认为纯粹是在夸大其词。包括贝克也认为"不觉得后现代理论有什么高明之处"。

③ Slovic, P. (1986) "Informing and Educating the Public about Risk", *Risk Analysis* (6): 403 – 415.

ci)博士执笔的"编者的话",称:艾滋病可以通过"日常亲密接触"而传染所有人群。于是,一时间相关新闻报道急剧增多,突然间似乎人人都面临这个新的致命病痛的威胁。尤其是 1985 年 10 月美国好莱坞著名演员罗克·赫德森(Rock Hudson)感染艾滋病死亡之后,几个月内媒体报道激增 270%。① 众多的媒体纷纷开始报道对艾滋病病因和传播方式的猜测,形成四种说法:内因说、外因说、个人责任说、报应说。尽管随着科学研究的进展,"人类免疫缺陷病毒"(HIV)被确认为艾滋病的病源,但起先各种说法所带来的象征性伤害已经造成了。直到今天艾滋病很大程度上还是被定格为一场道德恐慌,仍然带有难以抹去的污名。到 1991 年,尽管艾滋病毒已经扩散到美国几乎所有的县,从 1981 年首次报道的 41 例增加到超过 100 万人感染病毒,118411 人因之死亡,但却已经不再那么引人关注。2001 年是发现艾滋病疫情 20 周年,主流新闻媒体对艾滋病议题进行回顾和反思。评论人员指出了 20 年来人们在共同对付艾滋病毒/艾滋病(HIV/ADIS)问题上所取得的许多令人激动的进展,以及遭遇到的许多令人沮丧的挫折。在美国,尽管医疗卫生研究人员很愿意提供各种具体数据,但新闻记者的态度却依然是冷漠的。艾滋病毒/艾滋病(HIV/ADIS)涉及同性恋恐惧、种族主义、贫困等问题,但这些话题主流新闻媒体却越来越不愿意报道。尽管对病毒感染者和艾滋病患者个体而言,恐惧、孤立、绝望一直缠绕不退,但从普遍层面,部分出于个体的风险感知总是存在一种认为自己可以免于危险事件的倾向,似乎艾滋病曾经那种"十万分的危险"消退了。与美国相比,英国人口感染艾滋病毒的比例相对较低,但大众传媒"构建"的风险却具有惊人的相似性。英国 1981 年发现首例感染者,1988 年 12 月 1 日,首个世界艾滋病日,英国《每日星报》(Daily Star)社论报道有所谓的"专家"建议把所有的艾滋病患者都隔离到一座孤岛上去。2001 年英国公共卫生实验室和苏格兰传染病与环境健康研究中心联合发布的与艾滋病相关累计数据显示:20 年来共接到了 44988 例艾滋病毒携带者的报告,其中有 14038 例已经死亡。然而,公共卫生机构官员指出,艾滋病仍然被普遍视为"过去的疾病"。对于正在

---

① Alwood, E. (1996) Straight News: Gays, Lesbias and the News Media, New York: Columbia University Press, p. 234.

发生的艾滋病危机可能带来的危险，新闻记者与其他社会大众一样抱相当漠视的态度。①

　　在核风险构建过程中，同样存在类似情况。1945 年第一颗原子弹爆炸时美国广播发表了杜鲁门总统的声明："这是一个关于新式炸弹的故事，这种炸弹是如此强大，以至于只有训练有素的科学家能够想象它的存在……同盟国的科学家现在已经驾驭了宇宙中最基本的力量。他们已经驾驭了原子。"② 尽管美国当时就在日本展开了原子弹杀伤力的调查，得出当日就有近 7 万人死亡，稍后死亡人数上升到 14 万，五年内死亡人数上升到 20 万。然而，"驾驭了原子"反复出现在官方及主流媒体上，人们沉醉在控制宇宙力量的自豪感中。50 年代美国的一幅标志性图像中，特制的观看核试验的看台被挤得满满的。尽管当时关于核辐射的科学常识也已普及普通民众，但是直到 1979 年发生三里岛事件，媒体构建的"核形象"都没有改变。年轻人挤在敞篷车里，打着"就是要出于吸收放射线"的条幅在废弃的街道中行使，即使是强制性的地下核试验也不能消除民众参观核武器测试的欲望。用一名美国武器工人的话说："我看过那些影片，我想要感受那种热量。这是一种极端的存在，这使你最大限度地扮演上帝。"③ 1979 年三里岛事件没有人员伤亡，新闻媒体报道数量占了当时新闻报道总数的 40%，而两个月后也发生在三里岛的美国历史上最严重的航空事故，导致 274 人死亡，却没有被广泛报道。而且由于记者的恐慌，对三里岛核事故的部分报道信息是错误的，电视制作的简单的图像通常倾向于产生负面影响，增加了公众危险的感觉，根本性地改变了美国公众对核能的看法，首次造成国内的反对呼声迅速增加。调查显示，美国社会公众的恐核、反核意见，经历了 1979 年三里岛事件增加 12%，到 1982 年翻了一倍，切尔诺贝利事件爆发后达到顶峰。④

---

　　① ［英］斯图尔特·艾伦：《媒介、风险与科学》，陈开和译，北京大学出版社 2014 年版，第 165 页。

　　② Boyer, P. (1985) *By the Bomb's Early Light: American Thought and Culture at the Dawn of the Atomic Age*, New York: Pantheon Books, p. 4.

　　③ Rosenthal, D. (1990) *At the Heart of the Bomb*. Workingham: Addison-Wesly. p. 55.

　　④ Allan Mazur. (1990), *Nuclear power, Chemical Hazards, and the Quality of Reporting*, MINERVA, 28 (3): 294 – 323.

当然,所有这一切不能归咎于新闻媒体本身的过错。新闻媒体作为文化形式,和政治、经济密不可分。历史表明,政府权力实际上一直没有放松对新闻传媒的控制。政府控制新闻媒体的理由总是存在的,时而说传媒是一种煽动性和破坏性的力量,如果任由其发表信息和意见,就可能扰乱人心、泄露机密、败坏风化,甚至造成社会动荡和不安;时而说媒体的素质和智识水平低下,只能是误导公众、毒害社会。毫无疑问,新闻媒体在诞生之初就为追求利润而存在,其后尽管不同历史阶段或者不同的国家与地区强调的程度不同,但是,新闻传播活动包括生产、流通和消费这样一些完整的市场环节,新闻的商品属性以及新闻媒体与市场的联系一直没有变化。新闻以客观性和真实性为灵魂,但却必须在政治权力与自身权力之间、在自身责任与市场利润之间寻求平衡。鉴于这点,研究者指出:所谓新闻的客观性和真实性永远只是一个神话,新闻只能做到尽量真实和客观,却永远不可能绝对真实和客观,真实性和客观性只能是作为从业者的一个崇高目标,却是一个永远无法实现的目标,它们只能成为调节新闻传媒与政治、经济之间矛盾的方式之一。① 所以,新闻传媒具有明显的"人工照料"性质,它仅是客观与真实经过"加工"之后的映像,新闻媒体呈现给人们的是其构建的"事实"。但它通过建构"事实",塑造了普遍的文化认知。当人与人之间传统的联系与沟通方式被现代社会的新闻传媒取代,人们日益对其形成依赖性时,这种"事实"往往就是真实的唯一来源,被等同为真实。尽管有些人可能也知道新闻传媒的上述特点,能够对其建构的"事实"与"真实"进行区分,但当你基于区分而作出判断以及行动选择时,因为不能取得文化的认同,迫使你开始怀疑自己的判断直到最终改变行动的选择,此时,"剧里、剧外""真实、想象""建构、现实"一切都处于"混沌"之中,风险也就"真实"存在了。

三 核灾害风险文化建构的内在机制

核灾害风险具有一般风险的特点,但也有着特殊性,它属于环境风险又不同于一般的环境风险。前文指出核灾害风险产生的哲学根源在于"理性悖论",主要是针对核能利用过程中强烈的技术因素。因之,核灾

---

① 柯泽:《理性与传媒发展》,上海三联书店 2009 年版,第 12 页。

害风险的文化建构起关键作用的，首先就是"技术理性"。贝克的风险社会理论主要关注"技术—经济"发展本身的问题，认为现代社会随着技术选择能力的增加，带来它们的后果不可计算性，因之"科学与法律制度建立起来的风险计算方法崩溃了，以惯常的方法来处理这些现代的生产和破坏的力量，是一种错误的但同时又使这些力量有效合法化的方法"。"科学理性声称能够客观地研究风险的危险性的断言，永久地反驳着自身。"① 不过，在批判科技理性面对风险威胁增长失败的同时，他又指出"对科学的批判也是不利于对风险的认识的"，因为"一种坚实的信仰背景是现代化批判的悖谬基础的一部分。风险意识既不是传统的也不是普通的意识，而主要是为科学所决定并且基于科学。为了完全地认识风险并使之成为我们思考和行动的参照点……日常生活中的'经验逻辑'必须被颠倒过来"。② 从知识与风险的关系，也即从风险的建构角度，贝克这里的观点是有道理的。风险就产生于"混沌"之中，也可以说风险本身就是"混沌"，对科学技术既怀疑、批判，又信仰和依赖。但贝克完全排斥个体经验在风险认识中的作用是不恰当的，"风险—混沌"状态也包括对个体经验的信任、依赖以及怀疑和否定。显然，贝克正确地指出是"技术理性"本身，而不仅仅是"技术理性"的失败在风险的文化构建中起关键作用，但因为其坚持的普遍主义思维方式而不能完整地论述"作用"的过程。以至于被阿兰·艾尔温批评为"并未给予技术应有的关注"。③

　　按照阿兰·艾尔温的分析，"核理性"和"现代性"之间的密切关系并非是简单和单线条的。当杜鲁门总统声称"科学家已经驾驭了原子"时，核技术是进步的象征。作为战争时期的"曼哈顿计划"的产物，作为大科学的最初表率之一，核能在技术论争中一向是作为例证出现，这种例证中的基础信念就是：即使问题会不可避免地出现，它们也一定会被技术知识的进步所清除。进而，意味着可以把与此相关的事故当作技术进步中的弯路，或是设计不科学导致的后果，将其忘却。这种对"科学和进

---

① ［德］乌尔里希·贝克：《风险社会》，何博闻译，译林出版社 2003 年版，第 29 页。

② 同上书，第 87 页。

③ ［英］阿兰·艾尔温：《风险、技术和现代性：重新定位核能的社会学分析》，载［英］芭芭拉·亚当、［德］乌尔里希·贝克、［英］约斯特·房·龙编著《风险社会及其超越》，赵延东等译，北京出版社 2005 年版，第 123 页。

步"的信念也意味着批评往往被当作不了解情况的,或非理性的而遭到拒绝。尽管像"曼哈顿计划"的参与者,包括政府官员和科学家最初就意识核能对人类的毁灭性威慑力,[1] 但在"核技术—进步"为主轴构建的文化氛围之中,他们所意识到的"风险"主要是"可接受的风险"。普遍的共识坚持核辐射能够被技术控制在"合理的水平",而环境对此具有耐受力因而是可以恢复的。这种信念反过来又促使核专家们专注于个体主义风险的评估、测算,理性地通过计算潜在的环境破坏与收益之间的关系来衡量风险,进而致力于技术的改进以控制"风险"。所有这些观念和实践,都如贝克阐述的受到精心构建的现代制度的保护,充当起"合法化""正统化"的精神宰制力量。阿兰·艾尔温在此的不同点也是高明之处是同时指出核能利用技术的秘密性,从核能的军用到民用整个核工业发展过程都处于严格的保密氛围之中。如此,公众民主参与讨论的范围必然受到限制,持反对意见的公民个体或团体会发现他们正被制度保护的"神秘"技术假设而剥夺了公民权利。正是在这种状态之下,道格拉斯关注的"边缘性"运动和观点才得以凸显出来,并因对"权威""正统"的挑战而具有吸引力。贝克也有类似的表达,"哪里有风险哪里就发展出一种难以置信的政治动力"。[2]

　　不过,风险是普遍性的集体意识。对制度化的、"神秘"的核技术所声称的"安全"质疑,要发展为普遍性的集体意识,一方面得力于现代社会发达的媒体媒介,尤其是新出现的自媒体,使任何个体都成为新闻信息的发布者,便捷、快速传播等特点使信息迅速扩散;另一方面阿兰·艾尔温不同于贝克将核科学或核技术专家视为同质性整体,而是多重和异质性的。"科学家既表示过对核能的支持,也表示过反对。我们谈到科学在现代性中的角色时往往强调它否认风险及不确定性的一面,但是毕竟我们对核风险和不确定性真正的认识,在很大程度上依赖于科学家和工程师的

---

　　① 1945 年 6 月 6 日美国战争部部长斯廷森向总统杜鲁门建议进行国际谈判,使世界上所有核能研究公开化,并建立国际监察系统。同年 11 月 15 日美、英和加拿大三国首脑会议,倡导联合国设立原子能委员会,防止原子能的毁灭性用途并推动其完全用于工业和造福于人类的目的。参见 Bertrand Goldchmitdt, "The Origins of International Atomic Energy Agency", in International Atomic Energy Agency: Personal Reflections, Vienna1997, p. 3.

　　② [德] 乌尔里希·贝克:《风险社会》,何博闻译,译林出版社 2003 年版,第 93 页。

公开说明。"① 需要进一步明确的是，这里的"公开说明"包括表明风险的存在，更主要是包括公开对主流意见的反对。正如前文指出的，科学是试探性的，不确定性是其本质属性。在科学的不确定性中，科学家团体依赖"共识"进行沟通进而形成团体意识。这种寻求共识的方法假定针对既定的科学问题，大多数科学家将达到一致意见，仅仅少数持不同观点。这些科学家就像被置于一条钟摆曲线之上，大多数会落在曲线的中间，而极少数要么处于钟摆的最高处，要么在最低处。这些多数的意见，不管最终正确与否，当时代表着最高可能性的科学真实。

> 在对主题进行讨论后，科学家会倾向于取得核心一致性，因为大多数科学家在问题探讨中有着"和众"（众云亦云）的本性。科学家谁也不想自己是错误的，承担信誉受损的风险。一个科学家被证实错误而失去的，将比被证明正确所得到的要多得多，因为信誉是科学家成功的关键。因此，可以说是"名声"引导着科学家们"和众"。②

然而，毕竟还是会存在"不顾名声"的处于钟摆极端的科学家（要么最高处，要么最低处）。正是这些科学家针对"神秘"核技术的"安全、清洁、效率"发出不同声音，使社会公众基于美国三里岛、苏联切尔诺贝利以及日本福岛等现实事故的经验认识，以及非专业角度的风险"推测""想象"得到了他们迫切寻求的知识的"验证"，因之能够迅速推进社会认同，形成普遍性的核灾害风险意识。

制度保障的严格保密状态下的"核技术理性"，技术、权力、知识的结合，是核灾害风险构建的基础因素，其中那些处于"钟摆极端"的科学家起着重要作用。但也绝对不能忽略那些多数处于"钟摆中心"的科学家的作用，没有"中心"就没有"边缘"，如果他们异口同声地同样声

---

① ［英］阿兰·艾尔温：《风险、技术和现代性：重新定位核能的社会学分析》，载［英］芭芭拉·亚当、［德］乌尔里希·贝克、［英］约斯特·房·龙编著《风险社会及其超越》，赵延东等译，北京出版社 2005 年版，第 130 页。

② Goldstein, Bernard D. (1989), "Risk Assessment and the Interface Between Science and Law", *Columbia Journal of Environmental Law*, Vol. 14, No. 2, 343 at 345 – 346.

称核能利用的高风险性，失去了观点的"对抗性"，也就失去了"混沌"状态生成的基础。所以，核灾害风险的文化建构过程必须解析代表"正统""中心"的支持机制。在道格拉斯的论述中，"正统""中心"包括政治社会的等级制度和经济领域的市场个人主义文化。斯图亚特·阿兰在核风险论述中，在类似的含义上创造了一个新词——核万能主义（nuclearism）。他写道：

　　　　对于那些专注于核物质的研究者来说，"核万能主义"这个术语是最常使用的。说得更清楚一点，就是在争取批准对核武器的威胁性使用的持续需求时，"核万能主义"常被用来主导根植于核武器话语的意识形态层面的公众协商。就这个意义而言，公众对核灭绝的恐惧感已经被置换掉了。因此，贝克观察到风险社会是个"灾难的社会"，在那里"反常的情形反而有可能成为常态"——展现了一种新的和谐。①

　　斯图亚特·阿兰这里主要指的是核能利用的政治与军事方面，第二次世界大战后的英国是典型例子。当时的英国，政治框架把原子弹的威力看成国家复兴的象征性和实质性筹码，丘吉尔将之描述为"卷土重来"。所以，尽管政治家们通过科学家也得知核能利用的风险，但"强国梦想"以及随之而来的在国际社会的发言权迅速地将之转换为坚定的政治意志。

　　核能由军用发展到民用，政治维度的"核万能主义"依然起着直接推动作用，并且随之增添了经济维度的内容。贝克说，技术核物理学科和技术的声名衰落不是巧合。它也不是个体化的制约或者独一无二的科学学科的"操作事故"。而且在这个极端情形中，它使我们意识到工程科学在处置自我生产的风险上主要的制度性错误的渊源，在提高生产力的努力中，相伴随的风险总是受到而且还在受到忽略。科技的好奇心首先是要对生产力有用，而与之相联系的危险总是被推后考虑或者完全不加考虑。因

---

　　① ［英］斯图亚特·阿兰：《"核万能主义"的风险和常识》，载［英］芭芭拉·亚当、［德］乌尔里希·贝克、［英］约斯特·房·龙编著《风险社会及其超越》，赵延东等译，北京出版社 2005 年版，第 136 页。

此，风险的生产和对它们的误解在科技理性的经济独眼畸形中有其起源。它的视野被对生产力的好处所指引，因而它也被系统地决定地对风险的漠视所打击。正是这些以所有的谋略来预测、发展、检验和探索可能的经济效用的人们，总是在逃避风险，进而深深地为它们"未预料到的"甚或"不可预料的"到来而震惊。① 当然，贝克说出于生产力的考虑而忽略了风险是不太准确的，核能的民用过程同样考虑到风险，就如原子弹的发明和使用一样。但这种风险——核泄漏、核污染的风险，被不可避免地置于传统的风险理论框架之中，是一种可测量的、能在概率意义上可认知的不确定性。这种概率意义的认知，属于理性推理，并且是"先验的"（a Priori）。弗兰克·H. 奈特区分"先验"与"统计"两种概率判断的推理形式，举例说比如抛掷骰子，不管抛掷中实际会发生什么事情，掷一次获得六点的概率都是六分之一。但就算连续的抛掷在某种程度和范围保持着"相似性"，也不能用来断言某栋楼房在某一时间，或者不同楼房发生火灾的概率。"保险精算师会不断努力，以使自己的分类更为准确，他可以将大类分小类，以保证最大可能的同质性。但我们很难设想将这一过程推进到可以将真实概率的观念应用于某一具体事实的程度。"② 代表"正统""中心"的核技术专家团体对核事故风险的测算与声明正相当于弗兰克·H. 奈特说的"真实概率的观念"，因为现实不可能存在足够多的事实（发生超过他们声称的概率阀值的核事故），于是它的"正确性"没法进行经验验证，因之能够一直居于"正统"和"中心"。今天我们浏览世界核能协会（WNA）网站，首页就是醒目的介绍："目前全球有超过 30 个的国家在利用核能，生产了世界将近 11% 的电力，几乎没有温室气体的排放"，"每一颗铀燃料球包含的能量相当于 480 立方米的天然气、807 千克燃煤、149 加仑石油……"③

支持那种声称核能"安全、清洁、效率"的"正统""中心"观念的"核万能主义"，本质上是一种集体性机制，科学家团体、政治家和社

① ［德］乌尔里希·贝克：《风险社会》，何博闻译，译林出版社 2003 年版，第 71 页。

② ［美］弗兰克·H. 奈特：《风险、不确定性和利润》，安佳译，商务印书馆 2012 年版，第 209 页。

③ http：//world-nuclear. org/Nuclear-Basics/。2015 年 2 月 3 日最后访问。

会公众都在其中起着重要作用，而促使他们形成凝聚的正是"欲望驱动"。这里的"欲望"相对于理性，科学是试探性的，即使古老的科学命题已可能被新的知识推翻，所以当科学技术迅速发展，早期的科学结论被否定的时期不可避免地伴随着知识的断裂，"欲望"正在此动员了象征性的资源弥补这些断裂。前文说到美国20世纪50年代观看核试验的宣传图像，以及年轻人打出的"就是要出来吸收放射线"的条幅，正是欲望驱动的典型行为例子。从工具理性角度而言，"欲望"是非理性的。马克斯·韦伯将人类依其个人选择的社会行为，分为四种类型：其一是目的—理性行为；其二是根据某种行为价值的信仰决定的，不抱任何目的，并以道德、美学或宗教为行为标准，也即所谓价值—理性行为；其三是在感情支配下实施的行为；其四是依据传统的行为。① 按韦伯对社会行为的定义，上述后两种行为（传统的行为和情感的行为）严格说来，都不属于社会行为，因为在他们中间并不包含行为者明确的主观意义。而从目的合理性的角度看，价值合理性永远是不合理的。并且，他越是把行为的目的上升为某种永恒的绝对价值，越是不反思行为的结果，它便越是远离目的合理性。驱动"核万能主义"的"欲望"有着"价值—理性"的一面，对"核万能主义"的发起者和维持者而言，核事业的发展就是犹如信仰般的"永恒目的"；但也有着相当的情感色彩，如在20世纪50年代的美国、英国等国家支持核事业发展都一度被认为是爱国的表现，因而即使承担风险也是应该的。正因为"欲望"是信仰与感情的复合，所以能够经久而不衰。并且因之和文化构建的核灾害风险具有"同质性"，能够形成彼此对抗性的态度，形成风险构建的框架条件。

　　科学家团体、政治家和社会公众三者的"欲望"会相互影响，但它们在核灾害风险构建中所起的作用是不同的。对于科学家团体而言，鼓动他们的首先是科学—探索的本质，但当1943年"曼哈顿计划"启动时，科学上的"探索欲"显然受到战争利益鼓舞的政治意志的深深影响。美国原子能小组的领导者奥本海默写道："我们知道，世界再也不会像以前那样了……我记得印度教经文《薄伽梵歌》里的诗句：'现在，我变成了

---

① ［德］马克斯·韦伯：《论经济与社会中的法律》，张乃根译，中国大百科全书出版社1998年版，第3页。

死神，成了世界的毁灭者'。"他的这一完整记录下来的反应与其他杰出科学家的陈述是一致的。英国观察家艾德温·查德维克（Edwin Chadwick）爵士宣称："它好像上帝自己在我们中间现身"，"是《启示录》中的一个景象"。英国奥尔德玛斯顿村的原子弹工程负责人威廉·潘尼爵士（Willian Penny）把原子弹形容成"我们时代的避邪物"。原子能的潜在破坏力的恐惧被一种希望平衡：它在谋取利益上同样具有强大的力量，科学是和民主制度一样休戚相关的进步力量，因而是和平的重要保障。① 正是科学、军事和政治欲望推动政策朝着核膨胀主义的方向发展，主导或引导着媒体对"核形象"的构建，鼓动着受媒体影响的社会公众，这种意识一旦注入公共领域，就得到商业界人士的热烈拥戴，并且创造了一股"无法抗拒"的潮流。对技术和经济上的批评立刻解读成不爱国的行为，欲望取代了理性，并导致国内批评的边缘化和对公众怀疑的严重忽视。而一旦出现"中心"与"边缘"的分化，一些群体所担忧的风险在另一些群体看来无足轻重，由于新闻媒体报道的本质特点，分化出现扩大化，对风险的恐惧感更加广为扩散，"边缘"的反对声也就慢慢汇成"群体的极化"。当群体的极化效应产生之时，公众沟通与讨论的立场就会变得更加极端，最终产生社会动员的显著效果。

第二节　情感价值主导的核灾害风险

一　核灾害风险：反思性判断

前述利用道格拉斯等的"中心/边缘"关系，并且通过分析新闻媒体报道的固有特点，基本廓清了核灾害风险的文化建构过程。不过，还必须更细致地考察风险文化建构中的两个关键问题，即那种"边缘性"的观念是如何产生的，又是如何形成集体性的风险文化认同的。贝克的风险社会理论将"风险"集中在那些放射性、空气、水等污染以及有毒物质的危害风险，因而将之与前现代"可感知"的"风险"相区别，"从工业化

---

① ［英］伊恩·威尔什：《渴望风险：核神话和风险的社会选择》，载 ［英］芭芭拉·亚当、［德］乌尔里希·贝克、［英］约斯特·房·龙编著《风险社会及其超越》，赵延东等译，北京出版社 2005 年版，第 145—147 页。

向风险时代的过渡是现代化进程中自动产生的,无意识、不可见和强迫性的"。风险社会概念为了清晰表达这种系统性和划时代意义的转变,

> 首要方面就体现在现代工业社会与自然资源、文化的关系,现代工业社会依赖于它,但必然会被不断发展的现代化所耗尽。其次就是危险社会和它所产生的问题之间的关系,它超越了作为社会核心概念的安全,而一旦知晓这点就可能彻底颠覆既有的社会秩序;再者就是工业社会文化中的集体或团体意义的消解与解构。①

贝克虽然暗含了风险社会意味着文化观念变迁的意思,但因为他的"不可感知"的风险主要是针对"影响"而言,所以不能为阐明这里的两个问题提供裨益。

第一个问题具有基础性,它首先涉及的是在批评个体主义风险观念之上形成的认识:即风险感知的主观性、个体差异性。的确,通常在时间上越接近风险的信息就越可能误导判断过程,最近发生的事件容易扭曲对危险程度的感知。比如最近刚发生交通事故,人们会容易认为交通事故死亡人数和因疾病死亡人数一样多。另外,就个体而言,人们总有一种相信自己可以免于危险事件的倾向,"这种事情不会发生在我身上"。所以,斯洛维奇指出个体风险感知并不是一个只有从低维度到高维度的连续体,而弗格森(Ferguson)集中研究了知识与风险感知之间的复杂关系。个人评估风险的时候会使用两种形式的知识:未加工的知识,即人们知道的知识;"校准过的知识",即人们认为他们知道的有关风险的知识。从而,普遍化、标准化的风险评估在风险认知方面,也必然存在普遍与个体之间的紧张关系。在某些个体看来,评估的高风险很可能是"可接受的",反之,评估显示低程度的风险却有可能被个体认为是"令人恐惧的"。对于这里的紧张关系,无疑我们得承认个体心理意识差异的"客观性"和"先定性",因之从技术层面完全可以追溯为风险评估的"简约化"——忽略了具体的情境、个体的差异。众多学者认识到这点,如杨(Young)

---

① Ulrich Beck (1996), *Risk Society and the Provident State*, ed. Scott Lash, Bronislaw Szersznski & Brian Wynne, *Risk*, *Environment & Modernity*, London: SAGE Publications, p. 29.

说到，用保险精算的方法进行的风险计算并不关注可能性或正义性，而仅是关注伤害的最小化；玛丽·道格拉斯更是直率地批评个体主义的风险评估太过简约化；贝克承认个体主义的方法对风险分析是必须的。因为如果要承认风险的存在，就需要通过科学的测量和观察。但和道格拉斯一样认为风险评估的弱点在于没有考虑文化和政治情境对科学客观性的影响。①

而之所以主观的风险感知会不同于"客观化"的风险评估，斯科特·拉什的分析是有道理的。他赞同道格拉斯和维达夫斯基的说法，不应将危险或风险理解为客观的，而应将它们理解为铭刻于生命形式之中。②因之，风险感知属于"审美判断"。"审美判断"源自康德在《判断力批判》中谈到的"鉴赏力的审美判断"，康德将之称为"反思性判断"（reflective judgement），相对于"决定性判断"（determinate judgement）。"决定性判断"就是《纯粹理性批判》中的那种判断，它是客观的判断，具有客观有效性。采用物理和数学模型，它的可能性前提是逻辑的范畴，即康德说的"理解"的范畴。相反，审美的判断，或反思性判断是主观的判断，它并不像决定性判断那样基于既定的逻辑规则，在反思性判断中必须自己发现规则。另外，反思性判断与作为决定性判断的命题真实性（Propositional truth）不同，这种判断既基于愉悦和不适的"情感"，也基于震惊、被控制、害怕、憎恶和欢喜的情感。它们与预言式陈述、有效性诉求和支持有效性诉求的理论论述之间的关系，较之和决定性判断的关系更少。决定性判断在理解的逻辑范畴之下，在康德的"先验统觉"下包括了对事件（比如一个因艾滋病致死的病例或者是一个核电站的爆炸）的归类。反思性判断，也即基于感觉的评价，不是通过理解，而是通过想象或者更直接的是通过感觉发生的。大多数情感和日常生活经验都是康德和许多其他现象学家称为琐碎意义或平庸意义的东西，因为它们与逻辑意义、决定性判断的命题的真实性相比是琐碎的或平庸的。但审美—反思性判断产生于一种非常特殊的经验，它们仅来自那些揭示了一系列存在主义意义或先验意义的琐碎内涵。因此，琐碎这种在文化人造物中独特的

① ［英］大卫·丹尼：《风险与社会》，马缨等译，北京出版社 2009 年版，第 19—20 页。
② ［英］斯科特·拉什：《风险文化》，载［英］芭芭拉·亚当、［德］乌尔里希·贝克、［英］约斯特·房·龙编《风险社会及其超越》，赵延东等译，北京出版社 2005 年版，第 75 页。

"审美"的东西（按照康德的说法它与"经验"的东西相区别）需要指向超逻辑意义的方向。这一类超逻辑的（存在主义的，先验的）意义正是康德在他的"理性思想"中所看到的东西。从这个意义上讲，所有文化都充斥着感情的特殊性、人造物、仪式和事件，也就是说，它们指向一些包含在死亡、爱、性、亲情或友谊等存在主义的意义，这些意义比逻辑意义更重要。

　　拉什认为在风险文化中有两种对付"风险"（坏事）的方法，或是通过决定性判断的"实在论"，或是通过反思性判断的建构论。贝克的风险社会是一种典型的实在论（尽管它并非如此简单），而道格拉斯的风险文化则是一种典型建构论。贝克和吉登斯给我们提供了一种反思的现代性，其中由早期的"简单"的现代性之中未受控制的技术产生的"坏东西"将受到当代反专家的反思性监测。对道格拉斯而言，"坏东西"是通过一种反思性判断的过程被建构出来的，它基于对不同社会群体的视界的惯习的背景假设的观点。① 尽管决定性判断不论好坏都相当明显地伴随着我们，但相对它而言，反思性判断是更完全的现代性的一部分。完全的现代性不仅包括认知的决定性判断，也包括反思性（审美）判断。如果说决定性判断（经验性意志）是通过利益而他律立法，从而能够成为韦伯说的工具理性的经典模型；反思性判断则是通过情感，行动规则要独立得多。决定性判断假定了一种主体—客体的二元论，认知理性为所有生命形式、所有价值领域立法；反思性判断则假定存在一系列彼此分离的自我立法的价值领域，这些领域都必须寻找自己的规则以应对自己范围内的事件和客体。从判断（认识）的主体角度，决定性判断中的"我"可能是一个"主体"，但她/他做的却是客观性判断，也就是说，决定判断中的"我"从本质上说还不是主体性。主体性不是把"我"置于世界之上，而是置于世界之内，它将"我"放入导向性活动之中，有时是迷惑的，经常是东拼西凑的，与客体和其他主体性不断彼此碰撞，通过修修补补勉强凑合。主体性是具体化了的，可以被或多或少地置于中心。决定性判断的"我"把"先验统一"作为自身的前提条件，在反思性判断中，"人"是

---

　　① Lash S. (2000), "Risk Culture" in the Risk Society and Beyond: Critical Issues for Social Theory, ed. B. Adam & U. Beck & J. Van Loon, London: SAGE, p. 56.

创造意义的完全的建构者。不仅如此,卡吉尔（Caygill）还证明通过反思性判断得到的意义不是逻辑创造出来,而是类推创造出来的。这就要求在建立意义时不是通过对包含一定表象的逻辑概念的评价,而是通过使不同的"构造"彼此接近。我们通过一套背景数字或构造进行运作,这样我们可以对我们在行动中遇到的构造作类推的判断。这里的决定性判断或逻辑知识只是更普遍的类推判断,也就是说,决定性判断只是反思性判断的一种形式。这里的主体性通过与他/她的视界中的构造作类比而发展,并在他/她的环境中遭遇客体或事件,通过判断、综合、生产、构建出进一步的构造和意义。正因为如此,拉什坚持反思性判断不仅包括精神的和思考的概念化,同时还包括对鉴赏力的情感化、身体化的和习惯性的理解。① 而现代性产生的风险主要是基于反思性的判断,风险的生产（建构）对不同主体具有明显的差异性也就成为基本和永恒的特征。

二 集体性的风险文化认同:"制度性"的核灾害风险

对道格拉斯而言,制度需要某种等级,然而,更重要的是它给予了记忆。制度铭记了记忆并将一代代流传下去,制度同样也是信任的载体。对个人而言,信任制度就是信任记忆。这很典型地与吉登斯说的对专家的信任不同。专家系统是建立在认知或决定性判断的模型上的,它们包含非叙述性知识,专家系统基于某种特定的忘却。贝克说:"标准的计算基础——事故、保险和医疗保障的概念等,并不适合这些现代威胁的基本维度。科学和法律制度建立起来的风险计算方法崩溃了,以惯常的方法来处理这些现代的生产和破坏的力量,是一种错误的但同时又使这些力量有效合法化的方法。"而在风险的界定中,"科学对理性的垄断被打破了。总是存在各种现代性主体和受影响群体的竞争和冲突的要求、利益和观点,它们共同被推动,以原因和结果、策动者和受害者的方式去界定风险。关于风险,不存在什么专家。"② 因之,风险社会的风险是现代社会

---

① ［英］斯科特·拉什:《风险文化》,载［英］芭芭拉·亚当、［德］乌尔里希·贝克、［英］约斯特·房·龙编著《风险社会及其超越》,赵延东等译,北京出版社 2005 年版,第75 页。

② ［德］乌尔里希·贝克:《风险社会》,何博闻译,译林出版社 2003 年版,第 19、28 页。

制度化（标准化）的结果，由于科学理性和社会理性之间的分裂以及界线模糊，因而也是现代社会试图将风险制度化的努力失败的结果。由此，贝克的制度具有反思性，但当贝克谈论制度性反思时他指的显然是现代专家系统，它包含的是结构性的回馈，而非记忆或叙述性。道格拉斯的制度中包含了传统，它们传递着记忆，它们就像艺术和建筑一样，给予我们稳定性和永恒的感觉。道格拉斯和维达夫斯基指出，对制度的"善"的信任也是对未来世代的信任，后者也同样信任这些制度。她观察到，包含了信任的稳定的、建立在记忆基础上的制度不需要用严格的规则规制，也不需要遵循决定性判断。在面临将来的风险以及未来世代的风险时，这些制度将保持灵活性并会发现相应的规则。在永恒的背景下以及在融合于艺术、文化产品、建筑中的集体性记忆的背景下面对着制度的永恒性——人类才可以认识他们的将来。

　　要注意的是，制度是集体性记忆、文化产品和仪式叙事的"库房"。制度的"永恒性"，归根结底在于后者的永恒性。核灾害风险是一种型构的文化产品，它是一种审美、反思性的判断所遭遇到的风险事件的形式。反思性判断中，人们没有将它归入理解的逻辑概念，而是通过想象力的直觉感知它们。想象力如康德所说是直觉的能力，直觉本身是一个综合体。在想象力的直觉中，客体和事件不是通过逻辑范畴，而是通过"时空的形式"被直觉地感知，在某种程度上它是通过"图式"来实现的。通过"图式"，想象力合成或产生的是"再现"或"表象"。而直觉的判断能力则在感觉与"再现"或"表象"之间架起了桥梁，一边是特殊性的"琐碎"意义，另一边则是非决定的或存在主义的意义。如果说决定性判断遵循的是"我"的逻辑，那么，通过想象进行的对美的判断遵循的是"眼睛"的逻辑。客体和事件——"未来可能的坏事"（风险）摆脱了实在论和决定性判断的概念的"我"，而归入了想象的"眼睛"的生产性综合之中。在风险的实在论概念中，我们掩盖了我们的缺陷，通过决定性判断的"我"关闭了自己的身体。在风险的建构论概念中，我们通过对美的"眼睛"的判断来掩盖缺陷。而在此过程中，起作用的正是相对于逻辑的"情感"。直觉的体验通过身体的开放性和接受性，通过暴露于"恐惧与战栗"之中，赋予了核灾害风险以感性的意义。

　　这种建构主义认识论的立场，对于认识和理解核灾害风险不仅仅停留在个体的心理（学）建构主义层面，而且也体现在社会（学）建构主义之中，它能较好地解释核灾害风险如何被构建为公众知识，换言之，如何取得集体性的文化认同。贝克在《风险社会》中，认为风险社会的驱动力可以表达为：我害怕。焦虑的共同性代替了需求的共同性。在这种意义上，风险社会标志着一个社会时代，在其中产生了由焦虑得来的团结，并且这种团结形成了一种政治力量。但是，他又认为焦虑型的约束力量如何起作用，甚至它是否在起作用，仍是不明确的：产生焦虑的危险社群是如何形成的？它们以什么样的行动模式来组织？焦虑将会使人们投入非理性主义、过激行为和狂热吗？不过，有一点他是明确的，即对风险的恐惧和它的政治表现形式不是基于功利的判断。

> 在逐渐意识到风险的过程中，有时候被宣扬有时候被违反的情感和道德、理性和责任，不再能够像在资本主义和工业社会中那样，通过市场中相互纠结的利益来加以解释。这里所表达的不是基于竞争的个体利益——它们坚信通过市场的"看不见的手"达到所有人的共同福利。①

而道格拉斯的《制度如何思考》则可视为对此的进一步说明。她相信"不是随便一车乘客或任意一些人群都可以称得上社会的，群体中的成员得有同样的思维和情感才可以。"她赞同埃米尔·涂尔干的见解，将社会秩序解释为自动产生于理性的个人所采取的自利行动具有很大局限性，它无法解释群体团结。个体理性选择理论遇到集体行为概念时难以自圆其说。但她反对涂尔干将个体的思想源于社会、寄寓于群体的论断，坚持思维和情感总是个体性的，制度（集体）是不具有心智的。既然个体理性选择理论不能解释集体行动，就只有发展起一种有关社会行为的双线条观点：一条线是认知学的，个体对秩序、连贯和稳定可靠的需求；另一条线是交易论的，用代价—收益的盘算来描述个体功利的最大化。② 并

---

① ［德］乌尔里希·贝克：《风险社会》，何博闻译，译林出版社 2003 年版，第 57、89 页。
② ［英］玛丽·道格拉斯：《制度如何思考》，张晨曲译，经济管理出版社 2013 年版，第 12—25 页。

且，她坦言第一条线条更具重要性或基础性。在评论奥尔森集体行动的逻辑时，她批评了对规模效应的盲信以及那种认为小规模能够培养信任，信任是社群的基础的观点，指出群体团结重要的是认识论的问题，即知识体系的形成问题。换言之，只有明了公共知识体系的建构，才能明了合作社群的源起。也可以说正是在公共知识体系的建构过程中，群体的信任、群体的团结才能形成。当然，包括道格拉斯在内的建构主义立场，就如众多学者批评的，它以重视主体能动性而著称，但对于能动性的过于夸大也留下否认知识客观性的缺陷。① 就社会建构而言，不可否认它不能缺少交易论的解释，尤其对主要通过法律制度维系的社会而言。不过，在风险的文化建构中，理解焦虑共同体的形成，不借助建构主义认识论就没有别的办法。所以，尽管属于自我循环印证，但只能如此回答：就是在风险的文化建构中，形成了风险的普遍认同，形成了焦虑共同体。它是对现有和风险生产相关的制度的质疑，因而表现出"反制度"特性，但它本身具有普遍性，因而也具有"制度性"特征，于是能够和风险生产相关的制度形成对抗，文化的风险从中而生。

在此过程之中，"移情效应"就是"建构工具"。"移情（empathy）"词汇在英语中出现较晚，在近代英国哲学中相当于移情概念的是"同情（sympathy）"，如休谟《人性论》中就是在同情（sympathy）术语下对移情进行论述的。在休谟看来，人人具有的分享他人情感的本能倾向，就是道德情感发生的基础。休谟用心理学的方法研究了同情（移情）发生的过程和活动方式。根据休谟关于移情是人人共有的心理倾向，是他人情感外化进入我们内心，而引起我们情感共鸣的过程。当"移情"指主体如何分享他者情感时，涉及的就是"主体间性"问题。当代哲学家胡塞尔最先试图借用移情概念来解决现象学的主体间性问题。在《笛卡尔沉思》中，胡塞尔用三种相互关联的方式来建构他我主体："结对法"（Pairing）"共现法""移情法"。胡塞尔认为"移情"是感知他心的唯一方式。我可以通过与我的自我类比来了解他我，他心与他身的共在只是我身与我心共在的相似性联想的产物，他心只是我心的一种外向投射，通过"将心

---

① 王民选：《当代控制论视野下的建构主义认识论》，硕士学位论文，华南师范大学，2005年，第4页。

比心"，胡塞尔第一次在认识论的认识与伦理学的移情之间架起了桥梁。①

之后，他的学生埃迪特·斯坦因（Edith Stein）继续强调和发展"认知性移情"。而大约从 20 世纪 30 年代开始，在心理学领域移情的认知成分开始日益受到关注。如科勒（Kohler）强调，移情更多的是理解另一个人的情感而不仅仅是分享。乔·哈伯·米德（George Herbert Mead）把移情看作个体通过把自身置于他人情境而承担不同角色的能力。美国学者魏斯伯（Wispe）直接以认知来定义移情，认为移情是一种认知的方法。以霍夫曼和戴维斯为代表的更多的学者则倾向于采取多维取向，即同时注重情感和认知在移情中的重要性来定义移情，如霍夫曼把移情定义为："对另一个人产生同感的情感反应。"移情的认知特征强调个人知觉、对他人情感的认知以及社会认知等因素在移情产生中的作用，指怎样理解另一个人或群体的思想或情感。常见的移情认知对象有感情、思想、理由或欲望、个人的公共福利，或上述四种成分的任意组合。情感性移情是指关注他人的一种情感状态。当看到他人遭遇不幸时为他感到悲哀，当看到他人高兴时为他高兴，但只是同悲同乐，并没有任何意图去帮助他。尤其是对远方的人或虚构人物，在他遭遇不幸时也为他感到悲哀，但没有做任何事情来阻止不幸的发生或做些什么来减轻他的痛苦的意图。因此，情感性移情是对他人情绪状态或情绪条件的认同性反应，其核心是与他人的情绪相一致的情绪状态。② 在核灾害风险的社会建构中，认知性移情和情感性移情往往相互依赖、紧密相关。这里的认知不是对风险概念或状态的认知，而是对他人那种恐惧、害怕或者痛苦情感的理解，包括核事故直接受害者，也包括间接的产生类似情感者。从道德情感主义和经验主义伦理学角度，主要还是源自核事故直接受害者，只不过在媒体的作用下直接和间接的区别不再那么具有决定意义。

除了认知性移情、情感性移情，移情还具有意动性成分，即能够产生某种行为动机的能力。对道德情感主义而言，理性虽然可以直接影响我们

---

① 马晓辉：《胡塞尔从主体性到主体间性的哲学进路》，《聊城大学学报》（社会科学版）2006 年第 2 期。

② 齐贵云：《西方道德情感主义视野中的移情问题研究》，博士学位论文，山东大学，2012 年，第 31—46 页。

心中的观念，但是无法引起我们的现实行动，我们的行动只能在情感的作用下方可显现出来。因此，行动的道德规范性权威不是来自理性，而是源自我们内心的情感。情感而不是理性视为行动的动因，因之情感的最重要品质——"移情"，必然会具有促使行动的能力。比如，当我们对某个群体或社团或某项活动产生移情，就可能促使我们可以对它进行道义上的支持，也可以进行行动上的支持。再如，当我们对某人蒙受羞辱的愤怒产生移情，就会觉得羞辱如同发生在自己身上，从而采取行动去惩罚施加羞辱的人。移情的意动成分，部分解释了自 20 世纪 70 年代以来世界各地掀起的反核运动。不容否定，核灾害风险的文化建构除了媒体传播的作用，反核运动也起着重要的作用。

三　核灾害风险的情感价值

对贝克而言，"风险陈述既非纯粹的事实主张亦非完全的价值主张。它要么二者都是，要么是一种介于二者之间的中间物，一种'数字化道德'"。[①] 贝克的这种态度明显直接源自他自称的同时作为实在论与建构论者。依据前文关于此问题的阐释，在文化的风险建构中，风险就是价值主导或支配的，或者说风险就是价值的范畴。贝克主张一种更开放的"亚政治"作为风险社会的应对策略，对他而言，"亚政治"是非制度实践及其政治化从私人领域向公共领域的制度化实践的转化。如此，他和吉登斯将这种社会相互作用重新构想为沿着建构主义和公共领域内的权利语言路线行进的亲密关系。与拉什从风险文化视角的意见正相反，"亚政治"包括了一种相反的运动，它是制度化的相互作用从公共领域向更接近于私人领域的非制度化的转化。他认为，正是在这里"规范对价值"的议题被提上了日程。在现代性中，公共制度倾向于由规范而非价值建构。价值是文化的，规范是社会的。价值的领地主要是在私人领域，特别是家庭之中。价值意味着私人道德、语言、宗教以及围绕着生死、婚姻、战争、哺育等生命形式的核心价值。规范位于规则之中，价值主要位于象征之中。

---

① ［德］乌尔里希·贝克：《再谈风险社会：理论、政治与研究计划》，载［英］芭芭拉·亚当、［德］乌尔里希·贝克、［英］约斯特·房·龙编著《风险社会及其超越》，赵延东等译，北京出版社 2005 年版，第 326 页。

在规范和价值之间存在着大量差异。现代的宪法和法律主要建基于程序性规范之上，个体在这种规范中追求自己的价值。现代制度预先假定了一种功利性的政治，其中每一个个体都在一组程序性规则限定下追求他/她自己的利益，最大化自己的效用。与之相反，古代宪法是建立在特定社会形式的一组实质性价值之上的。以希腊城邦为代表的古代政治和真正的公共领域预设的不是功利性政治，而是美好生命的政治，一种追求实质价值的政治。① 拉什这里的见解主要建立在和贝克的风险社会理论相区分的基础上，因之，对拉什来说风险社会理论是制度性的，风险文化则是非制度性的，是在边缘、在第三领域、在私人生活与公共生活的交界处运作的价值群。它们在价值的而非规范的媒介中运作，从这个意义上说，它们是文化而非制度。不过，拉什本人也承认风险社会理论基本是实在论，但并不那么简单。风险社会理论的制度，不可能是建立在"安全文化""确定性"基础上的现代制度，贝克和吉登斯主张的"亚政治"下重构的制度，同样应该理解为风险文化背景下的制度。于是，才能理解贝克说的风险陈述既是价值也是事实。

前文我们提到道格拉斯的制度概念和风俗、习惯、文化密不可分，它凝聚集体意识、记载集体记忆，不同于现代性之下通过理性计算或规范归类的、以程序性规范为特征的制度。正在这个意义上，文化的风险也称为"制度性"风险，当然其基本特征则是文化。如此，从休谟到康德的事实与价值（实然与应然）的区分，以及古典社会学中规范与价值的对照，应该说都只是相对的。事实上，价值理论是关于社会事物之间价值关系的运动与变化规律的科学。因此，几乎所有社会科学都或多或少地与价值理论存在某种联系，价值理论是整个社会科学的基础理论之一，任何社会科学中关于社会利益关系的理论与观点，都自觉不自觉地以某种价值理论为前提。社会科学中所存在的许多矛盾与争论，最终都可归结为价值理论上的矛盾与争论。

深受康德影响的韦伯列出社会行为的四种方式，认为任何社会行为都

---

① ［英］斯科特·拉什：《风险文化》，载［英］芭芭拉·亚当、［德］乌尔里希·贝克、［英］约斯特·房·龙编著《风险社会及其超越》，赵延东等译，北京出版社 2005 年版，第 87 页。

具有某种主观意义——或者明显或者隐蔽,因而总是具有价值关联。当然,价值关联不同于价值判断,也不同于价值中立。价值中立强调科学的客观性和事实描述,属于"实然"。它要求社会科学工作者杜绝放纵个人偏好和价值介入,坚持一种"学术禁欲态度",属于一种规范性(调适)原则。价值判断则是主体对客体的主观伦理评价,属于"应然"。价值关联,则是研究的背景性因素,简单来讲即选择研究领域的原因。价值关联可以是有意识的也可以无意识的,但价值判断是有意识的行为。韦伯认为,一个合格的研究者对研究对象和研究方法的选择应该是自觉的,在研究过程中应该自制价值判断,保持研究的中立性和解释结果的客观性。韦伯之所以提出科学研究应坚持"价值中立",在于他看到,一方面,由于"价值关联",文化科学研究中不可能没有价值观念及价值立场,另一方面,人们却经常把科学研究、科学讨论与价值判断混为一谈,或明或暗地将自己的价值判断强加于人。[①] 显然,韦伯作为一名坚定的价值多元论者,不否定价值本身,不否定文化科学研究中的价值存在,而是要求研究者明示自己的价值立场,尊重别人的价值观念。对于他列举的后两种社会行为(情感支配的行为、依据传统行事的行为),他说,严格的传统举止——正如纯粹的反应性模仿一样——完全处于边缘状态,而且往往是超然于可以称之为"意向性"取向的行为之外。因为它往往是一种对习以为常的、刺激的、迟钝的、在约定俗成的态度方向上进行的反应。大量约定俗成的日常行为都接近这种类型,它不仅作为边缘状况属于系统学,而且也还因为可以有意识地在不同程度上和不同意义上与习以为常的事物相关联。在这种情况下,这种类型接近于价值理性行为。严格的情绪举止,同样也处于边缘状况。如果情绪控制的行为以有意识的发泄感情的形式出现,那便是一种升华,它在大多数情况下已经处于通往"价值理性化"或者目的行为,或者二者兼而有之的道路上。[②]

据此,可以断言依靠情感认知、通过移情构建核灾害风险的过程或现象,必定具有价值关联。韦伯认为这种价值很大程度上类同于理性范畴

① 张志庆:《论韦伯的"价值无涉"》,《文史哲》2005年第5期。
② [德]马克斯·韦伯:《经济与社会》(上),林荣远译,商务印书馆2006年版,第56页。

内，出于道德、美学或宗教的信仰目的而抱有的价值取向，根本上与他的理性主义（道德理性主义）立场相关。所以，对于核灾害风险建构所必然坚持的道德情感主义立场来说，这种风险就是情感价值支配的风险。道德情感主义虽然代表性人物众多，但其价值理论有很强的共性，多数学者认为价值判断就是情感表达。如罗素说："当我们断言这个或那个具有'价值'时，我们是在表达我们各自的感情，而不是在表达一个即使我们个人的情感各不相同但却仍然是可靠的事实。"① 石里克说："关于某个对象的价值的每一个命题，其意义都在于该对象或该对象的观念会使某个感受主体产生快乐的或痛苦的情感……世界上要是没有快乐和痛苦，也就不会有价值，一切就成了无价值差别的了。"② 卡尔纳普说："一个价值判断实在说来不过是在迷误人的文法形式中的一项命令而已。它可能对人们的行为有影响，而且这些影响也可能符合或不符合我们的愿望；但它既不是真的，也不是假的。它并没有断定什么，它是既不能被证明，也不能反证的。"③ 当然，上述道德情感主义者基本是哲学上的逻辑实证主义者，因之就如在认识论中他们往往因否认知识的客观性而遭受批评，在价值理论中他们彻底区分事实与价值，从而坚持价值的主观性也颇有争议。如按照罗素的观点，当一个人说"这本书是好的"，其实不是在作事实陈述，而是要表达"我喜欢它"的情感。不论如何，这种表述人们肯定可以理解为它至少也同时陈述了"一本好书"的事实。

前文我们反复强调，风险文化绝对不是风险社会的理论替代，相反，两者是互补的理论路径，它们并不完全一致，但在当前风险和风险定义的社会—文化联系进行有效理论化的过程中都扮演着独特的角色。所以，承认核灾害风险相当程度上就是文化建构的风险，却也不影响从实在论角度去理解它。承认核灾害风险就是情感价值支配的风险，风险建构也即价值判断，同样不妨碍认为它同时也在陈述事实。当人们从发生过的血淋淋的核事故中，感受到恐惧和害怕，并产生移情效应使这种恐惧与害怕普遍化

---

① ［英］罗素：《宗教与科学》，徐奕春、林国夫译，商务印书馆 1982 年版，第 123 页。
② ［德］石里克：《伦理学问题》，张国珍、赵又春译，商务印书馆 1997 年版，第 109 页。
③ ［美］R. 卡尔纳普：《哲学和逻辑句法》，付季重译，上海人民出版社 1962 年版，第 10、51 页。

时，它也在将"反对"的价值判断客观化。理解和感受他人的恐惧与害怕的情感，同样是承认和共享他人的价值评判。凯斯·R.孙斯坦说到风险如何被"误判"时说：

> 当某人通过词语或行为，表示某物是否危险时，他制造了一个信息外部效应。某人发出了一个信号 A，该信号 A 就会给他人提供相关的信息。当私人信息缺乏时，这种信号就可以激起"信息连锁流"（即羊群效应或从众效应），给私人和公众的行为带来显著的影响。……成百、成千或者成百万的人们接受同一个观点仅仅因为他们认为别人也这么想，在连锁反应和群体极化之间存在着密切的联系。而群体极化是协调的典型结果，它使得人们的固有认识更趋于极端。①

孙斯坦这里基于"批判"的态度，却揭示了风险建构的"事实"：情感主导了风险建构，但事实陈述、价值判断、情感表达在构建过程中往往是结合在一起的。

第三节　从文化的核灾害风险到核灾害预防制度的建设

一　认识核灾害风险预防的法律决策

前文指出，风险（社会）对法律的影响，主要就是对法律决策的影响，从确定性下决策到不确定性下决策。并且，因为风险术语，尤其是核灾害风险根本上就是文化建构的产物，是在对科学理性以及依据科学理性的精制的代议制民主和法律制度的质疑中，而涌现出来的。所以，如果传统的法律制度没办法通过否认而获得自身的完整性，就只有通过适应它而维持自身的功能性，也即风险概念的现代法律制度通过寻求其自身合法性（可接受性）从而继续发挥其对社会团结的促进作用。而一旦采取这种进路，就有必要进一步阐述关于法律"知"和"行"的论述。风险话语不

---

① ［美］凯斯·R.孙斯坦：《风险与理性》，师帅译，中国政法大学出版社 2005 年版，第 46—48 页。

仅使科学理性与大众理性的分裂问题凸显，使知识分裂化、碎片化现象彰明，同样也使法律的整体性受到冲击，因而法律"知""行"统一的本质特点依然得以维持，但却省略了立法决策及其过程。不少学者包括笔者以前也主张风险概念对法律规则本身的稳定性构成挑战，① 现在看来这种看法必须澄清。法律的稳定性使其成为一种基本的预期，因为稳定的预期能够发挥社会凝聚的作用，这种看法源于法律的"知""行"统一的本质，但明显主要针对省略了立法决策及其过程的孤立和静止状态的法律规则而言。也就是说，法律的稳定主要指的就是法律规则的稳定，并且法律的功能决定着它必须稳定。尽管法律规则也是变化的，但其回应社会情势变迁而修订创新，这是法律进化的必然。没有哪种法律规则不在发展变化，包括以"遵循先例"为原则的判例法也在发展变化。

风险的不确定性可能会使法律的修订创新更为频繁一些，但绝对不意味它因之丧失基本的稳定性。法律规则就是行为规则，如果人类的行为规则丧失了基本的稳定性，"无所适从""灵机而动"，法律也就失去了所有的意义。但是，如果从立法决策过程而言，风险话语背景之下，预期和结果显然不再那么稳定和一致，它不是简单的立法参与者之间固有的认识分歧，而是根源于认识的对象——风险的不确定性。而从关注法律规则到关注规则的制定（决策）及其过程，从遵守和适用规则到追问规则是如何得来的，正是风险意味着提前介入——提前采取行动——预防的理念使然。伊丽莎白·费雪说，风险预防原则自 20 世纪 70 年代在西德的环境政策中发轫以来，从 80 年代开始被广泛移植到民族国家体制、超民族国家体制和国际体制之中。在这些体制中，该原则得到了不同的解释和描述。在几乎所有情形中，风险预防原则都是争议丛生的。尽管许多国家或法律辖区确立了该原则，但并未因之掐灭争论的火苗。而之所以争议丛生，根本原因就在风险预防原则要求决策者密切关注所忽视的东西——科学不确定性的复杂性和变动性。风险预防原则是一项法律原则，并指向一个特定的结果，像所有的法律原则一样，它"宣告了可以往某个方向论辩的理

① 季卫东：《风险社会与法学范式的转换》，《交大法学》2011 年第 2 卷。笔者以前类似的观点可见《环境风险的适应制度选择》，《社会科学战线》2011 年第 4 期；《风险社会的经济法适应》，《法学评论》2012 年第 6 期。

由，但并不必然产生一个特定的决定"。换言之，作为一项原则，它规制的是决定理由和作出决定的程序。同所有原则一样，该原则只有在其适用的情境中得到实质性的界定。① 所以，即使关于风险预防原则含义阐明最公认的版本，② 尽管其明确指出了"不确定性"，还是如珍妮·斯蒂尔看到的，风险预防原则本身不会解决与不确定性有关的问题，在某种意义上预防仅仅是使人们注意到这些问题。她批评哈杰尔将预防原则看作"生态现代化"的内在方面，认为其与诸如"污染者付费"（承担责任）以及"防范"等原则并列，因此需要考虑能否通过这一原则来破解更深远意义上的不确定性的神秘效果；认为哈杰尔对预防原则的认识说明了一种欧洲式理解，这种理解受到日耳曼渊源的预防原则的本质影响。尤其是，德国式的预防原则并非孤立，而是镶嵌在包括成本与收益应该成比例这一理念在内的其他一系列原则的综合体之中的。

　　总体而言，德国的预防原则是政府行为的有力同盟。预防原则要求整合资源努力找出可能的危险，并发展有助于减轻环境负担的技术作为积极行动的方法。根据这种思维，"预防"通过开放更多的行动领域而拓宽了政策目标，甚至在科学证据没有定论时也是如此。在一些反对者看来，这样做是过于强调社会普通大众对风险和收益的理解，而对特定的偏好的理解则不够尊重。但是预防原则的整体目标是达成可行的、双方都可接受的应对潜在危险的方法。这里的基本观念就是环境保护方面的投入，应该考虑到未来（的收益）。因此，预防原则是基于治理和积极行动有关的更复杂的情绪，尤其寻求那些以主动的未来筹划为基础的国家行为的合理性。预防原则的潜在重要性不限于此。特别重要的是，有人认为该原则影响了"科学"的地位，有人认为其使得科学被边缘化。但事实上，预防原则有赖于科学，其意味着与盲目认为科学具有确定性这种"不科学"习惯渐行渐远。另一方面，预防原则的确也可能驱使科学进行到新的、更加公开

---

　　① ［英］伊丽莎白·费雪：《风险规制与行政宪政主义》，沈岿译，法律出版社 2012 年版，第 53—54 页。
　　② 即 1992 年《里约宣言》第 15 项："为了保护环境，各国应该根据自身能力广泛采取预防方法。当有严重或不可逆转的损害时，即使缺乏充分的科学确定性，也不应该作为急于采取成本收益分析方法防止环境质量下降的理由。"

具有争议性的模式的因素之一。① 也就是说，风险预防原则在哲学上的意义就是将其自身视为哲学式反思的重要对象，充分体现了关于风险应有的多样化思维认知模式，如前文提到的核灾害风险的反思性判断和决定性判断。而法律上则主要是开创了法律寻求自身合法性的框架性结构，而未在实质内容，更不用说在行动中注入新的元素。

所以，将风险对法律的影响理解为主要就是对法律决策的影响，必须将注意力于集中于具体法律决策的过程。决策首先就是一种心理过程，从心理学角度，决策是人的一种思维活动，是人的一种基本能力，人类因为决策的能力而适应世界并不断发展。美国学者雷德·海斯蒂和罗宾·道斯区分决策中的两种思维：自动思维和控制性思维。自动思维的最简单形式是单纯联想，如环境中的某些事物"把某个想法带进头脑"，某个想法激起另一个想法或记忆。就如洛克、休谟等阐明的人类绝大部分思维都是这种思维。控制性思维，是指人们有意识地假设一些事情或经历，并基于这些假设的术语来看待经历。相对于控制性思维，自动思维是"无意识的"，但它并不同于直觉或感觉，而是直觉或感知的扩展，比如我们看到一个红色的墙，这是感觉；而如果我们思考这个红色是怎么涂成的，或者判断它好不好看，和周围背景协调不协调，那就是思维活动。海斯蒂等举出虐待儿童者的例子来说明，因为主动停止虐童行为的人是不会去寻求心理帮助的，所以临床心理学通过对所接触到的虐童者的调查，得出"所有虐待儿童的行为都不会主动停止虐待"的结论就属于自动思维。控制性思维正好在此弥补自动思维的不足，它不会停留在脑海中出现的事物（如虐待儿童），而是会不断地反问"如果……那么"，从而是心理学家让·皮亚杰说的一种典型的形式运算思维。

不难发现，所谓自动思维很大程度上就是经验思维，而控制性思维则是理性思维。在人类的活动中，两种思维往往是同时存在的，甚至不能准确地区分多大程度上属于自动思维或控制性思维。任何一项复杂的智力成果都是两种思维的结合体。海斯蒂等在《不确定性世界的理性选择》中得出很中肯的结论：在判断和选择时，人们常常使用自动思维。相比控制

---

① ［英］珍妮·斯蒂尔：《风险与法律理论》，韩永强译，中国政法大学出版社 2012 年版，第 211—215 页。

性思维,它可能会作出一些比较差的判断和选择,但这并不意味着有意识地控制思维永远是完美的,或者总优于自动思维。① 将决策的两种思维方法和风险认知的反思性判断和决定性判断(体验/情感判断和理性/分析判断)联系起来,反思性判断主要会延伸出决策的自动思维,决定性判断可能更多延伸出决策的控制性思维,当然它们之间也会存在交叉映射。而从决策的过程而言,包括三个活动或过程的结合:主要依据自然科学的风险评估、政策分析、决策制定。摩根等的区分风险分析(评估)与政策分析,很有建设性。指出,大部分定量政策分析所涉及的不确定性要远比那些自然科学工作中涉及的大得多,所以,政策分析人员也应当汇报他们的不确定性。他们从经验测试、记录和再现性、报告不确定性、同行评议、争议等五个方面,将政策分析与研究自然科学进行了对比。②

表 2.1 科学与政策分析的特点比较

科学的特点	政策分析的特点
实验检测	检测经常不现实
全面记录,结果可复制	记录典型不充足,结果常常不可复制
不确性的报告	不确定处理不完整、不充分
同行评议	评议不标准及在一些情形中不易做到
公开争议	公开争议被上述问题阻碍

将核灾害风险预防的法律决策,区分为风险评估、政策分析、决策制定三个活动或过程的结合。在哲学框架内就是事实与价值的区分,风险评估和政策分析,尤其是风险评估很大程度上必须将它视为是解决"事实"问题,风险决策才涉及价值的选择。毋庸多言,太多的法律人在风险与法律的论述中过多关注"事实",结果难以避免使法律沦为科学的助手,并且可能会犯错。不过,事实与价值的完全区分不总是能够实现。如果将"事实"仅指那些认为与某一特定问题有关的部分,其定义能够排除某些

---

① [美]雷德·海斯蒂、罗宾·道斯:《不确定性世界的理性选择》,谢晓非、李舒等译,人民邮电出版社 2013 年版,第 3—6 页。

② [美]格来哲·摩根等:《不确定性》,王红漫译,北京大学出版社 2011 年版,第 26—33 页。

行为选项并且有效对其他选项进行预测。然而，这种将"事实"视为信息或论据的定义，依赖于能够非常明确到底人们需要什么？要解决的是什么问题等有关价值的判断。但如果如现实中的通常做法，将"事实"理解为"客观存在"。"客观存在"又经常建立在这样的假设的前提之上，即它们反映了"正确"的问题，而"正确"应该根据全社会的利益来限定，而不是根据某个派别或团体的利益来限定。在此，"客观事实"又牵涉了主观价值，并且需要依据主观价值来证成。所以，费斯科霍夫等理解是有道理的，价值塑造事实，同时事实又创造价值。但有关事实与价值的分离是思维保健的基础，如果失败就会使科学家扮演立法决策者的角色，而政治家扮演专家的角色。但是，承认这一原理的同时我们还必须看到当我们界定问题、选题、处理数据，以及对非科学领域的现象作出反应时，事实和价值是以非常微妙的方式纠缠在一起的。科学既反映也塑造了社会条件。①

当然，事实与价值纠缠的情形是来自人类社会生活实践的一个基本哲学命题，风险术语只是集中体现了"纠缠"而已，从风险概念的实证主义与建构主义争论，到关于风险规制的科学/民主区分，再到工具—理性范式与商谈—建构范式，无不如此。并且，价值区别于事实，却不能离开事实。在现实的法律决策过程中，有关风险本身的争论，甚至有关科学与技术方法或者政策分析方法的争论，往往会贯穿整个过程。从这一角度，也就不难理解伊丽莎白·费雪为何要煞费苦心将有关风险争议的科学/民主两分，理解为公共行政的工具—理性范式与商谈—建构范式之分。而作为思维"保健"的方法，尽管确实厘清了法律与科学在风险预防中的功能性定位，但这种观点也极易引起"法律地盘主义"的指责。反对者甚至会以大众化的通俗话语提出：既然科学证明污染就是这么造成的，预防的措施也就是这么几个方面，法律你何必要别出心裁，不依照科学的原理去规范、运行？即使主要运作于社会科学领域的政策分析，也可能以同样的论调呼应。对诸如此类指责的答复要点，不是科学或政策分析的不确定性，不确定性是它们的根本属性，法律决策中也充满着不确定性。关键性

---

① ［英］巴鲁克·费斯科霍夫等：《人类可接受的风险》，王红漫译，北京大学出版社 2009 年版，第 46 页。

的答复要点正是法律决策的合法性问题，法律只有在风险话语背景下才存在"合法性"困扰，科学的依据对法律很重要，但法律的合法性不是依据科学而证成的，它是由社会的可接受性支撑的。科学的风险评估或政策分析可能影响或改变人们的行为，如科学家指出食用加碘盐并不能预防放射性照射危害，于是人们可能不再去抢购碘盐了，但科学或政策分析本身绝对不会自动改变一项业已存在的对社会具有普通约束力的法律规则。所以，完全有必要强调事实与价值的区分，其意义主要体现在基于认识的法律决策之中。它要求将科学的风险评估、政策分析视为"事实"，而专注于在风险话语背景下寻求法律决策的合法性，这不仅表明人类面对风险的应有的积极态度，也是法律应对风险的应有方法。

二　通过法律商谈的风险预防决策过程

风险的法律决策应当将风险评估、政策分析视为"事实"，准确地说是视为决策信息的来源，凸显法律的独立作用。不过，同时也要留意到在现实的情形中，风险评估、政策分析往往会给出"完整"的决策建议。如灾害风险管理理论认为，通过风险识别，充分揭示了区域所面临的各种风险和风险因素；通过风险估计，确定了灾害发生的概率和损失的严重程度。然后要确定是否采取措施，采取什么样的控制措施，控制措施采用到什么程度及采取了控制措施后，原来的风险因素发生了什么样的变化，是否产生新的风险和新的风险因素？这些都要通过风险评估来加以解决。所以，一个完整的风险评估流程包括四个阶段：第一阶段是确立评估目标，准备数据；第二阶段是进行灾害风险识别；第三阶段是进行风险分析；第四阶段即风险评估。[1] 而对于政策分析来说，它在有的情况下目标可能是明确的，分析的作用就是帮助决策者在一套离散或者连续的选择中进行挑选。如珍·琼·玛奇（James G. March）就认为，决策就是在现有信息基础上根据目标通过评价备选方案作出的。[2] 不过，在另一些情况下，人们没有固定目标，分析的作用是用来帮助决策者鉴别和探索可能的选择。亨

① 张继权等:《综合灾害风险管理导论》，北京大学出版社 2012 年版，第 132—136 页。

② James G. March（1976），"*The Technology of foolishness*" in *Ambiguity and Choice in Organizations*, ed. J. G. Mach and J. P. Olsen, Universitetsforlaget, Oslo, Norway, pp. 69–81.

利·罗文（Henry S. Rowen）称之为"启发式帮助"，即用以帮助对可替代的可能性目标进行系统探索。他认为，分析应当"提供一个概念框架（或者几个）用以把手段和目的联系起来，为目的服务"，同时也是为了"鉴别现有的技术上的备选方案并且用以发明一些新的备选方案"。①

这也就是说，法律的风险决策应该是综合考虑包括风险评估、政策分析提供的"决策建议"在内的所有信息。因此，澳大利亚斯坦法官、惠勒法官得以将风险的意义等同为要求决策者"谨慎"。② 这种将风险与"谨慎义务"联系，并置于风险决策之中，比纯粹将风险与作为审判概念的证明责任转移，当然更具有启发性。但风险预防绝对不能等同于谨慎义务，伊丽莎白·费雪认为，虽然风险预防原则和谨慎义务经常被认为是相关的，但除了要求决策者小心谨慎以外，它对决策制定没有什么影响。这种状况可归因于两个相关的问题：第一，它反映了司法审查在控制裁量权、审查事实评价方面始终发挥有限的作用。第二，在一些案件中，风险预防原则被认为是对澳大利亚公法和公共行政早已根深蒂固的一种哲学观的表达，决策者早已被认为应当谨慎考虑所有问题。因此，在许多案件中，风险预防原则被判定为在法律上没有相关性，但决策者还是应该以预防的态度行使权力。这也意味着法院应当倾向于尊重决策者的判断，只要决策者表明其谨慎地行使了权力。③ 然而，澳大利亚司法的实质审查（对事实的审查），终究无法绕过科学和法律的区分，就如前文提到拉里·阿诺德·雷诺兹（Larry Arnold Reynolds）博士在加拿大的例子，科学和法律由于术语、思维方式的不同，几乎不可能就"事实"进行沟通和对话。

所以，要求风险预防的法律决策综合、谨慎考虑各种信息、各种观点是正确的，但只能有效运作于价值的范畴。法律决策更应该被要求或被设计为各种有关价值的观点，如对某种决策建议的可行性争议之间的沟通与对话。这种决策明显不同于一般决策理论中的决策，与其说它是一种集体

① Henry S. Rowen (1976), "*Policy Analysis as Heuristic Aid: The Design of Means, Ends and Institutions,*" *in When Values Conflict: Essays on Environmental Analysis, Discourse and Decision,* e-d. L. H. Tribe, C. Schwing and W. A. Albers, Ballinger, Cambridge, Mass, pp. 137 – 152.

② *Leatch V. National Parks and Wildlife Service* (1993) 81 LGERA 270, p. 282.

③ ［英］伊丽莎白·费雪（Elizabeth Fisher）：《风险规制与行政宪政主义》，沈岿译，法律出版社 2012 年版，第 209 页。

决策，还不如说它是一种集体决策的机制。而阐明风险评估、政策分析等给决策机制带来决策"资源"，也能够清楚地看到"资源"体现为不同方面或者说不同的类型。所以，美国学者凯斯·R.孙斯坦说风险规制有三个要点：第一，政府首先尽量使用量化评析方法评估自己试图解决问题的规模，必须探究这个问题是大还是小，必须去了解处在危险中的人是多还是少。当科学技术水平还不足以作出具体的量化评估时，政府也应当努力确定问题的值域范围。例如，当政府颁布一项调节饮用水中砷含量的新规则时，应当尽量详细说明该规则在防止死亡和疾病方面带来的收益。第二，政府应当通过分析规制措施的成本，来考虑如何权衡。第三，政府应当使用既有效又便宜的调节工具。现存的"高度灵敏工具"中最重要的包括：标准公开，经济激励，风险控制合同和环保自由市场。① 参照孙斯坦，从决策"资源"角度，决策明显可分为"决定是否采取预防措施"和"具体选择预防措施"两大方面（或两种决策）。虽然，现实中具体针对某种风险的预防，两大方面紧密结合往往难以分开，当决定对风险进行预防时也就有了措施的选择，而更多时候可能是直接决定采取何种措施，从而本身表明已经决定进行预防。但这两方面所依据的信息资源、争议观点却是明显不同，至少是某种信息资源或观点的不同侧面。"决定是否采取预防措施"表明是有无必要的问题，它主要和风险认知、风险的排序相联系；"具体选择预防措施"是关于如何进行预防的问题，它根本上就是"行动"或"手段"的合理选择问题。而无论哪种决策，既然已经将其牢牢限定在价值领域，不仅沟通成为可能，并且风险社会的法律寻求合法性的动机使得"决策公共化"——"外部商谈"成为必然。

对风险是否采取预防措施的法律决策，其信息来源涉及风险认知，必定包括情感价值与理性价值两大对立的判断依据，虽然在很多情况下两者的确不可能通过沟通而达成共识，但并非绝对不可能。前文已阐述，人是物质的存在、文化的存在、精神的存在和社会的存在；人既是个体人也是社会人，既是理性的人也是情感的人。所以，当我们说社会公众对风险主要是情感判断时，并不能排除公众也有理性判断的一面；而行政官员在决

---

① ［美］凯斯·R.孙斯坦：《风险与理性》，师帅译，中国政法大学出版社2005年版，第6页。

策过程中往往受情感影响，也是公认的事实。基于这种人性固有的特点，我国学者甚至将公众与政府官员视为统一群体进行论述，认为基于体验/情感模式的风险认知，对其是否作出反应很大程度上取决于该类风险能否激起政府官员和公众内心的本能反应，情感——特别是负情感是行动的源泉。①

人们比较熟悉哈贝马斯对法律沟通（商谈）理论的阐述，不过他的讨论主要是在司法裁判领域。德国基尔大学教授罗伯特·阿列克西将法律商谈置于更广泛的法律决策领域，如同哈贝马斯也认为商谈理论属于程序性理论的范畴，依据所有的程序性理论，一个规范的正确性或一个陈述的真值取决于，这个规范或陈述是否是，或者是否可能是一个特定程序的结果。他从建构、共识、标准和正确性等四个方面力证理想商谈的可行性。② 的确，就广泛范围内的法律商谈而言，这四个方面足以驳倒反对者。首先，就建构问题，商谈理论的基础就是现实存在的个人——理性与非理性并存的人。如哈贝马斯的商谈理论采取的是语言有效性（语用学）理论视角，涉及的是一般生活世界的结构，不是具有一定历史特征的具体生活世界。然而，反对者提出商谈的过程就是建构的过程，商谈参与者一旦参与商谈就从现实或事实的个人成为建构的参与者，从而与商谈理论的基础相矛盾。阿列克西对这种质疑的处理和哈贝马斯相似，哈贝马斯采用语用学视角，商谈就是语言的交往，语言交往的意义只有在交往行为中证明自身，从而必须强调交往的"资质"与"技巧"，交往行为的合理性依赖主体的自我反思与学习。商谈或对话不能缺少自我反思，"反思闯入生活史，造成了偶然性意识以及自我反思和对自己生存状态负责任之间的新型张力。所以，伦理—生存状态商谈不仅成为可能，而且一定意义上变得不可避免"。③ 阿列克西则认为理想的商谈并非一开始就是充分的商谈，而是这样一种商谈：只有通过一种虚拟的、潜在无限的持续进展，借助于

---

① 杨小敏、戚继刚：《风险最糟糕情景认知的角度》，载沈岿主编《风险规制与行政法新发展》，法律出版社 2013 年版，第 38 页。

② ［德］罗伯特·阿列克西：《法、理性、商谈法哲学研究》，朱光、雷磊译，中国法制出版社 2011 年版，第 112—120 页。

③ ［德］哈贝马斯：《在事实与规范之间》，童世骏译，生活·读书·新知三联书店 2003 年版，第 119 页。

以现实个人为开端的学习过程,它才变成一种充分的商谈,那么,这里的矛盾就消解了。阿列克西和哈贝马斯将商谈视为个人学习的过程是正确的,从人不是上帝——具有非理性一面来说,人的主体性的基本特点就是未完成性或者说"生成性",和他人的语言交往过程就是自我完善的过程。

其次,就共识问题而言,商谈的目的就是要达成共识。然而,反对者认为要达成共识必须否定人类学差异,以及商谈过程中的语言概念、经验信息、角色互换能力、理解能力等方面的差异。阿列克西从两个方面予以回击,一是他认为"共识"问题不是决定性的,因为不存在任何程序,能够预言现实中的个人在不存在人类学差异及其他差异的非现实条件下将会如何行动,所以对共识的保证既不能排除,也不能被认同,理想的商谈本身并不排除无法达成共识的可能。二是不能排除商谈之后有新的论据出现而破坏了已达成的共识,所以,一个无限的理想商谈无法确定某次达成的共识是终结性的或确定性的。

再次,就标准问题,商谈理论以具体的差异现实人为基础,从而参与商谈的个体会提出各式各样的论据、信息,据此反对者认为商谈很大程度上将是"独白式"的,欠缺任何标准或者标准不能起作用。阿列克西将标准问题和共识问题以及正确性联系在一起,认为反对意见既然赞同商谈过程中的各种论据、信息、观点都可基于利益的解释(大多数法律理论者都同意利益解释论),那么,商谈结果的正确性就取决于利益解释的正确性,而这种解释如果需要验证的话,商谈就不是"独白式的"。

最后,关于结果的正确性问题,阿列克西认为反对者坚持一种实体性的标准,将结果的正确性理解为商谈可以得出客观的、真理性的、唯一的答案。而所有这些正和商谈作为程序理论相悖,商谈结果的正确性标准是一种程序性的定义,并且是相对的程序正确性概念,"不是共识,而是依据商谈规则的程序运行才是商谈理论的正确性标准",因此,"对于每个实践问题都存在唯一正确答案这一命题必须被放弃"。商谈的结果可能是同时存在两个不同甚至是彼此矛盾的规范意见。不过,阿列克西没有滑向彻底的"相对主义",他认为"正确性理念"必须被"调整性理念"所取代,这并不意味着正确性概念在任何方面都不具有绝对性,不承认对于每个实践问题都已存在唯一正确答案,商谈的目的就是发现它,并不代表着商谈将唯一正确答案作为力求达到的目标。

当然，必须看到，阿列克西的法律商谈理论建立在"实践理性"之上。程序规范着的商谈，被预先假设为商谈参与者能够对实践问题进行理性的判断。尽管阿列克西正确地看到：

> 商谈理论以参与者原则上存在的充分判断能力为出发点。这并不意味着，充分的判断能力是程序的一个要求。商谈程序与充分判断能力之间的关系，毋宁对应于一个民主宪政国家的宪法与其公民参与政治、经济与社会活动的能力之间的关系。这不是宪法规范的要求，而是构成宪法的前提，作为前提指的是"原则上"存在充分的能力，发展这种能力本身也是商谈程序的目标之一。①

因此，法律的商谈不应该是从属于道德论证，或者说是道德商谈之特殊情形，法律商谈不仅要对道德开放，也对伦理与实用性开放。② 这也就是说，作为法律的商谈，"理性"（"实践理性"）是法律本质上的要求，但却不因此而构成对参与商谈的障碍。核灾害风险是文化建构的产物，其中个人情感在风险建构中起决定性作用，而强调人的情感方面也即关注具体的现实人。因而，无论如何，必须坚决摒弃那种将公众视为核恐慌之源，以"非理性"之名将其排除在核灾害风险预防的法律决策之外的观念与做法。如罗蒂说的应当将"对话"向一切开放，倾听一切人的声音，以防止人微言轻的悲剧再度发生。③ 在这层意义上，阿列克西的理论主张是具有重要意义的。不过，核灾害风险建构中的情感——反思性判断，根本上就不同于理性的反思，不同于"决定性判断"，相应地在决策中的自动思维也区别控制性思维。尽管商谈的确是一个学习的过程，情感的个体参与商谈可以期望借助理性的反思而弥补某些情感判断的不足，但是，期望和效果是两回事。阿列克西对法律商谈的可行性论证，从建构到正确性

---

① ［德］罗伯特·阿列克西：《法、理性、商谈法哲学研究》，朱光、雷磊译，中国法制出版社 2011 年版，第 113 页。

② 同上书，第 166 页。

③ 王岳川主编：《中国后现代话语》，中山大学出版社 2004 年版，第 66 页。

等四个方面都贯穿着利益的解释,他相信商谈过程就是利益的解释。但人的情感却正是利益解释所不能简单包容的,当涉及"情感利益"与物质性的经济利益权衡时,通常的情况就是前者绝不让步。所以,理想的商谈模型是可能的,而制度的设计——实践理性的要求,必然是"现实的商谈"。核灾害风险的文化属性,决定着其必然具有一定时空范围内的稳定性,并且作为文化对整个社会经济、政治和法律制度都具有基础性。从商谈理论的基础——现实人出发,"现实的商谈"过程应该主要就是对他人情感的理解——"移情"的过程,当通过商谈的法律决策参与者达成了"情感共鸣",也就达成了共识。而既然政府官员,包括参与商谈决策的专家都有着情感的一面,这种"情感共鸣"是有现实可能的。当然,这一过程并不否定理性的作用,至少风险评估的专家理性、政策分析的专业理性,以及行政官员的行政理性,能够关键性地澄清那种纯粹虚构的风险,从而防止决策犯低级和根本性的错误。

三 对现实的再理解:文化的风险作为核灾害预防制度建设依据的实证维度

"决定是否采取风险预防措施"的法律决策主要服从于情感,公众对风险的情感性认知影响立法决策者,这大大冲击了风险评估中理性的作用。然而,一旦同意将风险作为一种决策的资源,这种情形就不可避免。因为决策意义上的风险或者说风险的决策意义在深层次上和人类自由息息相关。所以,彼得·伯恩斯坦(Peter Bernstein)就认为概率理论只有在关于人性的某种观点被接受后才成为可能。也就是说,他认为概率理论必须等到启蒙时期才能被发现,因为在此之前,"命运"或者上帝才被认为是好运或者歹运的唯一决定者。风险概念的到来标志着人类真正向自由迈进,因为风险使人们即使缺乏知识或信息的情况下也可以决策和选择自己的行为。然而,将风险决策和自由相关联,服从于人类主观情感价值的判断,不遵循客观的逻辑规律。同时,也会削弱概率的效果,有损于人类的控制力,部分地削弱了"风险概率"方法提供的"安全"。因此,风险决策的数字价值与效用价值,理性与情感之间必然存在张力。在人性那种固有的依据情感而快速反应的本能面前,这种张力一定是持久或者说是永恒的。决定采取应对风险的预防措施依赖于情感,以情感价值为依据,也就必然要经受人们"冷静"下来后基于理性的抨击。这也就是说，无论如何，风险评估中的理性在风险的法律决策中不得不沦为补充作用。更重要的是，珍妮·斯蒂尔援引伯恩斯坦和伊恩·哈金（Ian Hacking）对风险在数学、统计学中的渊源以及概率论的研究指出，风险和概率相关但却是两个根本不同的术语。风险与概率的相关性主要是在决策维度，决策维度中的"风险"依赖于概率的计算，要求所有情形下对可能进行评估。从决策意义上理解风险具有广泛的积极意义，从风险的角度理解一个问题就意味着创造一种行动的机会，并清除之所以无法决策的原因。然而，我们也应该清楚地认识到，仅仅以风险和概率来表述问题在原则上并不会使我们"发现"我们该采取什么行动，相反，风险分析应该使我们能基于层次分明的信息作出选择。这种简单的局限性在当前的热议中经常被忘却。有时候人们运用风险技术或者纯粹的统计观察来指明正确的行动方向。事实上，当人们接受这种方法时要么有赖于某些隐藏的价值判断，要么有赖于某些原则，比如那些与"主导""最大值最小值"（maximin）或者避免灾难有关的原则。① 这里，珍妮·斯蒂尔区分风险对于决策和"选择"的意义，正和本书在核灾害风险预防中区分"决定是否采取预防措施"和"具体选择预防措施"两种决策具有类似性。风险评估的核心概念——概率被牢牢限定在帮助人们认知偶然事件的本质。

当然，也应认识到将自主概念引入风险决策之中，并且基于对风险评估的核心概念——概率的解释，而强调法律决策对情感的依赖性，仅仅适用"决定是否采取风险预防措施"的阶段（下文将进一步阐明）。尽管如此，低估理性在风险决策中的作用还是危险的。而基于这种理由，不乏有对这种依赖于情感的法律决策的批评者。如孙斯坦通过实证的方法观察到"专家"和"公众"在环境问题（环境风险）上看法的明显分歧。"对于影响健康的风险，公众最关注的是放射性垃圾，核事故产生的辐射，对水流的工业污染及有害物质堆放点。但是环保署的专家们却认为，这些问题不值得如此关注。公众最关注的风险中的两个（核事故产生的辐射和放射性垃圾）甚至没有被专家列入。人们认为不会影响健康的风险是室内

① ［英］珍妮·斯蒂尔：《风险与法律理论》，韩永强译，中国政法大学出版社 2012 年版，第 59 页。

空气污染和室内氡气,但专家们认为它们的危险很大。"① 他也深刻地意识到,看法分歧的原因就在于情感和理性的差异。

> 危险评估问题的关键在于人们是否可以想象"最坏的结果",或者说将其形象化——而且令人惊讶的是,表明结果将会发生的概率数字,并没有对危险评估发挥多大的作用。换句话说,人们对危险的反应通常是建立在(危险)后果的恶劣程度和形象程度之上的,而不是基于对后果发生概率的估计。而这种"恶劣程度"或"形象描述",他们倾向于注意最具煽动性的那种描述。所以,尽管核灾害(事故)不论是科学的评估结果,还是事实情况,发生的概率都是低的。但对灾害(事故)的印象和具体图景完全可以"挤出"脑海中其他的考虑,包括认为灾害的概率是相当小的关键性看法。②

然而,他对美国 20 世纪 70 年代风起云涌的环保运动息息相关的环境立法,包括对切尔诺贝利和三里岛事件的法律反应中公众情绪扮演的重要角色,却持明显的批评态度。公职人员的反应是在追求公众的信任,迎合公众的欲求,而不是去评估有关的科学因素和经济因素。简而言之,明白这一点很重要,"环保运动在争取立法通过方面的最初成功并非通常的党派政治的结果,相反是由大众的注意力被大众传媒、政治家和政策制订者们的活动,集中到环保方面来的缘故",大部分风险的立法同样如此。人们依靠自己的直觉,虽然它常常是准确的,但也会造成重大错误。人们陷入"直觉中毒症",产生了毫无根据的恐惧。

> 一个协商式民主国家并不简单地对人们的恐惧作出反应,无论这种恐惧是否确实存在。实际上,协商式民主社会会让其参与者警惕这样的事实——人们会对微不足道的危险担惊受怕而对真正的危险掉以轻心。在这些情况下,对风险尽可能的量化分析对于一个真正的民主

---

① 〔美〕凯斯·R. 孙斯坦:《风险与理性》,师帅译,中国政法大学出版社 2005 年版,绪论,第 66 页。
② 同上书,第 56—57 页。

社会来说是不可或缺的。协调式民主社会的公民同样清楚"成本"并不抽象。……关键是成本必须向公众保持"透明",这样人们才会在充分了解并表示同意的情况下负担起这项成本,而不是一头雾水和心存侥幸。①

面对"专家"和"公众"对风险看法的显著差异,孙斯坦坚持认为政府的风险规制当然不能采纳错误的判断。"正确的对策不是和大众相妥协,而是告知人们真实的情况。这个一般性的观点主张,重要的是政府不仅要了解人们特别厌恶风险的理由以及这些理由是否能够经得住仔细的推敲。"② 类似地,美国联邦法院大法官史蒂芬·布雷耶将美国风险规制的情况斥之为"恶性循环"。他从公众对风险的认知、国会的行为和应答、风险规制中的固有的不确定性三个方面论证它们是如何相互强化,从而造成了所谓的"恶性循环"。对于公众对风险的认知,他援引霍姆斯的话,"多数人都是在戏剧化地思考,而非量化地思考"。公众对风险的认知,往往迥异于专家或专业机构的判断。公众可能会凭经验法则作出直观的判断,可能会固执己见、可能会不信任专家,也可能会高估较低风险的盖然性。公众会更为重视那些具有灾难性后果的风险、那些可能危及后代的风险、那些发生在自己身边的风险、那些为新闻媒体广为报道的风险。在布雷耶看来,作为对公众要求的回应,国会会颁布详尽的风险规制立法。但实际上国会的各个分委员会之间存在职权交叉,从而造成国会决策的分散化,而且国会每次只是颁布一部法律,它无法对风险规制领域的问题进行体系化的考虑。国会颁布法律看似给予了行政规制机构裁量权,实则构成了对行政规制机构的约束,使得行政规制机构无法能动地处理所感知的"问题"。

国会立法的规定有时会缺乏可行性,有时会严苛到不合理的地步,国会有时会试图设定行政规制机构的详尽规制议程,但无助于任何政策目标的实现。布雷耶接着继续讨论了第三个造成"恶性循环"的因

---

① 〔美〕凯斯·R. 孙斯坦:《风险与理性》,师帅译,中国政法大学出版社 2005 年版,第 9—10 页。

② 同上书,第 10—14、79 页。

素——规制过程在技术上的不确定性。风险规制是一个典型的"决策于未知之中"的领域,这"不确定性"来自方法论、认识论乃至本体论上的一系列问题,对于风险规制所需的科学信息而言,从概念、度量、取样方法,到数学模型以及因果关系的推论等多方面都存在着不确定性。布雷耶指出,为了得出一个结论,需要调动许多不同学科的专业知识。而且在风险评估中,所使用的动物试验模型本身具有不确定性;关于人体接触风险物质的时间和浓度,所作出的假定也具有不确定性;根据动物试验结果推出的人体风险结论也具有不确定性;规制机构和科学家之间的咨询机制也不尽畅通。加之风险规制过程中并非是静态的线性的 X 和 Y 如何对应,还要考虑到规制带来的成本和收益,是否会带来新的风险,规制实施过程中会遭遇到怎样的困难和实际的问题?有时规制者即使能预测到可能发生的风险,但却无法度量出风险发生的盖然性。这诸多技术上的不确定性,使得规制机构会选择"宁可失之谨慎"的教义,保守行事。①

然而,必须指出这些批评者很大程度上遵循的并不是"风险思维",他们明显缺乏风险话语背景下应有的"碎片化思维"特点,不仅将社会公众视为铁板一块的整体,更主要的是将风险评估和风险的法律决策视为整体。就风险评估而言,包括两个大的方面(目的):一是给出是否采取风险规制措施的建议;二是给出采取什么样的风险规制措施的建议。对于第一个方面,在广泛的范围内(即在各种风险类型之内)也就是要给出一个风险排序,什么样的风险需要立即采取措施降低,什么样的风险可以推迟采取措施,什么样的风险可以不去处理?与之相应,风险的法律决策也可分为"决定是否采取预防措施"和"具体选择预防措施"两大方面(或两种决策)。他们的整体性思维特点,使他们尽管意识到这种区分(如孙斯坦)却无法认真地进行区分。因此,所提出的观点在很大程度上仅仅对"具体选择预防措施"的决策有建设意义。

如孙斯坦极力主张风险规制应根据理性权衡的成本收益分析方法,而对于在"风险与美元"之间权衡存在某种禁忌和厌恶,他坚持认为"对

---

① 〔美〕史蒂芬·布雷耶:《打破恶性循环:政府如何有效规制风险》,宋华琳译,法律出版社 2009 年版,第 43—56 页。

权衡的禁忌或厌恶是忽视权衡的一种极端形式，它对降低风险的努力会产生负面影响"。"权衡禁忌或厌恶其实并不反对权衡，而恰恰是说明了权衡的重要性"。① 将人们在生命健康与风险预防成本之间进行权衡，看作成本收益分析方法的特别情形，这种解释有一些道理，因为仔细考察权衡禁忌或厌恶就会发现，当人们不同意在"风险与金钱"之间进行权衡时，他们实际上是遵循道德情感的判断。人们是在权衡，只不过是依据道德情感而不是依据理性进行权衡。孙斯坦继续阐明，在"专家"和"公众"关于风险认知的差异面前，"正确的对策不是和大众相妥协，而是告知人们真实的情况"。这里，孙斯坦显然没有注意到"真实的情况"——关于风险本身的认知——恰恰是集中存在于风险评估给出是否采取风险规制措施的建议的层面，以及相应地"决定是否采取预防措施"的法律决策之中。如果明确了界限（后文将继续阐明界限的重要性）的成本收益分析方法，所谓"真实情况"即将各种物品经济价值化，某种预防措施会付出多少成本，可能的物质损失是多少？公众和专家对数字本身不会存在质的分歧。而如果是在"决定是否采取预防措施"的法律决策之中关于风险认知的"真实情况"，主要就是概率统计的数字以及据之进行的风险排序。然而，因为社会普通公众对风险的认知明显忽视数字价值，核事故的"小概率"② 又丝毫不影响对每次核灾害（事故）严重后果的描述，从而也就丝毫不影响对核灾害风险的情感认知。摆在决策者面前的一方面是"专家"和"公众"对风险看法的差异依旧存在，因为它根本上就是理性与情感的差异，另一方面决策者必须选择是失去公众的信赖，还是忍受专家的指责。所以，珍妮·斯蒂尔说，对那些涉及核废料或者新技术的风险，难以同样的概率统计方法进行计算和预测。而这正是公众近年关注的风险，公众已经被指责为过于关注这种类型的风险而不够重视那些常见的

---

① ［美］凯斯·R. 孙斯坦：《风险与理性》，师帅译，中国政法大学出版社 2005 年版，第156、158 页。

② 如麻省理工学院的研究表明，将严重核事故发生的概率降低到 1/10 是一个适当的目标，即发生核反应堆损坏事故的概率是每 10 万反应堆年一次。参见 *The future of Nuclear Power*：*An Interdisciplinary MIT Study*，2003；Reaction Safety Study，WASH－1400，October 1975；Severe Accident Risks，Nureg－1150，December 1990）；Individual Plant Examination Program，Nureg－1560，December 1997。

风险。但是,真相在于:诸如农作物基因改良等新技术造成的风险,以及核废料处置可能造成的低概率高危害风险,其量化需要采用完全不同的方法。以往的经历对这方面没有指导意义,因此,对这些风险数据的解释和理解必须完全不同于对那些以过往经历为基础的风险数据的解释和理解。在这种语境下,风险量化评估方法变得十分具有误导性。①

史蒂芬·布雷耶对风险规制"恶性循环"的论据,重要方面就是所谓"最后10%",规制者要么出于自身的热望,要么为了贯彻实施立法的指示,追求将风险完全清除。但是要清除"最后10%"的风险,相对于所提供的多一点点公共安全而言,却付出与之不相称的高昂成本。规制"最后10%"不仅带来过于高昂的成本,甚至其所带来的风险比所去除的风险还要多。而且,政府能用以规制风险的资源不是无限的。同时,"微量风险"是风险规制的特色,将风险消除至"零"的水平,是不可能的,或者说至少不具有可行性。② 他举出美国对石棉风险规制的例子,引用1990年《科学杂志》发表的一项研究,认为每年学校里因呼吸石棉纤维而死亡的比率可能是一千万分之一,因此在全国范围内除去所有石棉,相当于每年拯救1—25条生命。该研究同时引用资料,估计去除石棉的成本在530亿—1500亿美元之间。如果取中间值,意味着拿1000亿美元在40年里每年能拯救10条生命,每拯救一条生命需要付出2.5亿美元。他将之和交通事故相比,认为这是不明智的。显然,布雷耶指的都是具体的规制措施。如果纯粹因为需要花费很多成本,而建议政府对某些风险不采取措施,无论如何会被认为是"疯狂之举"。但是,具体到采取措施规制石棉风险,如布雷耶说的全面禁止使用和清除已在建筑物、道路铺设中广泛使用的石棉,考虑成本与收益的平衡,也就有道理了。

布雷耶主张通过对风险规制体系的改革打破风险规制的"恶性循环",希望通过设置集中化的行政组织,使得在风险规制过程中,能作出更为一致的假定,能更好地利用科学研究成果,预测出未来科学变迁对风

---

① [英]珍妮·斯蒂尔:《风险与法律理论》,韩永强译,中国政法大学出版社2012年版,第180页。

② Joseph Fiksel, (1985) *Toward a De Minimis Policy in Risk Regulation*, *Risk Analysis* (5) 257.

险的影响，发展出旨在实现更高质量和更好分析结果的模型，更合理地设定风险的优先次序。一定程度上他的改革设想和某些论者提到风险及紧急事件中"权力的优先性"类似，即认为在非常规状态下，与立法、司法等其他国家权力相比，与法定的公民权利相比，行政紧急权力具有某种优先性和更大的权威性，如可以限制或暂停某些宪法或法定的公民权利行使。① 这种观点如果置于风险事件，如灾害的救济，甚至在具体选择核灾害风险预防措施的法律决策之中，基本是正确的。但这绝对不是意味着风险或紧急事件的性质决定了政府行政权力的优先，恰恰相反，风险观念时刻质疑着政府的行政权力，迫使制度及制度的运行时刻将行政权力的合法性置于核心。所以，当我们说行政权力在具体选择核灾害风险预防措施的决策中有着"优先性"，一定要十分留意，不是风险而是风险社会语境下的行政合法性要求其具有"优先性"，这种合法性的衡量标准是"效果"（详细论述见后文）。

至此，结论已经明晰，只要人们采取思维"保健"的方法，在事实与价值区分之上认识到法律决策的独立追求就是寻求合法性。那么，虽然法律决策不能完全忽略"事实"，但频频纠结于风险以及风险评估的不确定必定是错误的，它忘记了法律决策本身应有的独特的任务。巴鲁克·费斯科霍夫及其同事说，在风险决策中，如果专家和公众坚持自己相互对立的观点，期望政治过程能够解决这种对立的话，被委托处于这些争端的机构（立法机构、法院或者是政府机构）必须：（1）如果公众掌握某些专家不知道的东西，裁决机构则应调整自己关于事实的最佳估计。（2）公众无特殊的知识，却有足够的理由不被专家的证据所说服。裁决机构也许会保持原结论，但应该增加置信区间。决策可能被延迟、受阻或者转换为一个更加确定的方案。（3）公众无视证据，但对自己的观点有很深的情感投入。强行违背社会成员的强烈愿望是要付出代价，这些代价包括社会道德沦丧、愤恨、不信任、破坏行为、动荡。② 所以，有理由认为，"决定是否采取预防措施"的法律决策的合法性依赖于法律商谈——在此过

① 计雷等编著：《突发事件应急管理》，高等教育出版社2006年版，第60页。
② [英]巴鲁克·费斯科霍夫等：《人类可接受的风险》，王红漫译，北京大学出版社2009年版，第196页。

程中它本质上就是"情感的共鸣",因此,对风险的情感认知——文化的风险必然就是"决定是否采取预防措施"的依据,相应地也就是核灾害风险预防制度建设的依据。在一个民主法治健全、社会团结积极向上、公民高度参与、风险的法律决策公开透明的理想国家内,政府在此完全应当是"应声似的"。"民之所欲,天必从之"(《尚书·皋陶谟》),"国人皆曰杀,然后杀之"(《孟子·梁惠王下》),才是政府在决定是否对核灾害风险采取预防措施决策中应有的态度,当然,将情感作为依据而决定对核灾害风险采取预防措施,决定建设预防制度。必然和专家驱动型的风险评估以及政策分析产生冲突,因而有可能犯错,但法律的本质在于理性,理性法律在具体的制度构建之中,完全可能也应该能够纠正或弥补错误。

第 三 章

包容的风险：核灾害预防制度建设的准则

第一节　核灾害风险的"包容性"：
经济与社会的双重维度

一　核灾害风险的预防必须要和经济发展兼容

上文我们说到风险是个体性感知，却表现为一种群体意识。这种群体以情感为纽带，并不代表整体的团结，从而使得有关风险的分析必须采取个体主义的视角，但却也无法否定从集体主义——社群的角度观察的重要性。拉什和贝克、道格拉斯在此取得共识，"风险社群"无论如何不同于以市场或劳动分工为纽带而形成的群体，因为它不是通过利益的联系。拉什指出社群与利益无关，具有共同利益的政治党派和社会阶级并不是社群，它们是典型的利益集合体，由形形色色的利益团体组成，是个体的零散的汇集。社群也与共享属性无关。拉什举出的例子是异性恋者，尽管他们都有一个共同的属性，主要或只保持异性恋关系，但他们不构成社群。社群首先是共享意义，在现代性中意义何以可能正是从美学中找到的答案。美学维度将越来越没有意义的社会的外部领域与增加生命、创造意义的主体的"内部领域"并置在一起。今天的社会科学家们发现，这些来自美学的、表现的、创造意义的主体普遍存在于社会各阶层，存在于日常生活中，存在于被称为"体验社会"的社会之中和富于表现的个人主义之中。但是，即便是语义强度很高的情感关系也还不能算是社群。这种关系负载的语义情感太多，天生是不稳定的。更重要的是，它可能只是当代富有表现的"我"的唯我论的又一次重复，尽管这种唯我论已不是笛卡尔的"我思故我在"，而是贝克的"我就是我"，因而也是有益的。但美学维度对社群的解释，更可能类似柏拉图的义务描述。柏拉图认为友谊靠的是义务，这种义务不是朋友之间的义务，而是对更广泛的社群的义务，这种社群是习俗的社群，具有特定的标准和目标。这也就是说，不要问如何创造意义，而是应该寻找已经存在的意义。① 拉什这里将风险的构建与个体、群体之间的关系阐述得清晰明了。在风险的构建中，即便是始作俑者——那些首倡物质或行为具有风险的人，随着这种观念的扩散与放大，在风险的群体认同中"独立性"已不再存在，"事态"的发展往往完全超乎他个人的预料，而更多的人虽然一方面感觉到在对传统或主流反叛中体现了"自我"，但同时却深深地陷入"被动"的涡流之中而迷失了"自我"。正因为风险话语情境中的这些主体性特征，使风险形成的群体关系无法服从于"利益"为中心的经济逻辑。风险与技术负相关，而经济发展和技术正相关，因之，使得风险概念在有意和无意中有着强烈的"反经济发展"倾向。贝克的风险社会理论总体上是积极的，他还特别强调风险的"机会"意义，但"风险是现代性的副产品"论断，无论如何，使得风险思维（直觉、情感的思维）也会本能地产生这种判断。

这种"本能性"的判断无疑也深深地镶嵌在"风险预防原则"之中。费雪将有关风险争议的科学/民主两分，视为法律上的风险决策的理性—工具范式和商谈—建构范式之间的争论。对风险预防原则最尖锐的批评，来自那些将该原则视为商谈—建构范式公共行政的一项要求，由此构成对理性—工具范式的威胁；同样，支持风险预防原则的论者往往是强烈反对风险评定情境中理性—工具范式的逻辑。而从文化的视角，有关风险争议的科学/民主两分，无疑也就是两种不同思维方式之间的对峙。科学的专业型思维注重"事实"、要求"理性"的判断，而民主的大众型思维则服从于直觉与情感。尽管科学专家也是大众的一员，也有着直觉情感思维的一面，普通大众有时也会理性地看待问题。但两种对立的思维方式，如同人的理性与非理性一样，在具体的现实人的主体性中永远存在着张力。因此，文化角度关于风险预防的争议不可避免地出现"全有或全无"的极化主张。孙斯坦发现人们面对难题时，通常都通过简化思维将它们替换成

①　[英] 斯科特·拉什:《自反性及其化身:结构、美学、社群》，载 [德] 乌尔里希·贝克、[英] 安东尼·吉登斯、[英] 斯科特·拉什《自反性现代化》，赵文书译，商务印书馆2001 年版，第 196—203 页。

一些容易的问题。一个突出的特点就是人们会认为某种产品或者过程要么"安全",要么"不安全",没有看到这实际上是一个程度问题。人们经常忽略权衡,他们关注复杂问题的一面,而不能看到风险实际上是成系统的、是复杂的,对该系统某一个部分的控制也会对系统的其他部分产生影响,这就是公众认知的大部分要点。① 所以,预防就是禁止生产,禁止人类活动。比如想要降低汽车的氮氧化物的排放量,我们就应当制造"不产生氮氧化物的无烟引擎",而不是依靠催化式排气净化器。预防转基因食物风险的最好方法就是禁止对食品进行基因改造。不仅在文化层面,"风险预防"极易滑向"全有或全无"的极化,导致风险预防和经济发展水火不容;在法律层面,也有着同样的倾向性。伊丽莎白·费雪说,法律人可能自然而然地认为预防原则在本质上与对行动的否决有关,或者认为最强势的预防原则可能就是通过举证责任倒置来进行否决。②

在核能领域,社会公众基于其"高风险性",这种"全有或全无"的极化主张更是常见。如美国在 1975 年已经运营、正在建设和计划建设的核反应堆就有二百多个。美国原子能委员会预测核电的光明未来,到2000 年美国的发电量的 60% 将会是核电。然而,就在最乐观的时候,美国核电开始走下坡路。在 1974—1979 年之间,61 项建造核电站的指令被取消,核电厂选址在州和地方层面遇到了有效的抵制,局面发生了匪夷所思的逆转。当 1979 年发生在三里岛的事故震惊公众后,再也没有新批准建造任何一处核反应堆。直到 2012 年,美国核监管委员会(Nuclear Regulatory Commission,NRC)才批准 1981 年以来首个新建核反应堆许可。截至该年美国运行的核电站总数也不过 104 座,约占美国发电总量的20%。至 2014 年,美国运营的核电站总数再降到 100 座。美国公众对核电的不满,重要的表达途径就是试图通过政治手段(比如通过公众投票或者影响立法、司法或行政行动)关闭核电厂。尽管这样的努力大部分以失败而告终,但也有若干电厂被关闭,如位于纽约长岛上的肖海姆

---

① [美]凯斯·R. 孙斯坦:《风险与理性、安全法律与环境》,师帅译,中国政法大学出版社 2005 年版,第 364 页。

② E Fisher,"*Is the Precautionary Principle Justiciable?*",2001,*Journal of Environmental Law* 315 – 334.

(Shoreham)核电厂就被迫在预定开始商业运营之前宣布退役,净损失 55 亿美元。在击退四次全州性的公决企图之后,俄勒冈州特洛伊(Trojan)核电厂的所有者于 1993 年关闭了该设施。尽管公用事业局坚称关闭是由于经济方面的原因,而不是针对一再发生的反对这家核电厂的政治活动的反应。在中国,普通社会公众很少对国家的核电发展决策进行质疑。但 2013 年 7 月却有数以百计的示威者,高擎"反对核污染""还我绿色家园"的横幅走上广东江门市街头,事件以当地政府作出让步而告终,政府表示他们将听取示威者的要求,并取消建造一座铀处理工厂的计划。①

预防核灾害风险,如果就是简单地将核电厂关闭,让所有争议及讨论都止于"关与否"的决策,探讨核灾害预防制度也就止于前章。这种基于直觉情感的简单化的大众型思维,可能对个别类型风险的预防有效,但在大多数情况下就很可能犯更大的错误。即使不生产有烟汽车引擎,也得开发其他引擎;不利用核能就得多消耗燃煤、石油等其他能源,或者开发新的替代能源。风险的规制本身又生产了风险,直接和风险预防原则相矛盾。在前文,我们力主核灾害预防制度建设必须回应社会公众的要求,文化的风险就是核灾害预防制度建设的依据,但是,在此却反对将其作为选择预防措施的"准则"。尽管"依据"和"准则"的确是可以清楚区分的,然而,能够根据公众的要求而决定对某种风险进行预防,却不能再据之具体选择预防措施,似乎有些说不通。前者主要解决的是风险规制决策的合法性(可按受性)问题,难道后面就不再需要进行同样的考虑了吗?对于这种质问,首先要澄清的是在同一部法律或一个法律体系中,断然不可能存在截然分立。美国学者理查德·斯图尔特说,现代行政法的核心使命,始终是为行政活动提供一种合法性的评价和理解框架。② 其实不仅仅限于行政法,风险社会视阈下所有涉及政府行政的法律,包括核灾害预防制度(核安全法律制度)都具有同样的特征。然而,必须看到"根据公众的要求而决定对核灾害风险进行预防"所直接"依据"的是风险

---

① ECO 中文网,《中国的反核运动》(http://www.ecocn.org/article - 3648 - 1.html)。2015 年 3 月 23 日最后访问。

② [美]理查德·斯图尔特:《美国行政法重构》,沈岿译,商务印书馆 2002 年版,第 3 页。

评估，尽管问题就如詹姆斯·弗林看到的：

> 核能的起落牵涉到具有深刻敏感性的社会文化信念和没有事实根据的观点相呼应的潜在危险，而这些信念和观点在大量关于与核有关的事故中被强化。而使事情变得复杂的一个基本因素就是公众视野中的核污名与核倡导者的立场之间的对立——公众普遍认为某些核技术本身就是危险、不明智、不合常理，甚至是不道德的；而核拥有者认为核技术是正当、必要和不可避免的，因为它们是以深刻的科学和自然真理为基础的。风险传播迄今为止无法弥合这样的鸿沟。①

之所以无法弥合这样的鸿沟，无疑就是前文反复强调过的，风险传播起支配作用的是"情感"。风险评估本身是一个事实问题，而风险评估管理，包括启动风险评估、组织评估机构、决定采纳评估结果等则属于法律问题，本质上就是价值的判断。公众倾向于情感价值，专家则支持理性价值，就如前文曾引用的韦伯关于价值理性与工具理性的区分观点，指出"依据情感而行事"类似于价值理性行为，因之，在法律框架内还是具有某种共同性。通过以"公共决策"为原则的制度设计，虽无法完全消除冲突，却也可以控制冲突。采纳评估结果时充分考虑到公众的情感价值，将核灾害风险列为优先预防的事项，事实上就控制了这种冲突。而具体到选择风险预防措施，无论如何"理性"的力量是能够起支配作用的。前文也肯定过孙斯坦在《风险与理性、安全法律及环境》中极力主张成本收益的分析方法，强调法律必须依据事实而不是不可靠的直觉，从具体选择风险预防的措施角度是有道理的。对核灾害风险预防而言，关闭核电厂能够得到安全，但必然会失去发展核电带来的经济收益，如果存在不关闭核电厂也能同样得到安全保证的选择项，人们没有理由不选择后者。

在具体选择核灾害风险预防措施中，不再"迁就"公众的情感，更重要的原因是，法律作为理性的精神，能够通过理性而弥补"情感"判

---

① ［美］詹姆斯·弗林：《核污名》，载［英］尼克·皮金、［美］罗杰·卡斯帕森、［美］保罗·斯洛维奇编《风险的社会放大》，谭宏凯译，中国劳动社会保障出版社 2010 年版，第 313 页。

断的不足。恰如论者所言，在特定条件下，理性/分析判断能够超越或纠正体验/情感模式所造成的精神捷径，从而获得更为理性的判断。① 因为体验/情感模式能够激发公众出自内心的情感反应，往往将风险构建为最糟糕的情景，从而出现过度反应，如简单要求关闭核电厂。而分析/理性模式一旦发挥作用就能够产生反思性的制衡，确保一个最终的结论，即风险最糟糕情况的发生概率是极其微小的。诺内特和塞尔兹尼克在论述"回应型法"时说：当依据理性而构建的"自治型法"框架内出现的各种张力、机遇和期待，势必打破法律的"自治性"而使法律与政治、社会重新整合时，一种变化的动力注入法律秩序，并形成对法律灵活回应各种新的问题和需要的期待，法律应"更多的回应社会的需要"。"回应"而不是"开放"或"适应"表明一种负责任的、有区别和选择的适应的能力。为做到这一点，它依靠各种方法使完整性与开放性恰恰在发生冲突时相互支撑，它把社会压力理解为认识的来源和自我矫正的机会。要采取这种姿态，就需要目的（价值）的指导。② 显然，在核灾害风险预防制度建设中，坚持风险预防兼容经济发展原则，不是简单地"迁就"公众要求关闭核电厂的要求，正是一种迈向"回应型"的制度设计。

二　核灾害风险预防的终极准则：风险的社会可接受性

核灾害风险预防必须兼容经济的发展，也就是说风险预防本身应具有促进核工业发展的功能。为此，相应地制度设计要突出"回应型"特点，归根结底就是要在法律的框架内通过制度理性使风险能够被社会所接受。所以，"风险的社会可接受性"就是核灾害风险预防的目的性准则。为此，必须交待关于术语使用的两个相互关联的问题。

第一就是"风险的社会可接受性"和"风险预防或风险预防制度的合法性（可接受性）"不同。前者是指风险本身被社会所接受，后者指的是预防或预防制度被社会所接受。本书援引伊丽莎白·费雪的观点，风险

---

① Epstein, S. Integration of the cognitive and the psychodynamic unconscious, *American Psychologist*, 1994. （149），pp. 709－724.

② ［美］P. 诺内特、P. 塞尔兹尼克：《转变中的法律与社会：迈向回应型法》，张志铭译，中国政法大学出版社 2004 年版，第 79—85 页。

预防作为政府规制风险的重要方面本身就是法律的运作，风险预防的合法性（可接受性）也就是风险预防制度的合法性（可接受性），涵括制度本身和制度的运行两方面。显然，在这两种"可接受性"之间，后者体现的是工具、手段性，前者具有目的性，"风险预防或风险预防制度的合法性（可接受性）"的目的就是让社会接受风险本身。这也就是说，在两者之间不存在那种从表面解释而来的矛盾：风险本身能够被接受，何必还要预防？风险是现代性的副产品，只要人们不选择彻底摧毁现代性，回到刀耕火种的原始社会，风险就不可能被彻底清除。在哲学层面人类当今所有应对风险的措施无疑都是"接受"，或者说"适应"。然而，不仅贝克始终将风险与"危险""坏事"相联结，其他风险理论者也基本如此，既然是"危险"或者"坏事"，人们总是不受接受的。因此，必须说明第二个问题："风险的社会可接受性"和风险评估中使用的"可接受的风险"不同。

关于可接受的风险，研究者一般采取其字面直观的意义，认为就是人们能够承受或愿意承受的风险，风险接受意味着忍受它，而不采取任何风险规制的措施。如我国学者认为，所谓可接受的风险，是一个社会或一个社区在现有社会、经济、政治和环境条件下认为可以接受的潜在损失。国外的研究总体上也是如此，从经历的三个阶段来看，只是越倾向于认为"可接受"而不是基于科学，是社会沟通、价值权衡的结果。① 然而，国际风险分析协会主席费希霍夫（Fischhoff）认为，"风险的可接受性"这种论题本身具有误导性，因为根本不存在可接受的风险；相反，涉及风险时只存在可接受的选项。关于如何进行选择的决定在很大程度上有赖于可选项本身是什么，也有赖于收益以及对危险的评估。从而，费希霍夫等通过关注"选择"和替代选项强化了对决策理论具有核心意义的决策范式。无论他们的方式表述为"选择"或者表述为"决定"，这种方法都强调指出危险既不能被全面量化，也不能被完全避免。② 巴鲁克·费斯科霍夫等

---

① 第一阶段主要是认为风险的可接受性是由技术手段决定的；第二阶段认为风险是一个多维的变量，它的水平的确定应由专家与公众共同参与；第三阶段把可接受的风险看成一个社会—政治事件。参见张继权等《综合灾害风险管理导论》，北京大学出版社 2012 年版，第 206—207 页。

② ［英］珍妮·斯蒂尔：《风险与法律理论》，韩永强译，中国政法大学出版社 2012 年版，第 186—187 页。

同样持这种见解，认为：

> 可接受风险就是需要我们在几个行为选择项中做出抉择。……做出某一选择本身并不意味着伴随这一选择的风险在任何绝对的意义上都可以被接受。严格来说，谁都不愿意接受风险。一个选项是否吸引人取决于其有利和不利后果的综合。与某一选项相关的风险的可接受度受到许多不同的因素的影响，包括该选项的其他特性，以及对其他选项的考虑等。因而，"可接受风险"不同于"绝对可接受"，风险的可接受问题不是接受风险本身。[①]

这些学者的看法本身并没有不当，风险的可接受性主要是风险感知的问题，因而是一个主观情感的评判，如果有选择谁也不会愿意去忍受风险，但必须指出他们混淆了一些问题。风险评估是对"潜在不利影响的描述"，直接目的就是要确定一个风险规制的优先排序，从而为决定是否采取规制措施提供决策的信息来源。风险评估报告会得出某物质或行为风险较小的结论，相关的决策可能是推迟采取行动。但推迟采取行动，并不代表不采取行动，当然也就不表示这些较小的风险就是社会可接受的风险。从这层意义上，上述学者们的认识都是正确的，风险评估中的确不存在"可接受的风险"，这一术语仅是对风险规制优先排序的一个不恰当表述。风险评估报告也会建议采取何种风险规制措施，对规制措施本身的风险进行评定，为具体选择提供信息资源。但风险评估的这两个环节性质是不同的：前者体现于价值层面，主要属于"知"的范畴，是专家的理性价值与公众的情感价值的沟通领域；后者基本界定"事实"层面，属于"行"的范畴，基于理性的成本收益分析方法是其基本的决策工具。费希霍夫、费斯科霍夫等所说的"可接受风险"其实主要是在后面这种语义上而论述的。如费斯科霍夫就认为，不管是正式的或非正式的，对选项的审选包括以下五个相关步骤：（1）确定用于衡量预期结果的指标；（2）明确可供选择的选项，行为选项也可能

---

① ［英］巴鲁克·费斯科霍夫等：《人类可接受风险》，王红漫译，北京大学出版社2009年版，第4页。

包括不采取任何行动；（3）确定每个选项的后果和其发生的可能性，后果包括但不局限于危害性后果；（4）对各种后果进行评价；（5）分析并做出最好的选择。按照上述程序，最后一个步骤就确定了"最可接受"的选择。①

所以，准确来说，"风险的可接受性"和"可接受的风险"并没有差别，只是它们不存在于风险评估之中，或者说确定"风险的可接受性"／"可接受的风险"并不是风险评估的基本功能。它们的确就是一个选择的问题，因之是具体选择风险预防措施中的重要概念；但它们本身不是选择，更不是预防措施，而是选择所要达到的目的，是通过选择预防措施而要达到的目的。这里遵循的正是"目的—工具"理性的逻辑，不必考虑目的——"使风险能被社会接受"本身的内在价值，把主要精力集中在对有效手段的选择上，只考虑目的与手段间具有合理性，从纯粹形式的角度，计算行为可能产生的最大效益，并选择最有效的方式达成此效益。当然，如此解释虽然消除了一些不必要的误解，并将风险预防中的两个重要环节——决定对风险采取预防措施和选择具体的预防措施——分得比较清楚，从而为预防制度建设指明了努力方向。但仍然没有从根本上消除风险的可接受性，就是让人们接受"危险""坏事"的这种理解，其中的关键原因是风险术语有着太多太复杂的争议性，而"危险""坏事"的观念存在于情感价值判断之中，理性／分析判断与体验／情感判断两种模式之间的对立贯穿在风险认知、风险应对的始终。

前文说到，法律能够也必须通过理性而弥补情感判断的不足，但要结合具体情境，法律只有在"特定条件"下才能发挥这种功能。在核灾害风险预防领域，美国决策研究所1992年和法国进行了一项大规模的问卷调查，内容相同的英语和法语版本的调查问卷发放给两国1500名受访者。调查者预期法国公众比美国受访者对核电风险的认知程度要低一些，因为核电在法国发电量中占75%的主导地位。令人惊讶的是，法国受访者对核电的风险作出了几乎和美国受访者一样的评价。然而，调查数据确实提

---

① ［英］巴鲁克·费斯科霍夫等著：《人类可接受风险》，王红漫译，北京大学出版社2009年版，第3页。

供了解释两国核电发展不同情况的公众方面原因。其中，法国公众:
(1) 看到了对核电的更大需求，以及核电带来的更大好处;(2) 对设计、
建造、操作和管理核电厂的科学家以及行业和政府官员有更大程度的信
任;(3) 更有可能相信决策的权威应该赋予专家和政府当局，而不是外
行人士。据此，学者将美国核电发展的受挫归结为民主机制，如坎贝尔
(Campbell) 指出，为核电的批评者提供政治途径的美国民主机制与核电
在商业上的成功从根本上讲是不相容的。[1] 这当然是不全面并且是不正确
的，不过，他还是正确地看到了"核电的集中决策在一个公众传播迅速
扩张、对立的政策群体兴起的时代能维持得如何，这一点值得怀疑。无论
如何，公众对政府管理核电的信心在法国显然高于美国。"[2] 这也就是说，
至少法国的情况表明，体验/情感判断与理性/分析判断两种模式之间的对
立还是可以调和的。而坎贝尔正确看到的重要方面——法国公众对政府核
电管理的信任，正是调和所依赖的"特定条件"。

　　人际信任关系是基于情感的，在政府与民众之间仅由法律关系维系
的现代社会，要建立民众对政府的信任，风险预防的法律制度全面保障
公众对决策的全过程充分参与必然是最重要的因素。因为充分参与，在
亲身体验中才产生情感认同;因为充分的参与，才有"公共决策"，风
险预防及预防制度也就具有了合法性（可接受性），进而，风险也就具
有了"社会可接受性"。坎贝尔将美国核电发展受挫的原因归结为民主
机制，而法国成功就在于核电的集中控制，却没有看到法国是在充分民
主和公开的基础上的集中控制。如法国的能源政策法从 2003 年 1 月立
法议案提出以后，与能源政策有关的国家研讨会与活动便举办了 250
场，所印制的能源资讯手册超过 300 万份，35 万人上网参与辩论。随
后政府公布了能源政策法白皮书，最后经参议院和众议院通过辩论，于
2005 年 7 月 13 日正式颁布。2006 年以表决方式通过并颁布的《放射性
材料和废物管理规划法》，加强透明度与增强民主性是其主要内容。在
具体的核电安全管理方面，法国的确基本是行政集中控制，相当于伊丽

　　[1]　Campbell, J. L. (1995), *Collapse of an Industry: Nuclear Power and the Contradictions of US Policy*. Ithaca, NY: Cornell University, p. 108.

　　[2]　et al., p. 115.

莎白·费雪说的"工具—理性范式"。和坎贝尔对其"前景"担忧不同，史蒂芬·布雷耶对这种法国模式倍加赞赏，还建议美国借鉴。① 布雷耶说法国的集中控制模式和代议制民主并不矛盾，并且它应用于对风险规制措施的具体选择场景也是合适的。但其之所以能够成功运作的重要原因，在坎贝尔、布雷耶等的议论中都没有提到，那就是集中控制和公开透明的深度结合。如法国核安全局每年发布的安全年报，对在检查中发现的安全隐患，都会毫不留情地向全社会公布。生活在法国的每个人，都可以通过登录核安全局网站随时了解自己身边的那个核电站：详细的工程进展，安全检查状况披露……。总之，一言以蔽之，就法国的核电情况而言，正是充分的民主参与决策和彻底透明、公开的管理相结合，使得人们感觉到自己控制着命运，风险虽然还是"危险""坏事"，但同时也是人们自己控制命运的途径，于是才能坚定对核电的信心。公众强烈地意识到存在核灾害风险，却能淡定地说自己就出生在核反应堆旁边，现在搬家到了罗讷河谷，"没想到又和一座核电站做了邻居！"。② 这种对核灾害风险的"接受"，完全不同于英国"健康与安全署"作为替代"可接受风险"术语而使用的"可忍受"。在法国民众那里，对核灾害风险的"接受"是主动接受，没有被动、被迫。换言之，他们"适应"了核灾害风险。

　　这种"适应"是一种社会的选择，文化的适应。简单地讲，"适应"（Adaptation）即"调整以适合外界条件"，其理论表述应追溯至 19 世纪达尔文的自然选择学说。在《物种起源》和《人类的由来》中，达尔文第一次为亚里士多德以来伟大的"存在之链"假设提供了完整的理论支撑。当然，就如众多学者理解的，自然选择就是消极的、机械的生物适应，因而"'物竞天择、适者生存'对于物种进化的解释并不完美，与其说是生物的进化史，不如说在于解释基于生物多样性的'一种适应替代

---

① ［美］史蒂芬·布雷耶：《打破恶性循环：政府如何有效规制风险》，宋华琳译，法律出版社 2009 年版，第 93—94 页。

② 肖梦：《法国核电启示录》，凤凰网财经（http://finance.ifeng.com/news/hqcj/20110325/3756601.shtml），2015 年 3 月 24 日最后访问。

另一种适应'的现象与历史"。① 事实上，达尔文在《人类的由来》中已
意识到自然选择以及性选择无法解释人类社会的现实问题，"就人来说，
在一个很早的时期里，当人刚刚够上人的身份或人的称谓时，生活情况对
性选择在许多方面要比后来的一些时代更为有利得多"。② 不过，后继者
显然不满足于这种"暧昧"，卡尔·波普尔高度赞扬达尔文的贡献，却清
楚地指出：自然界物种进化的重要转折就是意识状态的突现，随着意识状
态和无意识状态的区分，诞生了一个全新的意识经验的世界。③ 尽管如
此，联系到波普尔以批判理性主义的立场将转折推测为"生命圆圈"某
一点上障碍的突破，使意识从本能控制下解放出来，理性注入选择之中演
进为人类有意识的文化选择。显然，达尔文的精髓——自然选择构成文化
选择的物质条件——被完整地继承下来。人类作为感性和有限的生物，和
所有生物一样具有自然选择——生物适应的本能；也作为理性和自由的生
物，拥有独特的社会选择——文化适应的能力。适应的这种双重性直接体
现在其作为制度术语的界说之中，如政府间气候变化专门委员会（IPCC）
将适应指为生态、社会或者经济系统回应现实或可能的气候影响而作出调
整，包括自发性适应（Spontaneous Adaptation）和规划性适应（Planned
Adaptation）等分类。④ 核灾害风险的适应只可能是文化的适应，是人类
通过社会结构关系、制度、措施的调整，主动适应核灾害风险。申言之，
人类通过主动改变与调整自己，包括改变和调整人们之间的社会关系和人
们的行为，以达到能和风险"和平共处"。

三　从风险的"经济包容性"到"社会包容性"

前述将"包容的风险"解释为核灾害风险的预防要兼容核产业的发

---

① ［美］乔治·威廉斯：《适应与自然选择》，陈蓉霞译，上海科学技术出版社 2001 年版，
第 43 页。

② ［英］C. R. 达尔文：《人类的由来》，潘光旦等译，商务印书馆 2005 年版，第 914 页。

③ 纪树立编译：《科学知识进化论——波普尔科学哲学选集》，生活·读书·新知三联书店
1987 年版，第 433 页。

④ Intergovernmental Panel on Climate Change, Working Group Ⅱ, *Climate Change*2001： *Im-pacts*, *Adaptation and Vulnerability*： *Contribution of Working Group Ⅱ to the Third Assessment Report of the Intergovernmental Panel on Climate Change*, Cambridge； New York： Cambridge University Press, 2001, p. 881.

展，并最终要使风险为社会所接受。尽管我们阐明后者就是目的性准则，但从"经济包容"到"社会包容"目的的实现，明显还需要风险预防制度之外的努力。我们借鉴法国的例子指出建构公众对政府核电管理的信任是关键，但这种论证是以民众和政府的关系是纯粹的法律关系为前提的。本书第一章提到在我国"法律对公共行政不起建构的作用"，从而通过法律的设计建构民众与政府的信任关系，必然面临和西方国家不同的困难。如果法律被视为政府风险规制的工具，无论如何，法律的制定与运行都会被认为是政府的"一厢情愿"，社会对风险的"接受"必然有着强迫的色彩。再者，我国虽然实行的也是核安全监管与运营分离模式，但运营企业的国有企业性质，不可避免地会形成包括中央政府、地方政府、核电企业在内的复杂错综的利益关系。法律的权利与义务一旦掺和着经济利益关系，问题就会变得复杂。当然，有人可能援引法国的现实情况对此进行反驳。法国政府从一开始就将核电运营单位与核安全监督机构完全分开。其核电工程管理模式是法国政府授权法国电力公司（EDF）为唯一的核电站的业主、运营商以及核电计划的总体工程管理单位，主要负责核电站的整体设计、工程和设备采购，总结经验并反馈。法国政府在这家负责管理 59 个核反应堆的公司中，拥有 85% 的股份。并且，就如美国决策研究所对法国民众的调查问卷所发现的，法国民众"看到了对核电的更大的需求，以及核电带来的更大好处"。新闻媒体也是如此描述法国民众：法国人已经无法想象，假如有一天突然没有了核电，自己还怎么生活——"取消核电？我们的洗碗机、洗衣机、烘干机，靠什么工作？""先发电，再卖电赚钱！"[1] 另外，从理论上也可能有人提出，法律权利本身就是利益关系。毕竟就如丹尼斯·劳埃德说的，迄今为止有关权利的性质，可归纳为利益与选择两种竞争性的理论学说。[2]

对于法国核电的例子，要提醒的是，法国的国有企业模式建立在充分的民主参与决策和彻底透明、公开的管理相结合的前提之上，更重要的是

---

① 肖梦：《法国核电启示录》，凤凰网财经（http://finance.ifeng.com/news/hqcj/20110325/3756601.shtml），2015 年 3 月 24 日最后访问。

② ［英］丹尼斯·劳埃德：《法理学》，许润章译，法律出版社 2007 年版，第 181 页。

国有企业资产性质相同——都是国有，但企业法人结构或运营模式却千差万别，国有企业在法国能够成功运营，并不意味着在中国也必然会成功。权利的性质是可以解释为利益，"利益"作为18世纪社会生活的中心概念促成法律观念革命的结果，成为"满足人类价值感情之一切事体"。20世纪以来在德国兴起的利益法学出于对概念法学的批判，正是在这种意义上使用"利益"术语，如利益法学的创始人赫克认为，"利益"是指人们在生活中所产生的各种欲求，这种欲求不仅意味着人们的实际需要，而且还包含那些在受到刺激时，可能进一步向前发展的隐藏于人们心中的潜在动机。因此，利益不仅仅只是意味着各种欲求，而且还包含欲求的各种倾向。最后，这一术语还包括使各种欲求得以产生的诸多条件。[1] 因此，利益法学主张，利益是法律的产生之源，法律命令源于各种利益的冲突。利益以及对利益所进行的衡量是制定法律规则的基本要素，"利益"概念也是利益法学研究的出发点。不容否定，利益法学派使用更具有社会属性的"利益"批判概念法学的"封闭性"——将法律制度理解为一种由法律概念构成的封闭体系并据此要求法学研究"逻辑至上"，将法官变成一台适用法律的机器，是有进步意义的。这种苗头其实在被凯尔森认为将法律与事实混为一谈的实证主义法学中，边沁洞悉到社会可欲性（social desirability）与逻辑必然性（logical necessity）之间的区别，主张将"幸福"作为法的科学性与合理性的评判标准，已经隐隐可见。然而，"利益"是特定的（精神或物质的）客体对主体具有意义，并且为主体承认的存在价值。[2] 因此，纯粹以利益为中心的法律适用活动是不可能的，法官们不可能纯粹依据价值权衡去断案。利益法学的兴起重要的意义是为法律从"自治型"迈向"回应型"提供助益。在本书的论述中它的作用存在于核灾害风险预防决策——决定采取预防措施的阶段，却不能应用于具体的预防措施选择阶段。

利益法学中的"利益"是广义的，既包括私人利益，也包括群体利益、社会团体利益、公众利益和人类利益等公共利益，以及物质利益和精神利益，如道德的、伦理的和宗教的利益，公平、正义的利益等。虽然如

①　吕世伦、孙文凯：《赫克的利益法学》，《求是学刊》2000年第6期。
②　胡锦光、王锴：《论公共利益概念的界定》，《法学论坛》2005年第1期。

此，却也极易遭遇中肯的批评，认为"利益"这一概念本身是空有形式而无内容的东西……利益的概念极度膨胀，没有任何实际的意义。[1] 再者，就物质性的利益而言，法律人最熟悉的一个例子——监护权——无论如何不能理解为利益。在核灾害风险预防中，政府的核安全监督和政府与核运营企业之间的利益关系也断然是两码事。核电给法国民众带来的"利益"即就业机会、生活方便，这取决于核电厂卓越成效的效率运行。所以，从核灾害风险预防具体措施选择的层面，准确区分法律（权利）与利益的关系，使预防措施的选择更具有理性，必然是需要的。对我国来说，它应是树立政府威信，取得公众信任的重要方面，具体到操作层面的基本方法就是核产业的"民营化"。"民营化"不仅能够正确界定政府和企业之间的关系，而且经济学公认它能带来效率，从而带来如法国民众享有的那种"利益"。

在通常意义上，人们所理解的尤其是在大众话语中的"民营化"，即市场化、私有化或非国有化，对应英文中的 privatization（私有化）与 de-nationalization（非国有化）。在西方学者的论述中，它侧重的或者说主要就是"资本的私有化"。如安丹（Adam）等认为："分析性的私有化定义包括所有权和（或）生产性资产及其配置和定价的控制权以及由其产生的剩余利润流量的收益权从公共部门向私人部门转移。"[2] 约翰森（Johnson）指出："'私有化'通常用来指依照公司法组建公司，该公司至少将50%的股票卖给私人持股者。"[3] 约翰·维克（John Vicker）等认为：凡能强化市场力量，提高事业的经营效率与竞争能力，缩小公营事业的规模，降低事业活动的影响力，同时减少政府对经济活动的干预，提高民间部门拥有资产的比例，均称为私有化。[4] 但东欧国家改革过程中的"民营化"，含义显然更广泛。如东欧转型国家一般认为私有化有广义与狭义之分，前者指出售企业的部分资产或部分股票，使国有企业转变为混合所有

① 杜江、邹国勇：《德国"利益法学"思潮述评》，《法学论坛》2003 年第 6 期。

② Adam, C. Cavendish, W. and Mistry, P. S. *Adjusting Privatization*, London：James Currey, 1992, p. 6.

③ Johnson. C.（ed），*Privatization and Ownership.* London：Pinter Publishers, 1988, p. 11.

④ 王文字：《政府、民间与法律——论公营事业民营化的几个问题》，《月旦法学》1998 年第 5 期。

制企业，包括将原国有企业转变为集体所有制企业。实践中，广义私有化还包括国有企业经营权的转移及经营形式的改变，如通过承包、租赁、委托等将国有企业或国有资产的经营管理权转交给私人或法人实体。① 后者指将国有企业或国有资产转变为私人所有。如保加利亚的《国有和乡有企业改造及私有化法》，规定国有和乡有企业的私有化是指将商业公司中属于国家和乡所有的股份和股票，将属于国有和乡有的企业及其独立部分的所有权或已清算的企业产权，转让给自然人或法人所有。我国学者对民营化的定义与东欧转型国家基本类似，如钟明霞博士认为：民营化是将国有、公营公用事业（城市公交、供水、供热、燃气、园林、环卫等）的所有权或经营权转移到民间，引入真正的市场机制。② 所以，总体而言，民营化可以归纳为如下四种类型：第一，组织私法化，行政主体并不因此免除原公营事业担当的公共任务，只是在组织形态上采用私法原则。第二，财产私有化，各层级政府将其对原公营事业所拥有的财产权利（特别是股权）转移给私人。第三，实质的私营化，即将某项行政任务转移给私人部门，借此减轻行政主体的任务负担。第四，功能私营化，公共任务的管辖权限、责任仍属于行政主体，只是将该特定执行权限委托私人承担，私人或者受委托行使公权力的受托人，相当于行政机关行政上的助手。其中，实质私营化与财产私有化常为手段与目的，即经常以财产私有化达到任务私法化的目的。学理又常采用简明的二分法，将私营化分为组织私法化（组织民营化）或称形式私法化以及实质私法化（实质民营化）或称任务私法化。③

　　无论哪种形式的民营化，都有着经济与政治两个方面的意义。经济层面指引入竞争机制，促进效率、实现"供给的增长"；政治层面意味着打破政府垄断，政府对经济的垄断经营权力回复为民间共享，政府职能由直接生产与提供转变为监督私人部门生产与提供，由原来的"履行责任"

　　① 许新主编：《转型经济的产权改革：俄罗斯东欧中亚国家的私有化》，社会科学文献出版社 2003 年版，第 12－13 页。
　　② 钟明霞：《公用事业特许经营风险研究》，《现代法学》2003 年第 3 期。
　　③ 陈爱娥：《公营事业民营化之合法性与合理性》，《月旦法学》1998 年第 5 期。

转变为"保障责任"与"网罗责任"。[①] 在经济层面，业已形成共识的是民营化本身并不代表效率，没有任何证据表明私有产权必然能够带来效率，只有竞争的引入才可能导致效率的提升。如劳伦斯·梵尼（Lawrence K. Fineley）指出，民营化意味着可由私人部门提供公共服务，但这仅仅是提供选择性服务的一种途径而已，竞争才是促进服务选择机会增长的一个主要推动力。[②] 萨瓦斯也说："对任何服务的提供方式而言，决定其效率和效益的核心因素是竞争。换言之，特定安排方式所包含的竞争程度在很大程度上决定该种安排的效率。"[③] 所以，在核电领域主张民营化改革，也并非仅指将国有的核电企业资产转为民间所有。但不实行资产民营化，组织私法化也即政企分开、公司化改造，政府依然担负生产、提供的职能，政府职能转变在于从依凭权力的直接管理过渡为间接监督，从运用所有权与行政权力合二为一的控制演化为所有权与行政权力分离的控制。我国近年在公用事业领域实施的民营化改革，主要指的就是这个层面，如2002年《关于加快市政公用行业市场化进程的意见》第四项要求，市政公用行业主管部门应转变管理方式，即：

> 从直接管理转变为宏观管理，从管行业转变为管市场，从对企业负责转变为对公众负责、对社会负责。市政公用行业主管部门的主要职责是认真贯彻国家有关法律法规，制定行业发展政策、规划和建设计划；制定市政公用行业的市场规则，创造公开、公平的市场竞争环境；加强市场监管，规范市场行为；对进入市政公用行业的企业资格

---

① "履行责任"，即政府或其他公法人自行从事特定任务的责任；"保障责任"指特定任务虽由政府或其他公法人以外的私人与社会执行，但政府或其他公法人必须负担保证私人与社会执行任务的合法性，尤其是积极促其符合一定公益与实现公共福祉的责任；"网罗责任"，则注重其后备功能，仅在具有公益性的管制目的无法由私人与社会达成或管制失灵时，此项潜在的政府履行责任才予以显性化。詹镇荣：《民营化后国家影响与管制义务之理论与实践——以组织私法化与任务私人化之基本型为中心》，《东吴法律学报》2009年第15卷第1期。

② Lawrence K. Fineley (1989), *Public Sector Privatization: Alternative Approaches to Service Delivery*, Greenwood Press, p. 11.

③ ［美］E. S. 萨瓦斯：《民营化与公私部门的伙伴关系》，周志忍等译，中国人民大学出版社2002年版，第94页。

和市场行为、产品和服务质量、企业履行合同的情况进行监督;对市场行为不规范、产品和服务质量不达标和违反特许经营合同规定的企业进行处罚。

我国的核电产业自20世纪90年代改制以来,基本也是按照政企分离的方向。但我国政府长期以来习惯于法律之外的行政权力控制,国有企业改革三十余年来,政府一直控制着对包括核企业在内的国有企业的管理高层人事任免权。这种模式在本质上还是政企不分,仅是重复多年以来恶性循环的"权力下放"式改革。政府担心纯粹成为资产所有者之后,失去对企业的控制,根本原因就在于政府不相信法律对"投资者利益保护"的基本功能。政府与核电企业的投资关系不能完整地纳入私法范畴,政府也就难以彻底脱身为独立的监管者。"公、私"混杂之中,当核安全局官员行使监管权力时,总会遭到同样有着"行政级别"的核企业管理者以"行政权力"相掣肘,协调的结果使核安全监管往往有"护犊"的情绪与体现,直接销蚀着公众对政府核电管理的信心。

当然,对我国而言,最尴尬的情况是即便政企彻底分离,独立的核安全监管机构还是可能遭遇行使投资者职能的——另外的政府机构——利用行政权力进行的掣肘。但这种尴尬不是源于"民营化"的制度设计,而是源于我国法治的"初始状态"——"法律对公共行政不起建构的作用",行政不曾经由法律建构,法律保留原则的功能支离破碎,政府投资机构也就有了在"投资"范围之外行使权力的事实。另外,在核灾害风险预防领域,对核产业民营化主张的质疑还可能来自"民营化后"的担忧。将政府与核企业的投资被严格界定在私法范畴,甚至采取美、日等国的核电民营形式,民营的核企业更可能出于经济自利考虑而造成事故,或扩大事故后果。如日本福岛核泄漏事故中,东京电力公司作为核电站的所有者和运营者,就被认为出于考虑到经济利益,在处理福岛核电事故的过程中,一直在采取比较保守的冷却方式。虽然有机会,但是直到爆炸发生也没有向堆芯内注入硼水。一方面是不希望反应堆就此报废,另一方面是对反应堆的承受能力抱有侥幸心理。最终导致核问题越来越严重,上升到国家层面的危机。① 诚然，这种担忧是有道理的，对利润的追求是经济增长的前提，法律必须对其全面保护。不过，同时也要注意到，防止企业为私利而牺牲公共利益是民营化制度设计的重要方面。核电产业基本属于自然垄断产业，民营化后法律必然对其运营（包括价格、服务质量等）、环境与安全进行严格监管。政府转变职能、提升监管能力，对核电产业实施强有力的监管，也是建立社会公信力的重要方面。对我国来说，它还是弥补行政不曾由法律构建的先天不足的根本途径，尽管法律不曾构建政府行政，但政府能将自己严格置于法律之内，能够严格、认真执行法律，能够给公众带来安全，公众也就没有不相信它的理由。毕竟公众需要的就是安全。

第二节　依据"经济包容性"的核灾害
风险预防制度建设进路

一　澄清"零风险"问题

在核灾害预防制度建设的讨论中，区分法律决策的"决定是否采取风险预防措施"和"具体选择预防措施"两方面，期望后者能够纠正或弥补前者判断中的不足，很大程度上是基于能够将"是否存在风险""多大的风险"这类极具争议性的"事实问题"排除在具体选择预防措施的决策之外的假设。就理想情形而言，这种假设无疑是成立的。在"决定是否采取风险预防措施"的法律决策中必定确定了争议的事实问题，接下来就可以依据理性主导的成本收益分析方法具体选择预防措施。然而，在核灾害风险预防措施的选择中，有关风险本身的"事实问题"依然纠结着决策参与者，"全有或全无"的选择偏好——要求通过关闭核电厂或阻碍核电厂、核废料处置选址以彻底消灭核灾害风险，直接源于这些"事实问题"。服从于情感的灾害风险预防制度建设依据——决定是否采取预防措施的法律决策，基本上是悬置对"事实的争议"；理性证立的核灾害风险预防包容经济发展原则，也可以继续悬置争议——"不管事实

---

① 《一年后反思：日本福岛核事故发生的主要原因有哪些》，新华网（http://news. xinhuanet. com/tech/2012 - 05/04/c_ 123078571. htm? prolongation =1），2015 年 3 月 25 日最后访问。另参见鲁玉凡《东日本大地震后的日本核能政策分析》，硕士学位论文，外交学院，2013 年，第 29 页。

如何,让我们行动吧!",但除了针对争议本身的措施选择——如发展风险文化制度,借助风险教育澄清人们不全面的理解之外,其他进一步的措施选择明显无以依归。在决定是否采取风险预防措施的法律决策中,风险毕竟还是文化的存在;而进一步的措施选择,如工程性的减轻风险努力,绝对不能仅仅为了消除人们心理的担忧。更主要的,不计成本选择具体的预防措施本身就是纯粹由情感主导的选择,不仅无助于解决"全有全无"的情感选择问题,反而会强化这种意识观念。基于"经济包容性"的核灾害风险预防制度建设——在具体选择风险预防措施时,不得不再考虑"事实的争议"。但是有一点是非常明确的,争议是源于风险的不确定性,使得争议本身无论如何都没办法根本解决。由此,考虑"事实的争议"的根本做法唯有承认和直面不确定性,并充分说明不确定性。

核灾害风险主要就是技术的风险,伊丽莎白·费雪将其归纳为三个特征。第一,技术风险具有科学上的不确定性。有一些情况,特别是在应对新技术、新活动的时候,风险与未来行为后果有关,而未来行为后果内在是不可预测的,这就造成了科学的不确定性。然而,绝大多数情形,科学的不确定性表现得更加复杂,这是因为,集中的风险知识是匮乏的,而风险是在开放体系内发生的,在其中,自然环境变幻莫测和人类行为的捉摸不定都应计算在内。

第二,由于风险的性质和存在经常取决于人类行为,所以技术风险具有行为上的不确定性。任何一个负面效应的产生,都有可能是若干变量相互作用共同造成的结果。三里岛和切尔诺贝利事件的情形就是这样,事故的发生是由许多相互关联的因素造成的,包括管理、操作失误以及技术设计。由于人类行为的多变性,对风险暴露和危害性进行评估也是十分困难的。还有,技术风险问题是多中心的,这也会产生不确定性。在所有这些情形中,问题就在于社会现象不是轻易就能预测分析的,就如雷纳(Rayner)和马隆(Malone)所说,"身处社会之中的人们如何为自己选择以及为什么这么选择,对此,我们拥有的理论不仅是不准确的,而且是彼此冲突的"。①

---

① S Rayner and E Malone (eds), *Haman Choice and Climate Change-Volume Four*, Pacific Northwest National Laboratory, Battelle Press, 1998, p. 120.

　　第三，某个风险是否可以接受取决于文化环境。技术风险具有多中心性，从而使得通过技术构建的社会呈现出前所未有的脆弱性。但个体人的人性本能总是希望并且需要一种社会（或团体）的认同，所以，尽管风险对个体而言理解各异，对个体的可接受性也各不相同，但却必然有一个风险可接受性的环境问题。就如人们调侃的，"永远不要跟人说某个风险是可以忽略不计的，除非听的人与你分享共同的生活哲学"。然而，由于核技术专家与公众及其他决策参与者之间的"知识落差"，以及由之而来的沟通上的困难、科学技术中固有的缺省假定与预判等，由核技术专家阐明核技术风险，包括政府官员对之确认，并不一定取得好的效果。布雷耶引用过美国环保署长威廉·D. 拉克尔肖斯（William D. Ruckeleshaus）亲身经历的例子，当媒体报道环保署开始规制杀虫剂二溴乙烯时，电视新闻上播放化工厂接触二溴乙烯工人工作的画面时，还配上了一个骷髅头。科学家对此只能实事求是地回应说，大剂量的二溴乙烯的确可以致癌，与小剂量二溴乙烯相伴的是较小的风险。环保署长补充说："事实是我们的确不知道，我们是在科学具有不确定性的领域开展工作的。"[①] 这样的回答的确说明了不确定性，但"不确定性"本身就意味着风险。环保署长继续说："我们所面对的是公众深感恐惧的物质。如果他们想要更多信息，我们也没法给他们。"[②] 这无疑是强化和加重了公众对风险的忧虑。

　　所以，法律决策中承认和直面以及充分说明不确定性，更主要的是在风险评估和政策分析方面。就风险评估而言，重要的是评估者必须对其核心概念——概率的决策意义进行明白而清楚地说明。如关于概率的两种主要观点：一种是频率学派，即经典的观点；另一种是主观主义学派，即贝叶斯观点。对于频率概率来说，如果依赖的试验能够无数次的不断重复（如抛硬币），随着试验次数增多，将收敛于长期试验出现的频率（如硬币正面向上的频率）。同样，如果主观主义方法有着足够充分的信息，那么它们也会收敛于频率学派的概率，两者趋同。这也就是，从广义而言概率就是信息（知识）的函数。一般来说，社会科学范畴中的事件基本不

---

　　① ［美］史蒂芬·布雷耶：《打破恶性循环：政府如何有效规制风险》，宋华琳译，法律出版社 2009 年版，第 67 页。

　　② 同上。

具有试验性,尤其是对能够纳入法律决策之中的情形,如侵权、犯罪。在环境风险(包括核灾害风险)领域,对风险后果的发生而言都具有不可试验性,这种事件本身的特征使得主观主义概率具有优越性。主观主义概率能够估算出特定事件,比如下一次核事故发生的可能性,但它的合理与否,取决于概率"条件"——"完全信息"。在风险评估中,这些信息包括经验数量,如既往发生的核事故。但作为科学哲学的公设,任何经验的命题都没有绝对的正确性,任何连续性的经验数据也没有确切的值,任何试验,无论多么精确,也不可能得到零误差的真实值。其他导致信息"不完全"的还有决策变量,如环境容量(包括在核污染情形中)就是典型决策变量;价值参数,包括在成本收益分析方法中的贴现率、风险偏好、"生命的价值"等。摩根总结所有这些经验数量不确定性的来源,包括随机误差和统计变异、系统误差和主观判断、语言的问题、时空的变异性、知识固有的随机性和不可预期性、评估者之间的不一致性、出于实用主义考虑而将分析模型视为"近似"真实等。而一个政策分析人员应当明确的不确定性包括:(1)有关技术的、科学的、经济的和政治的量的不确定性,如大气污染中的化学比例常量的不确定性,未来时间石油价格和通货膨胀率将会是如何的不确定性,在化学品溢出发生后需要多少清除剂的不确定性;(2)有关技术的、科学的、经济的和政治的模型函数形式的不确定性;(3)专家之间有关定量的值或者模型的函数形式的不一致。①

　　总之,就如拉里·阿诺德·雷诺兹(Larry Arnold Reynolds)所说,在风险的法律决策中必须再认识科学的不确定性。其中,第一步就是正式地再认识环境决策者遭遇到的科学不确定性的存在、本质以及程度。为了达到这一要求,相应地对环境司法或听证程序与过程的改变是微小的。制定法或普通法对法院或行政法庭要求有裁决的理由,仅仅需要补充要求在裁决理由中包括发现的科学不确定性的存在、本质以及程度,以及他们怎样对科学不确定性作出决定的说明。对行政法庭在裁决理由中正式承认科学的不确定性,能够纳入对行政决策者权力的控制之中,对普通法而言可

---

① ［美］格来哲·摩根等:《不确定性》,王红漫译,北京大学出版社 2011 年版,第 77—94、54 页。

能要求有些许修改。决策者可以继续阐明他们的结论，认识到存在的不确定性，证明标准既不能满足，也不能不满足。未能达到这一要求，将视为案件审查的错误。① 就法律决策旨在确定"可接受的风险"而言，就如费斯科霍夫说的，一个解决可接受风险问题的途径是承认它们不可避免地涉及价值观，承认不确定性可能存在于我们的价值观和我们的实际知识的周围。当然，可以通过设计一个方法来帮助我们认识什么是我们想要的。② 的确，让社会公众清楚自己真正想要的，也就能够使沟通商谈成为现实。前文说美国决策研究所 1992 年对美国和法国民众关于核能风险认知的调查结论：公众对核电的接受需要关于（1）潜在的好处；（2）风险管理；（3）必要性的正面判断。③ 显然，至少在法国的情况基本就是民众认识到他们需要的首先就是核能带来的显著经济价值。然而，核能的经济价值和核灾害风险的情感认知毕竟存在着难以弥合的鸿沟。所以，毋宁将"帮助我们认识什么是我们想要的"改为否定句子，即"帮助我们认识什么是我们不能得到的"。在核灾害风险的预防中，这种不能得到的就是"零风险"。包括不怎么具有效果的核技术专家对技术不确定性的说明、风险评估和政策分析对其不确定性来源、本质和程度的承认、决策者坦承自己在不确定性情况下如何决策等，所有必须的努力，应该只为一个目的，即让人们清楚地知道"零风险"的不可能性。

核电厂和核废料处置存在着风险，核能利用的其他过程或方面同样有着风险，风险评估和政策分析有着不确定性；但是替代核能的化石燃料，如石油和燃煤利用也不是没有风险的，对这些化石燃料利用的风险评估和政策分析也是有不确定性的。关闭核电厂就意味着远超过正常数量的核废料需要处置，核废料的地下隔离深藏方式处置有着不可预测的风险，但其他方式处置的风险更有着未知性。总之，直面、承认和充分说明不确定

---

① Larry Arnold Reynolds (2000), *Managing Uncertainty in Environmental Decision-Making：The Risky Business of Establishing a Relationship Between Science and Law* Department of Public Health Sciences Faculty of Law, University of Alberta, Canada, at 170.

② ［英］巴鲁克·费斯科霍夫等：《人类可接受的风险》，王红漫译，北京大学出版社 2009 年版，第 35 页。

③ ［美］詹姆斯·弗林：《核污名》，载［英］尼克·皮金、［美］罗杰·卡斯帕森、［美］保罗·斯洛维奇编著《风险的社会放大》，谭宏凯译，中国劳动社会保障出版社 2010 年版，第 313 页。

性,就是让人们真正意识到风险无处不在。"没有什么不是危险的,也就没有危险了。"贝克虽然将之用于批评那些企图消极逃避或风险否定主义者,但对于积极面对风险其实同样具有意义。一切都是有危险的,人们只是想知道什么是危险较小的,理性的思辨于是被引入关于核灾害风险预防措施的选择中来。

二　改革的成本收益分析:走向核灾害风险预防措施的理性选择

费斯科霍夫等将确定风险可接受性的方法归纳为三种:正规分析、步步为营、专业判断。然后列出衡量其可行性的七项标准,[①] 分别是全面性、逻辑合理性、实用性、公开评价、政治可接受性、与权威机构一致、有益于学习。[②] 他依据七项标准对三种方法一一进行了评价,认为依赖专业技术标准进行风险评估的专业判断方法,就理想状态而言,专业人员可以把工作做得比其他任何人都好。然而,在工作中他们也许并没有使用有效的可接受风险的决策方法。专业训练、个人价值、工作实践以及与顾客

[①] 前文提到费斯科霍夫的风险可接受性不是接受风险本身,而本书认为风险的可接受性就是接受风险本身,接受不是容忍而不采取任何风险减轻或控制的措施,恰恰相反,接受风险是主动的接受,主动采取应对风险的措施,因此它主要是相对于那种风险否认、消极逃避的立场而言的。不过,单单就"接受性"词汇来说,费斯科霍夫和本书的观点是相同的,"可接受性"就是社会的可接受性。所以,费斯科霍夫关于确定风险可接受性方法可行性的标准对本书也是有参考价值的。

[②] 全面性标准,指对确定风险可接受性的方法要能反映技术问题存在的不确定性因素,承认社会价值的易变性和冲突性,客观评价人类在进行决策及执行决策时的失误,并能评价它自己结论的质量。更重要的是,它还应该有足够的应变能力面对新的信息,尤其是分析本身带来的新的问题。逻辑合理性标准,主要指的是要合乎逻辑地对每个选择进行分析,并且严谨地总结所有的问题。实用性标准,指方法必须是在现实问题、现实人群及现实资源限制条件下被应用。公开评价,是指一个方法不应该因隐瞒其内在功能而使情况恶化。相关的任何人都有权问:方法的基本前提是什么?它的政治和哲学根源是什么?他们预先对哪些选项进行了排除及预先判断?在哪些地方事实与价值问题相混淆?输入的参数是什么?采取了什么样的计算程序?整个体系的不确定性因素有多少?等等。政治可接受性,费斯科霍夫等主要针对党派政治,而指方法和建议被政党所接受。与权威机构一致,主要是指行政决策机构的认可,不过费斯科霍夫等也指出需要适应和改变的不是方案本身而是权威机构,权威机构在可接受风险决策制定过程中表现出来的能力是对其能否应对时代挑战的有效测试。有益于学习,主要指的是评估方法本身的自我改善,一种方法要尊重现实的政治和权威机构,最终目标又要改变这些现实,方法本身能够具有自我发展的能力尤其重要。参见 [英] 巴鲁克·费斯科霍夫等《人类可接受的风险》,王红漫译,北京大学出版社 2009 年版,第 68—76 页。

的关系也许限制了他们对问题详尽全面的认识，而这却是作为决策者的必要条件。主要依赖经验测试的步步为营方法，风险目录浅显并可能产生误导，因为它忽略了利益、公平、潜在的灾难性和不确定性。外现偏好法考虑收益，但是依赖于有关人类行为和市场数据有效性的大量无切实根据的假设。所以，步步为营的分析方法初看之下似乎是一个启发人们直觉的自然的方法。但是，事实并不会自己表现出来——除非听者已经知道他们想听什么。当必须对事实进行解释时，步步为营分析方法潜在的逻辑上的弱点使它们的结论充满疑问。正规分析方法又包括成本收益分析和决策分析两种方法，优势在于公开性和合理性。成本收益分析和决策分析都具备深思熟虑的逻辑基础，在原则上都有能力包容大范围的问题，在一定程度上对法律执行者具有吸引力，因为它明确地对待价值问题。但是，正规分析方法还是在细微处混淆了事实和价值。如成本收益分析以为将方法限制于经济学评估便确立了其价值立场；决策分析能包容不同的价值，但是个人因素和制度上的限制会使分析家们满足于在狭小、有限概念范围内工作。另外，与其他技术一样，正规分析有关公开的许诺未必可以实现。最后，尽管正规分析在逻辑上具有合理性，但这种分析并不是专门为了风险问题而设计，在具备反应性的市场、直接后果以及有知识的消费者的条件下，成本收益分析最适合于个人决策。① 理解费斯科霍夫这里的分析，有两层重要意义：其一是理性在成本收益分析方法中的支配性；其二是成本收益分析方法有着个人主义的根基。正是因为这两点，成本收益分析方法和法律具有内在的一致性。在风险与法律决策的论述中，论者如孙斯坦、布雷耶纷纷强调成本收益分析方法的重要性。

　　当然，前文已评论过，孙斯坦、布雷耶的论述相当程度上混淆了事实与价值，以至于他们错误地将成本收益分析方法用于"决定是否采取风险预防措施"的法律决策中。"具体选择风险预防措施"的法律决策需要成本收益的分析方法，决策过程中对不确定性的明确承认与说明也使得它更有吸引力成为人们选择的工具。然而，成本收益分析方法并非尽善尽美，费斯科霍夫提到两点：其一是成本收益通过简单加减追求帕累托最优

---

① ［英］巴鲁克·费斯科霍夫等：《人类可接受的风险》，王红漫译，北京大学出版社2009年版，第96—155页。

而忽略了收益对象。帕累托最优原则是用来处理公平问题的：如果一个行为能增加社会中至少某一个成员的经济状况，而不损害其他成员的利益，那么它就是可接受的。但许多社会政策在让一些人获得利益的同时伤害了其他人，就违反了帕累托最优原则。在这种情况下，要满足帕累托最优原则，只有通过直接（如商业补偿）或间接的方式（如免税）让那些受益者补偿受害者。其二是成本收益分析在追求经济效率时，试图包括所有具有经济价值的方面，但许多实际应用者只评价那些容易转换成市场价值的商品和服务，忽略其他不具有经济学价值的方面或不好转换为经济价值的"物品"，如自然风景、生活舒适度、荣誉等。① 费斯科霍夫在这里正确地提醒人们风险和分配问题总是缠绕在一起，成本收益分析方法必须考虑公平问题。但他说实际应用者忽视其他不具有经济学价值的方面或不好转换为经济价值的"物品"价值，在有些风险评估的情形可能是这样的。不过，笔者认为问题并不是这种"忽视"，而恰恰是企图将所有"物品"，如生命与健康、生态环境等价值数字化。比如孙斯坦极力主张成本收益分析方法，大量论述涉及的是挽救一条统计学意义上的生命需要支付的成本。同样，布雷耶也将付出 1000 亿美元成本全面清除石棉以在 40 个中每年挽救一条统计学意义上的生命，和花费 200—500 美元的汽车安全气囊就可以每年拯救 3000—10000 条生命进行对比。尽管他们都意识到用美元衡量生命价值会遭到持续的道德责难，不过他们还是坚持将之作为理性选择的依据。

莉莎·海泽琳（Lisa Heinzerling）认为成本收益分析法所依据的定量化分析是"精确化导致危险"的教材，她担心"有些人甚至许多人会错误地相信用精确数字评估风险、成本和收益能够不偏不倚地反映现实，在这种情况下，决定规制政策会越来越依靠定量分析，这会使人们对隐藏在这些数字背后的价值判断越来越无知"。② 海泽琳无疑看到成本收益分析法的重要不足，这种数字背后的价值就是非经济价值——情感价值，它无

① ［英］巴鲁克·费斯科霍夫等：《人类可接受的风险》，王红漫译，北京大学出版社 2009 年版，第 133 页。

② Lisa Heinzerling, *Regulatory Costs of Mythic Proportions*, 107 Yale L. J. 1981 (1998), p. 2068.

法商品化，因而也就无法用金钱来衡量和计算。迈克尔·沃尔泽说，人类社会就是一个分配的社会……应该得到及得到多少都是分配的正义问题，其内容包括成员资格、权力、荣誉、宗教权威、神恩、亲属关系与爱、知识、财富、身体安全、工作与休闲、奖励与惩罚以及一些更狭义、更实际的物品——食物、住所、衣服、交通、医疗、各种商品，还有人们收集的所有稀奇古怪的东西（名画、珍本书、盖有印戳的邮票等）。而在人类社会的多样性与多样化的可分配物品中，物品之间具有"不可通约性"。①比如在非物质化的荣誉、情感等和物质化的财富之间，即使都属于非物质化的"物品"，如荣誉与爱情之间也完全不可能交换，身体安全与健康或生命价值用金钱衡量也一直难逃基于道德情感的批评。所以，现实运行的社会事实上必须并且必定存在多元化的价值衡量与评价体系，必须并存多元化的分配系统。成本收益分析方法遇到不能用金钱衡量的"物品"时将面临失效的危险，无疑就是说明方法本身必须具有"界限"。恰如费斯科霍夫说的："决策的问题必须先被限定，然后才能被解决。这个过程包含了对是否必须做出决策的决定，如果是，需要考虑哪些选择及其后果。然后必须把决策的术语转化为可操作的形式。所有这些决策前的决定对最终选择的影响极大，以至于一旦基本原则被确定，决策的结果可能就已经被决定了。"② 从科学领域来看，格来哲·摩根就特别强调风险评估与风险决策中的"界限"问题，认为对界限的清晰表达在确定未来研究和决策是重要的，他举出应对"酸雨"的例子。"酸雨"的讨论最初被框定为一个大型定点污染源，诸如电厂和冶炼厂的硫污染问题，随着研究的进展，发现这种界限是不恰当的。③ 而斯科洛（Socolow）强调成本收益分析方法应用中的"界限"问题，认为即使是理想的成本收益分析也会受到与界限有关的严重问题的影响，实际进行的成本收益分析经常在选择系统界限问题上粗枝大叶。他写到，有关成本收益分析的局限性讨论几乎总是

---

① ［美］迈克尔·沃尔泽：《正义诸领域——为多元主义与平等一辩》，褚松燕译，译林出版社 2002 年版，第 3—10 页。

② ［英］巴鲁克·费斯科霍夫等：《人类可接受的风险》，王红漫译，北京大学出版社 2009年版，第 14 页。

③ ［美］格来哲·摩根等：《不确定性》，王红漫译，北京大学出版社 2011 年版，第 45—46 页。

强调贴现率的不确定性，只有在很少的情况下，才将注意力放在为正在研究的问题划定边界上来。①

笔者认为，成本收益分析方法必须明确的"界限"就是迈克尔·沃尔泽说的多元社会物品分配系统，只有在同一分配系统中进行成本收益分析才是可能的。如风险的影响涉及的纯粹是经济性价值，那么风险预防的措施也就可以在能够用经济价值衡量的不同手段中进行选择。诸如生命健康等非经济性价值，可以如布雷耶一样将"生命与生命"比较，但还必须考虑决策的背景条件。比如一个身处敌人重重包围之中的将军选择采取冒险行动突出重围可能会牺牲1000名士兵的生命，可以被认为是理性的选择。反过来，敌方的将领在此时选择冒险行动，以求迅速全歼被围困的部队，就会认为是不理性的。在核灾害预防措施选择中，将关闭某核电厂而发展火力发电对生命健康受到的影响和继续运营核电厂对生命健康造成的威胁进行比较，完全是合乎理性的。但如果将运营核电厂对生命健康造成的威胁和吸烟导致的死亡率进行对比，基于烟草引发癌症导致的死亡率在统计数字上明显高于核事故导致的死亡率，而决策采取预防措施，显然忽视了决策的背景条件。

主张完善成本收益分析方法，迈向核灾害风险预防措施的理性选择，必须要注意"理性"的误用与"滥用"。在哲学的历史长河中，形形色色的"理性"命题往往有着迥异的意义，而其中最须警惕的就是"理性"代表着以自我为中心的评价，从而表现为压制的力量。所以，海斯蒂等从一般情形下将"理性决策"中的"理性"狭义定义为四个方面（或标准）是有必要的：其一，基于决策者目前的资产，包括金钱物质性资产，也包括生理状态、心理能力、社会关系和感觉；其二，基于选择可能的结果；其三，当选择结果不确定时，可用概率论的基本原理去评价结果的可能性；其四，在与每一个选择的可能结果相联系的概率、价值和满意度约束下，理性的选择应具有适应性。② 显然，"理性决策"代表的只是一种

---

① Socolow, R. H (1976), *"Failure of Discourse" in Boundaries of Analysis: An Inquiry into the Tocks Island Dam Controversy*, ed. H. A. Feiveson, F. W. Sinden, and R. H. Socolow, Ballinger, Cambridge, Mass, pp. 12 - 25.

② ［美］雷德·海斯蒂、罗宾·道斯：《不确定性世界的理性选择》，谢晓非、李舒等译，人民邮电出版社2013年版，第16页。

"谨慎"，既然如此，决策过程完全不应该排除商谈（沟通）。本书力主区分"决定是否对核灾害风险采取预防措施"和"具体选择核灾害风险预防措施"两种决策，主张"决定是否对核灾害风险采取预防措施"遵循法律商谈程序、注重情感沟通，绝对不是说在"具体选择核灾害风险预防措施"的法律决策中就不需要商谈。就现实的决策过程而言，两种决策或者决策的两个方面是紧密结合的，存在于同一过程之中。在这种意义上，核灾害风险预防决策可以理解为决策参与主体——科学专家、政策分析师、行政官员、社会公众之间的互动关系的总和。当然，必须认识到决策的两方面所进行的商谈内容是不同的。从哈贝马斯到阿列克西都十分重视商谈的背景，商谈如果能够建立在共同目标之上，并且具有共同的话语前提时，必定就是有效的商谈。所以，社会公众的注意力转移到选择更具有效率的风险预防措施选择上来之时，成本收益分析方法的运作原理、缺点、界限等既要成为商谈的重要内容，也要成为有效商谈的前提条件，如孙斯坦说，"关键是成本必须向公众保持'透明'，这样人们才会在充分了解并表示同意的情况下负担起这项成本，而不是一头雾水和心存侥幸"。①

三　风险治理的"直观化"：兼容经济发展的核灾害风险预防制度建设重点

成本收益分析方法置于法律商谈的框架之内，本质上就是风险的治理。要注意的是，"治理"概念自 1989 年世界银行一份关于撒哈拉地区的报告中首次提出以来，被人们以各种含义广泛应用于各种领域。格里·斯托克（Gerry Stoker）总结了流行的关于治理含义的五种观点：（1）治理意味着一系列来自政府但又不限于政府的社会公共机构的行为。它对传统的国家和政府权威提出了挑战，它认为政府并不是国家唯一的权力中心。各种公共的和私人的机构只要其行使的权力得到公众的许可，就都可能成为在各个不同层面上的权力中心。（2）治理意味着在为社会和经济问题寻求解决方案的过程中存在着界限和责任方面的模糊性。它表明，现

---

① ［美］凯斯·R. 孙斯坦：《风险与理性》，师帅译，中国政法大学出版社 2005 年版，第 10 页。

代社会的国家正在把原先由它独自承担的责任转移给公民社会,从而,国家与社会之间、公共部门与私人部门之间的界限和责任日益变得模糊。(3)治理明确肯定了在涉及集体行为的各个社会公共机构之间存在着权力依赖。进一步说,致力于集体行动的组织必须依靠其他组织;为达到目的,各个组织必须交换资源、关注共同的目标;交换的结果不仅取决于各参与者的资源,而且取决于游戏规则以及进行交换的环境。(4)治理意味着参与者最终形成一个自主的网络。这一自主的网络在某个特定的领域中拥有发号施令的权威,它与政府在特定的领域中进行合作,分担政府的行政管理责任。(5)治理意味着办好事情的能力并不仅限于政府的权力,不限于政府的发号施令或运用权威。在公共事务的治理中,还存在着其他方法和技术可更好地对公共事务进行控制和引导。[①] 显然,"风险治理"术语需要准确界定。本书第一章将风险治理作为有关风险的理论观点之一,它反映"治理"概念的共同点——对"统治"的否定,并且和个体主义的风险评估兼容,"风险治理"蕴含着归责。据此,风险治理中的"治理"不同于自主治理,也不是奥斯特罗姆说的"多中心治理"。风险治理中政府的作用依然是关键性、主导性的,它所描述的是从专家驱动型的政府独立决策向商谈框架下政府与公众、市场、专家等共同决策的转变。

风险治理中政府总是承担着最后"补一手"的责任,较好地克服了"治理"所导致的责任模糊。对于政府、公众、市场、专家之间共同决策的协调成本可能增加,甚至导致治理失败。奥斯特罗姆寄希望于独立的司法系统,"独立的司法体系能有效地协调各独立组织间的冲突,并确保下级官员忠实的执行上级管辖单位的法律,在很大程度上弥补了这一缺陷"。[②] 不容否定,法院在风险治理中的作用是重要的,伊丽莎白·费雪说到美国风险规制的实质审查,还有澳大利亚对风险预防原则的适用很大程度上就是司法的作用。然而,美国联邦大法官史蒂芬·布雷耶意识到政府风险规制机构与法院法律思维的不同。规制者必须作出"立法型"的

---

① 俞可平主编:《治理与善治》,社会科学文献出版社2000年版,第2—5页。

② [美]埃莉诺·奥斯特罗姆等:《制度激励与可持续发展》,陈幽泓等译,上海三联书店2000年版,第205—234页。

决定，其是非曲直取决于对这世上重要的一般性事实的认定或探知，他们有时在一个充满政治色彩的环境下工作、有时要去寻求能为相互对抗的私人所接受的妥协方案；他们必须经过衡量，得出一个切合实际的且可以实施的结果，从而有助于实现法律中普遍规定的公共利益目标。法官必须得出公正的结论，其是非曲直取决于由法律人提供的相关法律证据和记录，而无须包含所有的相关事实。法官得出结论，而无须对事实进行进一步的调查；法官所开展的作业，限定于那紧凑排列的浩繁卷宗。① 美国高等法院在 1993 年对道伯特案的判决中说：在法庭中寻求真相和在实验室有着重要的不同，科学结论属于永远可以修正的，而法律必须快速和最终解决争议。在得出科学结论之前科学家必须考虑诸多宽广范围内的条件，那些最终被证明不正确的条件尽管会被筛选淘汰，但所有条件本身都是超前的。然而，法官为达到快速、最终和含有法律判断的目标，常常要考虑一系列已经存在的特殊事件。实践中法官的角色就是"守门员"，不管赋予其多大的能动性，不可避免地会抑制他的实质性创见和革新。毕竟证据规则的设计，不是为了详尽对宇宙的理解，而是为了解决法律争议。② 所以，将核灾害风险预防措施的选择建立在成本收益分析方法之上，并置于政府、公众、市场、专家等多元主体的治理框架内，必须明了其必然混合着不同特点的科学与法律思维。事实上，即使那种被完全依据理性而设计的风险规制的成本收益分析方法，也不可避免地受到"情感"的影响，孙斯坦称之为"重大发现"，"当被要求评估与特定事物有关的风险和收益的时候，人们倾向于认为，有风险的行为包含的收益较低，而带来收益的行为，风险也较低。"③ 心理学家保罗·斯洛威克更是直接地说"情感"总是处于优位的，并"指导"对风险和收益的判断。一些科学研究也表明人的大脑有其专门的情感区域，某些类型的情绪包括恐惧类的情绪，可以在认知区域产生反应之前被激发。有些恐惧甚至有基因的基础，如一些

---

① ［美］史蒂芬·布雷耶：《打破恶性循环：政府如何有效规制风险》，宋华琳译，法律出版社 2009 年版，第 75 页。

② 伍浩鹏：《简论美国科学证据评估标准及其对我国的启示》，《长沙铁道学院学报》2006年第 3 期。

③ ［美］凯斯·R. 孙斯坦：《风险与理性》，师帅译，中国政法大学出版社 2005 年版，第53 页。

人可能"先天地"对蛇产生恐惧。理性范畴的科学思维、法律思维，同时混合着情感范畴的直觉思维，主导着风险治理的全过程，因之，尽管司法系统对治理的成功运行是有作用的，却提醒我们更重要的是治理框架设计的本身。核灾害风险预防制度建设中，最根本的分歧就是风险的情感判断。如休谟所说："情感更多的是与显性的对象相称，而不是与这个对象真实的、固有的价值相称。所以，尽管我们可以充分地相信价值要胜过显性的对象，但是我们并不能通过这种判断来控制我们的行为，而是臣服于情感的诱惑，而情感总是为所有接近的东西辩护的。"① 从而，将成本收益分析方法置于法律商谈的框架之内，治理框架设计的核心必然就是"直观化"。

"直观化"的要求总体上和公开原则要求是一致的，前文说到公开明确承认不确定性，澄清"零风险"问题，即风险治理"直观化"的重要方面。其实，"商谈—治理"本身就是"直观化"。然而，在核灾害风险的预防中，仅此显然还不足以解决有关风险情感判断上的分歧。核灾害风险的源头在于核能的利用，核运营企业无论是事实层面还是公众的情感判断中都是始作俑者，企业总是以追求利润为目的的，经济利益和风险的冲突性，使得公众极易将对核灾害风险的厌恶指向核企业。因之，依据风险的经济包容性建设核灾害预防制度，核企业必然是政府之外的重要关注点。巴鲁克·费斯科霍夫说，企业倾向于反复强调自己产品的安全性，在技术创新日新月异的时代，技术的风险显然使这种保证言过其实，它非但没有使公众产生安全的信赖，相反，往往加重怀疑和担忧。② 所以，尽管核企业坦承风险的存在是重要的，但坦承不仅要体现在言语上，而且要体现在行动上，必须要让公众直观地看到核企业正在努力采取措施减轻风险，并且有能力减轻风险。这种课加给核企业的义务，直接依据的就是个体主义风险理论中的责任分摊机制。责任分摊机制是个体主义风险理论的重要内容，但存在一个分配正义的问题。所以，伊丽莎白·费雪说，公共行政的理性—工具范式保证了一个简单的控制和应责模式，而应责是当今

---

① ［英］休谟：《人性论》，石碧球译，中国社会科学出版社 2009 年版，第 372—373 页。

② ［英］巴鲁克·费斯科霍夫等：《人类可接受的风险》，王红漫译，北京大学出版社 2009 年版，第 198 页。

时代的强迫症。不过，这一模式是否简单有效，值得商榷。① 依据风险的经济包容性建设核灾害预防制度，直接依据成本收益的分析方法，在很大程度上以工具—理性范式为模型，尽管这种模型已被置于"商谈—治理"的框架之内，但不仅因为成本收益分析方法本身必须遵循分配正义，而且分配正义也是工具—理性范式的核心要求，由此决定着课加核企业义务，要求其积极采取实际行动彰显风险治理的"直观化"，增进公众从情感判断角度的安全感，成为必须。

当然，核企业努力采取措施减轻风险的义务不是侵权行为法的责任。英美法学者朱尔斯·科尔曼（Jules Coleman）提出对侵权责任的合同替代方案。在科尔曼看来，合同法基于市场理性，如果理性当事人之间能进行磋商，则我们可以期望理性的当事人会就相关风险之分配达成一致。这样一来，将来的风险分配便成为一种与人们在安全和保障方面的偏好相结合的模式。斯蒂尔同意合同法在风险分配方面具有多种可能的角色，认为和侵权责任理论相比，合同解决方案在处理意外事故损害方面与保险具有某些共同之处。并且，她还认为消费者购买商品和服务之时，就通过价格支付了成本，从而使得就产品责任而言合同法具有较之侵权法的明显优势。不过，她也认为合同法分析存在一些重大问题或者局限：首先这种分析依赖于存在一种可识别的理性的合同条款，其以适当的价格提供理性水平上的安全和人们可接受的风险分配结果。其次，在就安全和采取安全措施的努力上，必须认定消费者在安全标准之外购买商品和服务是非理性的。② 所以，可以合理地认为，合同方案对侵权责任只能是风险预防的补充性方案，而不可能是替代性方案。如果承认风险话语条件下侵权法的基本功能是遏制风险、最大限度减小风险，关注风险源头——风险制造者，就必然是优先策略。这种策略必须补充与拓展普利斯特的第一项原则，风险的最有启发性意义就在于决策模式的改变，决策要和责任关联。而要发挥激励的效果，必须使决策者（风险制造者）的决策——决定从事某项冒险行

---

① ［英］伊丽莎白·费雪（Elizabeth Fisher）：《风险规制与行政宪政主义》，沈岿译，法律出版社 2012 年版，第 357 页。

② ［英］珍妮·斯蒂尔：《风险与法律理论》，韩永强译，中国政法大学出版社 2012 年版，第 82—87 页。

为,从理性层面就是要意识到对他人可能造成的影响。

当然仅此还不够,在风险的文化层面,还必须能够理解潜在的受害者的情感感受,从而才能将外在他律转换为自律,激励机制才能发挥作用。因此,合同作为风险预防的补充性方案,可以予以适当修正以便和这种优先策略相兼容与衔接,那就是必须将"非真实存在的"缔约过程变为真实的过程,而不是附加在购买合同意义之中。因为,面对面的合同签订过程,风险受害人对风险的感情评判会深深感染风险制造者,从而可能产生移情的效果,激起情感共鸣。当风险制造者耳闻目睹潜在的风险受害者对风险的忧虑,或者因为其固守自己对风险的情感价值评判,而不答应任何妥协方案时,可能会导致缔约失败;但风险制造者对此至少留下了深深的印象,明白将要采取的冒险行为可能会遭遇激烈抵制,从而变得谨慎。合同方案也起到了促进风险制造者自觉采取安全保障措施的努力。如此,这种合同的缔约过程,就不是通常意义上消费者购买产品的合同订立过程,而是相当于风险预防必需的治理机制。

将核企业努力采取措施减轻风险的义务作为合同义务,利用合同的理性实现风险分配正义。但这种合同义务不同于私法中的合同义务,它主要是核企业单方面的义务,即核企业对公众作出采取风险减轻措施的合同承诺,承诺接受公众的监督。合同缔约过程也由核企业主动发起,通过和公众集体(主要是核企业周围的公众)商谈的方法完成,其具有私法合同的形式特点,能够通过司法监督合同的履行。本质上这种风险减轻合同属于环境法上的激励措施,而经济激励机制所具有的特点在于,它将决策的权利授予那些拥有别人所没有的信息的人。私人隐蔽信息的所有者只能在拥有剩余索取权的情况下,才会利用或者披露自己的私人隐蔽信息,经济激励机制恰好提供了这样的激励,使得掌握隐蔽信息的企业因此而受益。[1] 所以,它又不同于排污权交易等传统的环境激励措施,在有关核灾害风险的信息中它要求的正是坦诚和公开,尽管它和这些传统的环境激励措施一样,不可缺少政府在其中的作用。核企业与公众订立的核灾害风险减轻合同,具有环境自我管制的性质。所谓环境自我管制,是指以能够约束社会主体自愿实施环境保护行为的民间环境法规范与国家激励性环境管

---

① 孙法柏:《现代环境法运行机制》,博士学位论文,吉林大学,2010年,第85页。

制规范为核心内容的，社会各要素间相互作用的互动过程。① 但这里的减轻核灾害风险合同又不同于一般意义的环境自我管制，核企业的义务更多是风险分配的结果，有着"责任"的意蕴。不过，"自愿性"还是应该成为其核心，只有核企业真正理解公众情感，"以心换心"作出自愿的承诺，才能得到公众对企业发展的支持。

第三节 迈向"社会包容性"的核灾害风险预防制度建设思维

一 再论风险决策中的公众参与

治理的"直观化"要求核企业以公众"看得见"的方式努力采取减轻核风险的措施，促进风险的"经济包容性"，无疑是关键性的。而如前文论述的，"经济包容性"是手段性的，它的目的应在于实现"社会包容性"。因此，政府、社会公众以及它们之间的关系结构必须成为更重要的议题。风险的社会包容性，即风险的社会可接受性。在前文我们已经充分阐明了这一术语的含义，但由于其太容易引起错误理解，有必要继续强调。不仅普通社会公众，研究者也总是不留意间就将可接受性作为判断安全的基础，如劳伦斯主张，"如果某一个所附带的风险是可接受的，那么这一事物就是安全的"。② 这意味着只要风险还能被进一步降低，那么该风险就是不可接受的。罗杰·X.卡斯帕森认为可接受的风险在个人层面上，体现为旨在保护人类实验测试者的知情同意书上。此时，风险被接受需要满足几个重要条件：提供有关潜在风险的全部信息；证明主体理解以上信息；选择参加实验的自由以及随时可以退出的自由。不过，他指出传统上认为风险的本质是自愿性的，如工作场所的风险，但实际上可能并没有多少自愿选择余地；以工人为例，他们在职业和居住方面的迁移往往是有限的，不能自由地寻找低风险的工作，尤其是在工作机会很少的时候。这足以说明，多数技术风险不是被接受的，它们是被强加于人的，且常常是在未发出警告、未提供信息或补偿的情况下发生

① 田红星：《环境自我管制》，博士学位论文，武汉大学，2007年，第19页。

② Lowrance, W. W. (1976), *Of Acceptable Risk*, *Science and the Determination of Safety*. Los Altos, CA: W. Kaufman, pp. 105 – 189.

的。既然多数风险是强加在不完全知情的风险承担者身上,他们的反应更应当被看作容忍或默认而不是接受。由于选择有限且知识不完备,个体无法拒绝强加的风险。在这种被容忍的风险与被接受的风险之间的区域,正是风险管理者设定标准的范围。可接受的风险在社会层面上,卡斯帕森认为问题更加复杂以致没有理由指望在个人容忍和接受程度上取得一致。针对这种情况,风险管理者倾向于把标准设定在专家认为合适的水平上,并根据"风险投诉"进行调整。但这种对公众反应的调整往往解决不了问题,反而使风险管理者感到困惑、受挫和恼怒。而焦虑的公众和善意的专家之间的沟通失败,则会使公众不信任专家,同时也让专家误断公众是非理性的。①

卡斯帕森在个体层面区分可容忍的风险和可接受的风险,在社会层面认为建立统一和一致性的"可接受"标准的不可能性,都是有道理的。在个体层面,"自愿"就相当于"接受"。人们容易误解的是,往往将自愿理解为对风险的认知,用来评价风险的大小。认为自愿承担风险没有无意招致的风险那么糟糕。比如吸烟造成的疾病或死亡风险从统计数据看远高于枪支和机动车辆,但人们往往觉得吸烟是自愿性的活动,自愿承担风险,因而并没有那么可怕。"自愿"是人的主观心理活动,它和风险感知有联系,甚至会影响风险感知,但"自愿"和"感知"却是两种完全不同性质的心理活动。前者主要体现在"行"的范围,属于驱动行为的意志因素;后者是"知"的范畴,即认识活动。孙斯坦说到近期的心理学研究表明,人们常常在事前对某种风险感到害怕,但是当这种危险真的降临时,他们能够很好地适应它,这超出了自己的预期,而且他们的亲身体会并不如想象中的那样糟糕。② 这典型地说明两者的清晰区分。正因为"自愿"作为"行"的范围,"自由选择权"便是其核心,因此,也就是风险可接受性的核心。要澄清的是,自由选择并非简单地意味着——卡斯帕森以工人选择职业为例子说明在规避

---

① [美] 罗杰·X. 卡斯帕森:《人类风险的可接受性》,载 [美] 珍妮·X. 卡斯帕森、罗杰·X. 卡斯帕森编著《风险的社会视野》(下),李楠、何欢译,中国劳动社会保障出版社 2010 年版,第 4—5 页。

② [美] 凯斯·R. 孙斯坦:《风险与理性》,师帅译,中国政法大学出版社 2005 年版,第 81 页。

风险与面对风险之间的选择。

事实上，绝大多数风险情况下，包括工人在内的普通的社会公众都没有这种自由选择余地。如核灾害风险中，普通社会公众的这种意义的"自愿"显然是不可能的。卡斯帕森正确地将这种情形称为"可忍受"，区别于"自愿—可接受"。这也就是说，有关"可接受的风险"讨论其实基本建立在"可忍受"的风险基础之上。既然个体无法自由选择逃避风险，选择的意义就全部在于选择风险应对的措施。吸烟是一个典型的例子，因为它基本属于个体行为，继续吸还是戒掉，每天吸烟的数量、时间和方式，戒烟的时间和方式等，选择个体完全能够控制。同样，在核灾害风险预防决策中，如果个体能将预防措施的选择权牢牢控制在自己手中，就体现了"自愿"。在"自愿—可接受"论证中，还有一种常见的错误倾向是将"自愿"与过错/责任紧密联系，因为人们自愿冒某种风险，于是自己承担责任。孙斯坦看到，人们有时混淆了两个十分不同的问题：（1）如果人们自愿冒某种风险，是否应当禁止人们去冒这种风险？（2）如果人们自愿冒某种风险，政府是否应当采取措施以降低该风险？对问题（1）的否定回答并不意味着对问题（2）也否定。但他还是没有清楚地将"自愿"归属的"行"范畴和风险感知的"知"范畴相区分，从而得出结论：对某风险的"自愿性"判断不能成为减轻风险的法律与政策的决定性目的。应当更好地了解该判断之后和支持该判断的因素，以服务于规制政策的目的。最简单的做法就是，当处于危险中的人缺乏相关的信息或者个体避免/减轻风险的成本相当高的时候，就应当给予该风险以特别的关注。[①] 依笔者之见，"自愿—可接受"意味着个体对风险应对措施的选择权，表明人们直面风险的积极态度。自由选择权当然和责任关联，但这种责任是对自己选择结果的负责，而不是承担风险不利后果的那种"责任"。风险的公共性本质，个体层面的"自愿—可接受"当然不会排斥政府应当采取行动。将"自愿"与风险感知严格区分，另一重要理由是作为"自愿"核心的自由选择权由理性支配，而风险感知则是情感主导。理性支配的自由选择，在风险话语背景下即不确定性下的选择，不

---

① ［美］凯斯·R. 孙斯坦：《风险与理性》，师帅译，中国政法大学出版社 2005 年版，第85 页。

仅需要在信息和对信息的理解的基础之上，而且根本上就是基于信息及对信息理解的选择。卡斯帕森说，以信息和对信息的理解作为标准很少能有风险可接受性试验，有限的信息无疑有助于防止忧郁或绝望。① 这种"无知者无惧"，将信息的公开与获得视为恐慌之源，正指的是风险感知而不是风险的可接受性。可以肯定的结论是，随着风险知识的增长、选择能力和范围的增加，个体通常会更认知到风险的存在，并且更加反对风险，但风险的可接受程度也会更高。"无知者无惧"最多体现出表面和假象的"接受"，这种情况下不可能有理性的选择。

　　个体获得信息的渠道不同，对信息理解能力更是差异的存在，因而在社会层面，"自愿性"问题会变得复杂。本书同意将成本收益分析用于作为具体选择核灾害风险预防措施决策的基本依据，但并不追求建立某种统一的、一致性的标准，以厘清风险决策的乱麻。因为这种统一和一致性标准的探索常常是误导性的，首先，它错误地假设风险都是一致的，而风险是多维的现象，需要进行复杂的分类。不同类别的风险之间的重大差异性，决定着风险管理与决策必然是多元的体系。其次，有关风险的决策不是孤立于社会环境的，每一个风险的决策都是就特定技术或状况而言的。特定的价值观、科学知识、成本考虑和安全机会随着风险的不同而不同，对同一风险来说也会随着时间变化而变化。核灾害风险预防制度的建设必须置于社会层面讨论，个体差异的"自愿"要形成集体性认同，"自愿"并不排斥政府应当采取行动，这说明公众参与风险决策，以及决策中沟通的重要性。前述提到学者坎贝尔将美国核电发展的受挫归结为民主机制，而罗杰·X.卡斯帕森等说，大规模核风险的研究首先出现在公众能对政府进行严格审查的国家，如美国、德国、瑞典，这些国家的宪法和法律鼓励公民通过诉诸法庭来检验管理决策的合法性和行政的公平性。相反，在英国和加拿大，这些国家盛行的是一种更为内部化的协商责任制，并认为本土的核工业是能够胜任和完成自身的安全分析，公众的反对，无论是直接通过政治渠道还是间接通过法庭，都被抑制、阻止，或者就是禁止公众

①　［美］罗杰·X.卡斯帕森：《人类风险的可接受性》，载［美］珍妮·X.卡斯帕森、罗杰·X.卡斯帕森编著《风险的社会视野》（下），李楠、何欢译，中国劳动社会保障出版社 2010 年版，第 4 页。

发表批评。①

　　表面观之，公众的充分参与似乎构成兼容核工业发展的风险预防决策的阻碍。前文已做过评论，指出持这种观点的论者忽略了最为关键的信任问题。现实的情况对此也提供了有力的证据支持，如美国从 20 世纪 60 年代起，对领导人和主要社会机构的信任严重丧失，与此同时，公众对健康、安全和环境保护的关注度越来越高，两者的结合使核电及核废料处置选址等成为备受争议的问题。我国在 2006 年的"小康"调查中，75.36% 的网民认为政府官员是信用最差的群体，2007 年，这一比例达已 80.3%，官员群体的"信用危机已经严重影响到了政府政务信用"。有人甚至指出，地方政府正面临着日益严重的信任危机，后果严重。② 在具体的社会风险事件中，论者普遍直指政府信用的缺失。③ 所有这些文献与实证的材料提醒我们，尽管公众参与决策是老生常谈的问题，但在政府信任缺失的背景下却是新的问题。

　　否定或低估风险决策中公众参与的意义，另一个常见的理由和公众对科学与技术的理解能力有关。如卡斯帕森等的研究指出，在更开放、更有参与性政治文化的社会中，大规模概率风险分析可能阻碍更多潜在干预者参与到正式准入和规制程序中。除现有的对专门技术和巨大财力资源的需要之外，还要具备洞察和检查大范围核风险评估的方法、分析及提供文件证据的其他能力。这种独立的检查即使对广泛掌握专业技术和大量资源的政府管理者来说也是困难的。当然，普通大众由于通常已经缺少理解高度技术性问题的能力，因此这种阻碍不会是直接的。不过，其他具体的决策方面，如核设施的准入和核安全的管理对大众来说同样更加难以理解。④ 因为公众"难以理解"，于

　　① ［美］罗杰·X. 卡斯帕森等：《大规模核风险分析：影响与未来》，载［美］珍妮·X. 卡斯帕森、罗杰·X. 卡斯帕森编著《风险的社会视野》（下），李楠、何欢译，中国劳动社会保障出版社 2010 年版，第 32 页。

　　② 邹育根、江淑：《中国地方政府信任面临的挑战与重建》，《社会科学研究》2010 年第 5 期。

　　③ 胡象明等：《大型工程的社会稳定风险评估》，新华出版社 2013 年版，第 246—253 页。

　　④ ［美］罗杰·X. 卡斯帕森等：《大规模核风险分析：影响与未来》，载［美］珍妮·X. 卡斯帕森、罗杰·X. 卡斯帕森编著《风险的社会视野》（下），李楠、何欢译，中国劳动社会保障出版社 2010 年版，第 46 页。

是让政府官员或专家来代表公众说话。费斯科霍夫从公众参与的效用出发,对之提出批评:

　　无论从经验上还是政治上我们有理由对这项策略提出质疑,从实践的角度,风险管理通常需要很多普遍人的合作。尽管专家对风险判断能力比起普遍人来要强得多,但是赋予专家们在风险管理中的特权意味着用短期效率来替代一个有知识的社会的努力。从政治的角度,排斥公众的参与可能激起愤怒和"出于无知的冲动"。民主社会的公民最终会干涉那些他们认为不代表他们意愿的决策。早期的公众参与可以避免这些冲突,它可能延长制定决策的时间,但却可以缩短实施决策的时间,而且有益于决策的实施。①

　　然而,笔者认为否定论者错误地理解了"公众参与"的内涵,费斯科霍夫的回击没能意识到这点。"公众参与"并不是参与专家的技术和技术风险论证。公众和专家或政府官员之间的知识落差,的确使公众不可能理解复杂的技术问题,前文也提到过公众与专家就科学与技术方面沟通的不可能性,在决定是否采取核灾害风险预防措施的决策中笔者主张情感沟通,而在具体选择采取风险预防措施的决策中依据是理性。公众理性和专家理性的差异性,使公众不能理性分析专家对技术和技术风险论证的"正确性",但"每个人都是自己利益的正确判断者",公众能够理性考虑技术和技术风险对自身的影响,也能理性思考风险预防措施对于自己的得失。因此,公众参与的论争往往是关于风险管理制度的信任度和可信度的争论,而不是对风险实际水平的争论。公众最想确保的是这些决策都是公平的,是对安全及公共福利高度负责的。

　　当然,公众参与毕竟不能完全无视专家的技术和技术风险论证。因此,公众的理解虽然并不构成对参与的阻碍,却也促生了公众参与制度改革的动机。参与的基本内涵是选择,选择以信息获得和对信息的理解为基础,于是公众参与必然拓宽非正式参与的渠道,核监管机构、核企业信息

---

　　① ［英］巴鲁克·费斯科霍夫等:《人类可接受的风险》,王红漫译,北京大学出版社 2009年版,第 194 页。

公开、核风险知识的普及等，都应成为公众参与的重要环节，而不能仅仅限于法律决策本身的参与。

二　重建公众对政府风险管理的信任

公众参与和政府信任的关系耐人寻味，对政府信任的崩溃导致了公众对公共事物的高度参与热情，反过来，这种高度的公众参与又可能进一步摧毁对政府的信任。从政府方面，这种境况又加剧了政府对公众参与的困扰与愤怒，强化了那种否定和贬低公众参与意义的认识，而否定和贬低公众参与的意义必然使公众与政府的对立更加尖锐，公众对政府的信任进一步降低。针对如此反复的恶性循环，最可能的反应表现在组织与制度变革方面，就是加强政府的控制力。布雷耶的主张便是典型，他认为应通过重构政府机构，"建立一个改进的、完整的风险规制体系，处理若干不同的风险；其任务还包括在不同项目之间进行比较，以确定如何更好地配置资源，削减风险"。这样的组织应是任务导向型的，并能拥有跨机构的职权，一定程度上绝缘于政治，并具有相应的声望和权威，从而使风险规制具有某种程度的一致性和理性。布雷耶对环境保护署的咨询委员会、特别工作小组、管理和预算办公室及其下属的信息和规制事务办公室的工作状况进行了分析，以法国行政法院制度作为参照，提出在管理和预算办公室中创设出一个集中化的行政组织，让其成员有在行政规制机构、国会供职的经历，使得他们能强化和整个联邦政府的联系网络，和科学家、政策分析者、经济学家并肩工作，更好地履行理性化任务，并且能够审查拟议的规则、规制行政行为的"恣意、反复无常或滥用"。布雷耶也意识到，美国国情和法国的区别，风险规制的实体问题，也和法国最高法院所面对的行政一贯性、合法性和效力问题并不完全一样。但他认为个体通过"职业生涯循环"最终成为高层次行政官员，将高级行政职位同技术专长结合起来的努力，集中化的审查机制，都并非法国所特有。可以去设想一个集中化的美国行政机构，通过人员招募、更高的行政级别、此前的成功经验、传统、权力或薪资，来自觉维持其威望，培育其成员在风险规制中以及在"中心"的实际经验，部分地通过这些实际经验来保持和规制机构的联系，并有权给出一定的建议，施加相应的控制。在《打破恶性循环》著作的最后，布雷耶对可能的诘难给出了自己的回应,指出理性化的组织更容易让国会和公众理解行政部门在做什么,为什么这样做,从而让责任归属更加明确,这并非与民主相悖。布雷耶认为人员的精英化是可欲的方向,新的组织并非简单的旧瓶装新酒,它可以知道何时当为何时当不为,发现针对问题的更好答案,对风险予以更为全面的规制,更好地配置规制资源。①

不能完全否认布雷耶关于机构改革的积极面,让行政机构官员兼具技术专家的知识、立法者的职业经验,不管实际能否做到,至少可以成为努力的方向,毕竟在风险规制中行政机构的官员不仅不能"消极",相反,他们的角色太重要了,以致公众对他们寄予了太多的期望。然而,集中化、专业化的风险决策能否满足公众的期望,得到公众的信任?机构改革本身显然无法自我提供保证,单纯的机构改革甚至可能走向反面。迄今为止,政府的风险决策要赢得公众的信任,从过程角度而言,除了民主——公众参与之外,人类社会尚没有其他可替代的程序。布雷耶在回答可能对他的批评时,认为他的设计不是反民主的,因为他将民主等同于国会的运作。

这个提议并未拿走国会的权力。行政机构目前行使着任何这样的团体都将拥有的权力,但它却在无组织的,乃至某种程度上有些随机的方式行事。混沌并非民主,更为理性地对权力运作予以组织,可能意味着权力的更好运作,而非让权力更多。这一提议的成功运作,可能会让国会授予行政部门比现在要大得多的规制权力。但任何国会增加法律授权的决定,都必须能反映经由民主形成的判断:更广泛的授权将带来与公众的基本健康和安全需求更一致的结果。更广泛的授权并非与民主相悖;公众常常认识到,这样的授权为实现对安全的规制所必须。

---

① [美]史蒂芬·布雷耶:《打破恶性循环:政府如何有效规制风险》,宋华琳译,法律出版社2009年版,第95—102页。

　　末了，布雷耶更清楚地说，"代议制民主并非与民主相悖"。① 这就是说，他理解的民主就是代议制民主。而风险社会视角下公共行政的合法性，风险决策（包括立法）的合法性（可接受性）问题，挑战的正是这种近代以来的代议制民主及其相应的制度。

　　在代议制民主下，公众不直接参与风险决策，将斟酌的过程委托给立法者和执法者，由他们为公众代言。这一过程在决策理论中，直接依据就是决策的"三大分析"：背景分析、公平性分析和公众偏好分析。背景分析包括风险产生的自然背景，和其他风险的比较，收益与成本，可替代物的风险等。公平性分析，首先是工人和公众之间潜在的不公平。在不同社会，工人和公众的风险"容忍"标准是不同的，这种现象背后的道德假设是值得怀疑的。有些情况，诸如清理有毒废料所伴随的风险，可以轻易地转移给需要这份工作的人。其次是代际间的不公平。人们越来越担心给未来造成的风险。再次是地理上的不公平，通常被作为"后院问题"（backyard problem）。我们的社会习惯于把有毒的设施和有害的活动安置在脆弱的、政治无能群体居住的地区（即后院地区）。最后包括我们需要进行更全面的分析来评估各种社会群体之间的不公平现象，包括本土族群、少数民族和各社会阶层。公众偏好分析，即评估公众对风险的偏好。需要强调的是，此类调查目的不是取代公众对其意愿的直接表达，而是预测可能的偏好，以及指出专家和普通大众风险评估之间的差异。有三类信息可以用于偏好分析。第一类是已有的风险推断，一般称为"显示性偏好"（revealed preference），即使用经济学统计数据来测算公众可以接受的风险—收益平衡。其基本设想是：（1）经过反复试验，社会已接近风险与收益的最佳平衡状态；（2）普遍来说，社会经济关系是公正的，符合公众价值观。这两个假设都是存在疑问的，所以还需要参考其他公众偏好指标来判断。第二类是基于法律传统的推断，即从过去的管理决策和法庭案例中寻求适当的判断标准。第三类是表达性偏好，包括公众自身外显的风险减控偏好。

　　然而，不论三大分析如何细致、具体、贴近实际情况，公众在这种分析理论中都是"客体"或"对象"，而不是主体。公众的地位在此犹如福

---

　　① 　同上书，第99页。

柯说的，"现代的个人是一个在'科学—规诚'之母体中被积极构筑的存在物，一个通过整套的力量与躯体技术精心组织起来的道德、法律、心理、医学和性的存在物"①。福柯对主体的解构无疑正揭示了现代民主以及法律权利的深层危机：权力对权利的结构性侵蚀。根据缪勒对印度古代语言"Mar"和"Clax"的语义发生学考察，主体意识形成有三个中心范畴：行动在先；活动意识在先；社会意识或群体意识在先。② 既如此，权利观念生成之初也就必然包含"自我行动"以及其所必需的"自我判断"与"力量"要素。所以，霍布斯、卢梭和洛克等虽然对自然状态理解不同，却得出同样的结论：在自然状态下任何人都有自我保存的权利，因此也就有为此目的而采取一切手段的权利，并且每个人都是以何种手段对自我保存必须或者正当的裁判者。当然，对于群体意识占支配地位的原始人类，霍布斯说"人对人就像狼对狼一样"更多可能发生在氏族与氏族之间。这也就是说，包含"自我行动""自我判断"与"力量"要素的权利，应该就源于群体意识或群体主体性，至少也应该是这种群体意识或群体主体性占支配地位。所以，随着奴隶制国家出现并发展为近代民族国家，个体主体意识由萌生到张扬，权利的"自我行动""自我判断"和"力量"要素也就逐渐不再具有必要性。霍布斯因此得以论述道，人们"出于对死亡于暴力的恐惧"相约将人人享有的自我保存的权利授予一个至上"意志"，于是，伟大的利维坦诞生了。

> 我们在永生不朽的上帝之下所获得的和平和安全保障就是从它那里得来的。因为根据国家中每一个人的授权，它能运用托付给它的权力和力量，对内谋求和平，对外抗御外敌。

并且，因为不裁决争执就不能避免臣民相互侵害，关于私有财产的法律就会形同虚设，每一个人根据其自我保存的自然和必然的欲望仍然会运用自己的力量去防卫：这就是战争状态，与国家按约建立的目的相

---

① Foucault, Michel (1979) *Discipline and Punish*, New York: Vintage Books, p. 217.
② 段德智：《主体生成论》，人民出版社2009年版，第71页。

违背。①

需要注意的是，在霍布斯看来，自由是外界障碍不存在的状态，只有在包含"自我行动""自我判断"和"力量"要素的自然权利中才称得上自由，"权利在于做或者不做的自由，而法律则决定并约束人们采取其中之一。法律与权利的区别就像义务与自由的区别一样，两者在同一事物中是不相一致的"。② 显然，霍布斯并未清晰地建构起"法律权利"的概念。洛克将霍布斯所说的自由称为自然自由，"它不受任何权力的约束，不处在立法权之下，仅以自然法作为它的准则"。而社会自由对应法律权利，"是处于政府之下的自由，应有长期有效的规则作为准绳，这种规则为社会一切成员所共同遵守，并为立法机关所制定。在规则规定的一切事情上，人们有按照自己的意志去行动的自由……法律的目的不是废除自由，而是保护和扩大自由"。③ 自此，罗马法以来权利与权力混沌未开的状况宣告结束。

权利哲学虽然有了自然权利与法律权利的区分，但随着 18 世纪实证主义时代的到来，权利旋即被等同于法律权利，要么是意志或者选择，要么是利益或者好处。④ 而法律的逻辑则在于，通过公开限定个人自由行为的边界来保障或实现个人的利益。权利结构犹如蜂巢，个人犹如幼虫，法律限定的自由构成空间，合乎普遍理性的意志是出发点（原点），法律保障的利益构成横轴，法律规定的行为自由构成纵轴。⑤ 自由的保障，也即自由限制。恰如菲尼斯注意到的，现代法律文献对权利的规定有两个特征：第一，每个文献都可能运用两种表达形式，"人人都有权……"或者"无论何人都不应该被……"第二，所有宣称"权利和自由的行使"应该说都是"受到限制的"。在某些文献中，如《欧洲保护人权及基本自由公约》，限制具体化和权利具体化甚至紧密结合。⑥ 所以，随着现代社会交

① ［英］霍布斯：《利维坦》，黎思复、黎廷弼译，商务印书馆 1997 年版，第 132—138 页。
② ［英］霍布斯：《利维坦》，黎思复、黎廷弼译，商务印书馆 1997 年版，第 97 页。
③ ［英］约翰·洛克：《政府论》（下），瞿菊农、叶启芳译，商务印书馆 1983 年版，第 35—36 页。
④ ［英］丹尼斯·劳埃德：《法理学》，许润章译，法律出版社 2007 年版，第 181 页。
⑤ 韩崇华：《权利结构与权利空间》，《山东法学》1996 年第 3 期。
⑥ ［英］约翰·菲尼斯：《自然法与自然权利》，董姣姣等译，中国政法大学出版社 2005 年版，第 212 页。

往和利益冲突越来越频繁，相应地使法律创制越来越缜密、权利保障越来越普遍，这种"蜂巢"势必越来越具体，"法无禁止即为自由"的适用空间势必越来越狭小。早在 18 世纪，柏克就意识到这种"虚幻的人权"，"倘若每个人并不具有对于何者有利于他的自我保全和幸福作出判断的权利，自我保全和追求幸福的权利就会变得微不足道"。① 显然，因为权利的蜂巢式结构决定了权利唯有依赖权力的确认与保护，从而主体的能动性消逝了，权利的进步功能、自由的解放功能丧失了。生活在现代法律大厦下的人们，犹如后现代理论始作俑者尼采所说的，上帝出于爱和同情造成了人的"侏儒道德"或"奴隶道德"，使整个人类堕落成"末人"，"比猿猴还像猿猴"，于是追求"价值重估"的人类杀死了上帝。上帝死了，人也就死了。

当然，从主体性角度对现代民主与法律权利制度的分析，必须要正确看待"主体死亡论"，看到如前文阐述过的"死亡论"其实孕育着的正是一种"主体生成论"，一种希望人学。当前社会的公众绝对不是要彻底否定或抛弃民主与法律权利制度，人们需要并且依赖这种精制的制度安排，毕竟谁也不愿回复到"自然状态"。但是，这种精制的制度安排所构作的"主体"和现实的人的主体性之间的张力，不可否认是存在的。它揭示的是社会制度本身所固有的矛盾，只是在风险语境中以"后现代"的观念而强烈地表达了出来。这也就是说，公众所反对的是"被构作""被安排"的制度逻辑，所希望的只是要直接掌握自己的命运，而这正是代议制民主所不能提供的。所以，至关重要的，必须认识到公众对政府信任的崩溃，根本上就源于公众直接参与的不足。无论如何，民主对话不仅是一个有助于建立社会信任的有力方法，并且本身就意味着信任的基础。高度的社会信任能够促进社会合作，而合作是缓解社会机制和治理机制僵硬性的根本方法。尽管现实的情况可能是卡斯帕森等注意到的，政府机构就风险不确定性与公众进行坦诚沟通，对一部分人来说可能是一种真诚的表现，而在另一些人当中却会引发更为严重的不信任。除此之外，鉴于很多风险争议中的冲突难以避免，只有在能获得冲突解决方案的前提下，才可

---

① ［美］列奥·施特劳斯：《自然权利与历史》，彭刚译，生活·读书·新知三联书店 2003年版，第 304 页。

能出现有效风险沟通。而这种解决方案可能要通过寻求能处理所有利益相关者主要价值观和关注点的决策选择，或者通过确定所有参与者都达成一致的远景目标来获得。尽管存在这些困难，人们也往往并不加以鉴别，广泛"利益相关者"的参与逐渐被看作风险评估和管理更广泛进程的重要部分，以及通向成功的途径。① 但是，卡斯帕森疏忽这里的现实困难，不是参与引发的困难，而是公众本身存在的特点。它的全部意义在于要求人们选择最适宜的参与方式和参与程序，且参与不能构成任何的负面影响。总之，打破公众参与和政府信任之间的恶性循环，根本的方法就是公众参与本身。而因为在风险视阈下公众的知识背景与判断思维模式的特点，专家及政府机构官员作为理性"代表者"，有责任也必须有能力控制可能出现的错误或不当，因而才有风险规制机构改革的必要。并且，在机构改革中以及改革之后的机构运行中重建信任才成为必要。

从这种角度，雷恩和莱文等列出信任的五个属性：能力、客观性、公正、一贯性、善意，且相应地从五个方面建设政府信任。类似地，我国研究者认为政府信任度和公众对政府的认知成正比，而与公共期望之间的落差大小成反比。政府信任度的高低，以及相应地建设政府信任的着力面包括：（1）政府的诚信程度。政府信用程度具有代表性和权威性。政府能不能遵守规则，做到"言必信，行必果"，决定着政府信任度的高低。（2）政府的服务态度。政府的宗旨是为公众提供充足优质的公共服务和公共产品。如果政府能够正确履行其公共责任，努力提高政府及其各部门公共服务的质量和效率，公民对政府的满意度和信任度就高，"门难进、脸难看、事难办"的现象就不会发生。（3）政府的法治程度。政府是不是法治政府，其法治的程度是否高，政府是否遵守法律，法律面前是否存在特权，这直接影响到政府信任度的高低。（4）政府的民主化程度。政府的决策民主化和科学化决定了政府是否失职、滥用权力，政府行政的公开、公正、透明和政治民主化程度与政府信任度的高低有直接关系。② 在

---

① ［美］珍妮·X.卡斯帕森等：《风险的社会放大：15年的理论与研究》，载［美］珍妮·X.卡斯帕森、罗杰·X.卡斯帕森编著《风险的社会视野》（下），李楠、何欢译，中国劳动社会保障出版社2010年版，第200—210页。

② 尹保红：《政府信任危机研究》，博士学位论文，中共中央党校，2010年，第27页。

核灾害风险预防中，社会公众对政府的期望基本可以看成衡定的"高预期"，从而论者在这里的重要意义在于指出建设政府信任的另一方面，即除了改革政府机构、加强政府能力建设之外，决策的"透明"不仅必须做到决策信息的透明公开，还应特别注重政府机构本身的"透明"。公众必须能够全面了解政府的方方面面，获得关于政府的认知。当公众真正明了政府，知道它能够做什么，无力做什么时，相应地也会调整对政府的期望值。

三 效果检验：风险"社会包容性"的试金石

本书论述的基本出发点就是始终立足于公众、专家与政府官员对核风险评价的差异，希望通过充分的公众参与，在尽可能获得全面信息以及理解一致的基础上，配合政府机构改革，使风险预防措施的具体选择能够得到公众的支持。然而，这种依赖"风险沟通"的努力，在现实中还是可能不足以缓解风险规制产生的争议。布雷耶援引过两个例证，1985年美国环保署长威廉·D. 拉克尔肖斯（William·D·Ruckelshaus）花费数日在华盛顿州塔克马（Tacoma），解释为什么泄漏少量砷的美国熔炼公司（ASARCO）的化工厂仍然在运营时，仍被指责为试图分化环保主义者和蓝领工人。另一个例子发生在瑞典，针对核电站建设瑞典政府曾组织了八万名公众参与公共讨论，然而不仅未出现任何合意，反而徒增了困惑。① 既然差异是客观存在的，它根植于人的主体性之中，任何试图消弭差异的尝试必定犯下方向性的错误。差异不可消除，差异又深深影响风险沟通的有效性，进而影响风险预防措施的选择。"迂回战术"在此就成为必须，即直面差异，尽量寻找共同点。因为差异归根结底是作为主体的现实人的理性思维与情感判断的双重交互性，其在同一个人身上绝对不会水火不容，即使具体情境中的确存在对立的冲突，个体的人也能自动地协调。共同点的发现和彰显，构成人们义无反顾地选择风险沟通作为风险治理的重要途径的基础。在此基础之上，风险沟通必须正确看待差异，"利用"差

① Baruch Fischhoff, Managing Risk Perception, 2（1）*Issues in Science and Technology* 83, 86（National Academy of Science, 1985）. 转引自［美］史蒂芬·布雷耶《打破恶性循环：政府如何有效规制风险》，宋华琳译，法律出版社2009年版，第51页。

异。就核灾害风险预防措施的具体选择而言，政府、专家与公众之间的有关风险话题的差异性，彼此要看成相互学习的过程，因之公众的意见可能帮助专家、政府官员改变或修订既有的不全面的认识或预断，而公众也会相应地调整自己先期的观点。这种"迂回战术"要求的正是英格哈特（Inglehart）说的"信任文化"，它必须满足一定的社会条件。个体争议不应被视为异质的，而应该被纳入能够影响公众生活的整个决策之中。同样地，公众话语应该是持续和不断发展的，而不只是偶尔或阶段性发生的。为了让话语保持连续，公众不仅需要参加决策过程的机会，还要有获取信息并对其进行评估的手段和资源。最终，人们必须被赋权进入决策程序，并监督结果实际执行的情况。公众"监督结果实际执行"是公众参与决策的重要部分，参与必须是全过程的参与。但这种实际执行的效果（结果）更具有独立意义：当公众、专家和政府意见相持不下时，非压制性的最佳解决方法就是"请看效果吧！"。从公众角度，效果检验切合情感思维特点，成为人们最关切的方面。若意见对峙的最终解决是遵从公众的选择，任何有利或不利的结果公众必定都会承受；反之，若是按照专家和政府的意见做出风险预防措施的选择，效果就成为检验决策合理的终极性方面，同时也是公众评估政府信任的重要因素。

诚然，单纯的效果检验，就如美国学者雷德·海斯蒂等说的，一个决策的好和坏并不能单纯用决策的结果来衡量。他举出抛掷骰子的例子，某人赌两个骰子都出现一点的情况，即使赌中了也不会认为是个好的决策，因为这种概率只是 1/36。但如果某人因为借高利贷无力偿还而可能被痛打甚至被打死，他赌中出现一点的情形，就不会被认为决策不当。所以，判断一个决策的好和坏，人们总是会从结果、结果的概率、以及决策的背景，包括决策者在决策时的价值判断等方面结合考量。[①] 不过，具体到本书关于核灾害风险预防制度的论述，决策的背景以及决策参与者的价值判断问题已在"决定是否采取预防措施"决策阶段考虑到了，本书的基本观点之一就是这一阶段本质上就是情感价值与理性价值的沟通，制度建设以之为依据。结果的概率则是"在具体选择核灾害风险预防措施"的决

---

① ［美］雷德·海斯蒂、罗宾·道斯：《不确定性世界的理性选择》，谢晓非、李舒等译，人民邮电出版社 2013 年版，第 16 页。

策阶段重点考虑的方面。所以,这里重点考虑以核灾害风险预防措施的"效果"衡量决策以及制度的合法性。当然,决策理论上的结果和结果的概率是结合的,构成决策理论的核心——"期望效用准则"。比如在两个选择项中,(1)0.20 元可能赢得 45 元;(2)0.25 元可能赢得 30 元。这里(1)选择项中的期望效用值就是 0.20 × 45 = 9 元;(2)选择项中的期望效用值就是 0.25 × 30 = 7.5 元。不考虑其他情况的话,理性选择者当然会选择(1)选项。但如果(2)选择项中不是"可能"而是 0.25 元确定能赢得 30 元,理性的选择就是(2)选项了。所以,期望效用用公式表示就是:效用 = $\sum$(概率$_i$ × 价值$_i$)。如诺贝尔奖获得者、行为科学家盖瑞·贝克(Gray Becker)认为的,"人类所有的行为都可以被看作根据一系列稳定性的偏好、最大化程度地收集有利信息并从各种来源获得数据,从而使自己的效用最大化"。[1] 决策理论同样也考虑个人选择的偏好,比如上例中如果某人偏好赌的概率性,而不选择 0.25 元确定能赢得 30 元的选项,尽管按照理性决策理论他是违背预期效用准则的,因而是非理性的。但海斯蒂等承认现实中有很多违背的情况,他还举出美国陪审团判断有罪无罪的例子。偏好很大程度上是情感主导的,依据偏好的决策思维特点基本上就是自动思维占支配地位。Becker 之所以得出所有人类行为都可看成"偏好"推动的,就如我们说情感是人类行动的源泉一样,人们在理性决策中不可避免地有着情感因素。在核灾害风险预防的制度建设以及实践中,同样不能漠视人性的这一基本特点,法律必须考虑"偏好"——情感,它蕴含在人们的习惯、生活方式、文化等之中,既是法律制定的基础,也是法律运行的支持条件。

"效果检验"中考虑"偏好"并提醒人们:基于理性统计而来的"数字效果"是重要的,但依据"偏好"/情感对效果的评价也同等重要。社会公众对"效果"的评价如同对风险的认知,更倾向于直觉性的自动思维(情感判断),忽视概率统计的数据。如笔者曾对浙江杭州、嘉兴、绍兴等三地居民进行过调查。受访者中仅有 5.6% 的居民偶尔看过我国政府环保部门每年发布的《环境质量公报》,仅有 16.73% 的居民相信政府发

---

[1]　Gray Becker (1976), *The Economic Approach to Human Behavior*. Chicago: University of Chicago Press, p. 14.

布的《2013 年环境质量公报》所认为的总体上本地的环境质量在变好。
而从灾害经济学角度，减轻灾害风险是一种经济行为，它需要产生相应的
经济效果，而减灾方式的选择是否合理，措施是否得当，又往往直接决定
着减灾的经济效果。[①] 灾害风险的减轻措施包括两大类：工程性减灾与非
工程性减灾。工程性减灾是指人类社会通过投入相应的财力、物力、人力
兴建各种工程项目以达到防范与控制灾害事故发生、发展的减灾方式。如
水利工程、防震工程、防风固沙工程、治理水土流失、人工降雨、消防工
程。非工程性减灾则是指人类社会通过投入相应的财力、物力、人力，利
用传媒宣传减灾常识、组织减灾演习、提供减灾技术与信息服务等各种非
工程的形式以达到减轻灾害事故危害的减灾方式。显然，工程性减灾的效
果比较容易"客观化"衡量，而非工程性减灾的效果则本质上更主要是
定性评价。核灾害风险根本上就是文化的风险，虽然它绝对不是那种主观
臆想的风险，但其文化的属性必然使得"非工程性"措施成为主要努力
方向，因此，所谓的风险预防的"效果"必须高度重视定性的评价。

　　核灾害风险预防决策的"效果检验"，表现在制度建设之中就是"反
馈系统"的创制。风险社会中的法律是"适应型"法律，具有"双重适
应"特性。一方面风险的不确定性要求法律制度进行更灵活、更及时的
修正与创新，另一方面，制度本身必须能够在新创的开放性、包容性的框
架中，通过自我修正、自我补充达到"自我适应"。显然，制度的"双重
适应"就是通过"反馈系统"促进的。核灾害风险预防制度本身应包括
效果"反馈"的规范，正是区别于其他制度的重要特点。

---

① 郑功成：《灾害经济学》，商务印书馆 2010 年版，第 395 页。

第 四 章

核灾害预防制度在风险
社会背景下域外的发展

第一节　德、法、日等国的经验与教训

一　德国

德国核电工业起步于 20 世纪 50 年代，1955 年的《巴黎条约》不仅使联邦德国重新获得了主权，还为其发展民用核能奠定了必要的基础。1960 年，德国第一座核电站——卡尔实验核电站投入使用。1970—1989 年，德国核电蓬勃发展，至 90 年代中期已有 17 部核能机组运转，装机容量共 20.5 百万千瓦，提供约全国 25% 的电力。一开始，联邦德国民众大多支持发展核电。20 世纪 70 年代石油输出国减少石油出口，使德国政府必须设法保障能源供给安全。但国际上的重大核事故开始令德国人对核能心存芥蒂，加之媒体的众说纷纭，民众对核能愈加缺乏信心。1975 年，数以万计的反核人士在巴登—符腾堡州南部乌尔镇举行游行示威，反对在当地建核电站，这是德国有史以来第一场大规模反核示威，直接影响了欧洲各国的反核运动。奥地利于 1978 年宣布逐步淘汰核能，丹麦、希腊、葡萄牙和爱尔兰也纷纷关闭核电站。20 世纪七八十年代中期，反核运动在欧洲上升为民权运动，并为德国绿党的诞生奠定了思想和组织基础，而绿党正是德国逐步淘汰核能的主倡者之一。1989 年切尔诺贝利事件之后，德国国内反核意见更是达到又一高峰，当时进行的民意测验表明，反对发展核电的意见占 69%。甚至在 2009 年 9 月的德国大选中，核电安全也是重要话题之一，各党派观点各不相同，即便同属一党，不同声音也此起彼

伏，各种意见针锋相对，互不相让。在欧洲，德国的反核势力最强，许多国家大力发展核电之时，德国核电却在走向终结。经过艰难的谈判，2000年6月14日，红绿联合政府与在德国具有市场垄断地位的能源供应商意昂集团、莱茵集团、欧洲大瀑布电力公司和巴登—符腾堡能源公司，终于就逐步淘汰核电达成一致并签署了协议，规定德国在未来将逐步淘汰民用核能。在联盟党和自民党投票反对的情况下，社民党和绿党占多数席位的联邦议会于2001年12月14日通过《核能法》的修正案《有序结束利用核能进行行业性生产的电能法》，该法于2002年4月22日起生效。法案规定将禁止新建任何民用核电站；现有运转中的核电站要在投入使用的第32个年头停运；自2005年7月1日起停止将核废料运往别国处理后再利用，只能在核电站附近兴建临时核废料存储设施。2006年初，俄乌天然气之争爆发，以及国际油价的持续走高导致电力价格不断攀升。联盟党开始提出调整"退出核电"的政策。2008年7月，时任德国总理的默克尔明确表示，不赞成把能源供应问题写入《基本法》，她认为在可预见的未来，德国不能完全放弃核能。然而，2011年日本福岛核灾后，情况峰回路转，默克尔转向支持废核，2011年3月12日，德国政府宣布在三个月内关闭八座20世纪80年代以前投入运营的核电站。虽然暂时关闭了八座核电站，但德国民众依然不满意，持续向政府施加压力。经过艰难磋商，2011年5月30日德国执政联盟就德国放弃核电时间表达成一致意见。根据意见，德国将修订《和平使用核能和防止核损害法》，宣布2021年前彻底放弃核能发电，除永久性关闭的八座核电厂，其余九座将陆续于2015年停一座，2017年停一座，2019年停一座，2021年停三座；为避免电力供应中断，1988年后兴建完成的三座核电机组将持续使用至2022年底。

德国核能法律体系比较完整，包括1959年12月23日颁布施行、1985年7月15日修订的《原子能和平用途及危险防护法》（以下简称《原子能法》），以及依据《原子能法》第11条第1项的规定，1976年10月13日制定颁布的《放射线防护规则》等众多法律。有关原子能法实施的法规有《原子能法补偿准备法》（1977年1月25日颁布）、《原子能法费用法》（1981年12月17日颁布）、《原子能法实施细则》（1982年3月31日颁布）。另外，还有众多作为核技术准则的各种标准、规范，如核能电厂安全基准；放射线防护委员会制定的剂量标准；核技术委员会有关核技术操作的规范、规程；等等。

德国对核安全的管制最重要的就是许可证制度，按照《原子能法》，核燃料的输入、输出、运送、储存，燃料的生产、处理、加工及分裂和照射过的核燃料再处理设施、设备（设施）外的核燃料处理、加工和其他使用，以及放射性废物的中期储藏、最终贮存等，都需获得许可。德国《原子能法》的许可要件分个人要件与实质要件。个人要件和其他许可有相似之处，如可信赖性、专业及其他知识、对损害的预防措施、补偿准备、对第三者影响的保护，以及公益目标的考虑等。依据德国《原子能法》第 7 条第 2 款第 2 项的规定，只有当申请者以及对设施之设置、指挥负监督责任者，其可信赖性没有事实上的疑义存在，并且设施的设置运转指挥及监督者具有所必需的专业知识，才给予许可。实质要件包括：（1）对设施已采取必要的安全措施。按照德国《原子能法》第 7 条第 2 款第 3 项的规定，只有当依照科学技术的水准，对设施的设立与运转可能引起的损害，已采取必要的措施时，才给予许可。这里的"必要措施"还要符合《放射线防护法》中有关剂量限值的规定。将"许可"决定于"科学技术水准"：首先，依照科学与技术水准所采取的预防措施，必须考虑科学上的最新知识。许可机关不可忽视在科学领域的通说见解，还必须考虑所有的科学知识。如果依照最新的科学知识应采取必要预防措施，但技术上尚不能实现时，"许可"仍不能给予。其次，依据科学与技术水准所采取的必要预防措施，既针对正常的运转，也考虑故障与事故。在德国的法律实践中，严格区分这里"采取必要安全措施"的普遍性义务和对"第三者影响的保护"那种针对性的义务。德国法院在切尔诺贝利核事故之后曾受理过一起案件，原告住在一个放射性废料中期处置的焚化炉旁边，要求停止该设施的运转。伯林行政法院认为，依据《放射线防护法》第 45 条规定，不能推出原告拥有停止设施运转的请求权，因为放射线降低要求，不是对第三者的保护。[1] 由此，德国法院认为，放射线降低要求只适合于总体集合的风险降低，第三者无权请求降低残余风险。德国行政法

---

　　[1]　Vgl. Bechl. V. 28，10，1986. UPR（Umwelt-und planungsrecht（Zeitsschrift））1986，359. 转引自陈春生《核能利用与法之规制》，台湾月旦出版社股份有限公司 1995 年版，第 24 页。

院的见解区分了警察法（刑事法律）中的危险防范和原子能法中的风险预防，使《原子能法》较好地贯彻了风险预防的原则。并且，德国行政法院认为，《原子能法》中风险预防依赖于风险评估，包括科学争议以及风险评估结果的争议都属于行政事务，而不能由法院取而代之，法院也不具备必须的专门人才。因此，法院的审查只应就行政机构是否滥用权力等合法性进行审查，法院不能针对风险本身进行调查，如认为行政机构提供的证据不足而决定自行获取证据调查。（2）对于损害赔偿已采取了必要的对策。德国《原子能法》第7条第2款第4项规定，申请许可者必须对法律上应负的可能的损害赔偿责任采取包括准备资金等措施。（3）第三者影响的保护。依据该法第7条第2款第5项的规定，只有当对妨害处置，或对其他第三者的影响已有必要防护之保证才给予"许可"。（4）已优先考虑了对公共利益的维护。《原子能法》第7条第2款第6项要求，在核设施或核废料处置地选址时，只有特别考虑到水、空气与土壤的污染时，没有违法公共利益优先的原则，才能给予"许可"。

然而，在德国即使具备申请许可的所有条件，也并不一定获得许可。对于《原子能法》的行文："许可只有在……情况下给予"，学界与实务界都认为许可属于行政机关的裁量权。依照法理，一项许可申请，如果没有法定的拒绝理由存在，原则上申请人就有获得许可的权利。不过，德国联邦法院认为《原子能法》赋予行政机关拒绝的裁量权，有着正当的理由，即依据《原子能法》的许可事项具有高度风险性，宪法并不反对由立法者对之加以特别的注意——赋予行政机关拒绝的裁量权，以便在特殊的或不可预见的情况下，有拒绝许可的法律依据。联邦法院明白地指出，根据《原子能法》第1条，特别是保护目的的规定，肯定了行政机关裁量的权限。因此，行政机关在行使裁量权时，也须注意有关核能利用的立法目的。依据联邦法院的看法，行政机关的这种裁量权并非针对第三者的保护，行政主管机关在审查许可要件是否具备时，考虑的是"科学与技术的水准"，据之衡量其是否已对安全采取必要的保证措施。在此种意义上，实际排除了第三者以侵害其基本权利为由而提出要求采取必要措施的主张的可能。德国《原子能法》实体层面明显采取风险控制的行政集中化模式，在许可程序上则注重正当化要求，以求对行政集中决策的平衡。相关当事人在许可程序中被认为拥有基本权。在米尔海姆—克尔利希

（Mülheim-Kärlich）一案的判决中，联邦宪法法院认为，如果许可机关忽略了《基本法》第 2 条第 2 项法益保护义务履行的有关程序要求，则构成对基本权的侵害。依法院的见解，第三者可以依据基本权的保护，而对程序存在瑕疵的许可提起撤销之诉。依据《原子能法》第 24 条第 2 款，在正式提出申请许可之前，通常由申请人与主管行政机关进行非正式的商谈。第 7 条第 4 款第 1 项规定，在许可程序中，联邦政府、地方政府、地方团体及其他有管辖权的团体必须参与。在许可提出之后，许可机关依据《原子能法实施细则》第 4 条规定的公开参与程序要求，将申请内容公告于政府的公告栏以及核设施所在地的地方报纸上，以便让公众知晓并提出异议。公告必须说明核设施的种类、范围与地点、许可的种类及申请人等信息。此外，公告中还必须有基本的事实陈述，异议提出的时间，以及关于对公众所提异议的处理方法。依据《原子能法实施细则》第 6 条第 1 项的规定，在两个月的时间内，主管行政机关及其他相关机关，须向公众展示安全报告的概要，在此期间，任何人都可以提出异议。依据第 7 条第 1 款第 2 项，展示期满后，所有非基于特别之私法上权利的异议，都将被排除，包括通过法院提出的可能性也一并排除。展示期终了后，主管机关对在期限之内提出的异议，必须以口头形式与申请者、异议者进行商谈听证。在展示期满和听证之间，至少需有一个月以上的时间。听证采取非公开形式，仅许可申请人和异议人有参与权。在听证期日，许可机关须尽可能详细地将公告内容，及许可事项的影响予以说明，并给予异议人充分的反驳机会，同时也使申请人能认真考虑该采取哪些附加的措施。听证结束后，许可机关依据《原子能法》第 7 条的规定对申请的要件进行审查，许可机关的决定应以书面形式并附详细理由，送达申请人与异议人，若异议人超过 300 人时，则采用公告送达方式。

二　法国

法国是一个能源匮乏的国家，但又是一个能源消费大国，一次能源消费总量占世界总量的 3%，居世界第六位。为了解决能源资源不足与能源消费巨大之间的矛盾，迫使法国积极开发新兴能源。法国的核工业起步于 20 世纪 50 年代初。1948 年 12 月 15 日第一座零功率原子反应堆在封特内欧罗兹核研究中心临界。1952 年 7 月，法国议会通过了五年计划，重点是生产钚，研究能源生产，计划建造一座 3 万—5 万千瓦（热）低温运行的石墨天然铀反应堆（G_1），每年可产钚 10—15 公斤。一座 10 万千瓦（热）的同类型反应堆（G_2），场址选在马尔库尔后处理中心。1953 年原子能委员会同电力公司、阿尔斯通公司共同研究 G_1 堆的主要特点。1954年 G_1 堆的第一期工程开工，1955 年开始在马尔库尔建造单堆功率为 15 万千瓦（热），净电功率为 2.5 万千瓦的 G_2 和 G_3 堆。1956 年 9 月 25 日，G_1第一次并网发电，法国首次生产出核能。目前法国共有 19 座核电站，59部机组装机容量共 63.3 百万千瓦，为全世界第二大核能发电国，仅次于美国；核能发电所占比重约为 80%，全世界第一。法国电力公司（EDF）将其总发电量的 15% 出口至邻近各国，成为世界第一的电力出口国。

法国的核电工业有几个明显的特点：（1）法国发展核工业最初从引进美国成熟的压水堆技术开始，随后在该技术基础上，不断学习、消化和创新，最终将反应堆技术转化成自主知识产权，提出机组技术标准化的建设模式。于是，从核电站选址、修建到生产运营，全部采用标准化、系列化技术指标，即所有核电站执行同样的技术发展模式，形成全国范围的同类技术核电站体系。59 台核电机组都采用同一技术：一方面使投资成本大大降低，每千瓦低于 1000 欧元，仅相当于世界核电平均投资水平的一半。运行成本也低，法国核电站的运营成本比美国低 40%。法国的电价在欧洲是最低的，法国也是世界上工业和民用电价最低的国家之一。另一方面这种模式的最大优点就是尽管机组、机型不同，但其安全标准和运行要求一样，便于机器维修和对安全隐患做全盘掌控。此外，如果某个机组在运行中出现技术事件，其工程经验可以迅速有效地反馈到其他机组，作为改进机器设计的重要依据，从而不断提升法国核电站机组整体水平和安全标准。

（2）法国建立了一套以分工协作、法律约束、信息透明为基础的监管体制。法国的核电安全监管体系包括政府机构、特别委员会和公共或半公共组织三个方面。在政府方面，1976 年设置了由总统直接领导的对外核政策委员会，主要职责是制定法国对外核政策，严格控制关于敏感核技术、核装置与核产品的出口；该委员会由法国总统任主席，总理、工业部长研究部长、国防和外事部长以及原子能委员会的行政长官担任委员，并邀请其他相关领域的部长、资深政府人员或军队军官列席委员会会议。

2003 年建立由总理直接领导的核辐射紧急情况跨部门协调委员会，代替 1975 年建立的核安全跨部门协调委员会，主要职责是负责采取协调措施以保证公众人身和财产免受来自核装置生产、运行或关闭所产生的辐射危害，或者来自放射性物质储存、运输、使用或加工过程中产生的辐射危害；负责处理辐射危害相关的紧急情况。另外，法国要求各部部长也相应地在自己职责范围内负责：工业部长处理所有核能领域工业或者能源申请，协同环境部长起草和实施核安全政策，包括放射性物质的运输和裂变材料的和平利用等。能源与气候总局负责起草和实施政府能源和原材料的政策，负责促进所有包括核能、放射性废物、辐射防护等有关核安全研究的活动。环境部长负责按环境保护目的对核装置进行分类，主管装置分类高级委员会。研究部长负责提出和实施研究计划与科技发展计划，包括核能开发研究。2002 年法国成立核安全与辐射防护总局（DGSNR）。该局具有制定法规、审批执照、监督执行、应急组织和信息发布五大职能。为加强核安全监督的有效性，法国政府 2006 年 6 月设立法国核安全局（ASN），执掌法国辐射保护和核能安全业务，保护公众免于遭受核辐射威胁。该局直接对法国议会负责，由总统和议会独立任命的 5 人委员会领导，每个委员任期 6 年。法国负责提供技术支持的咨询部门包括重要核设施跨部门协调委员会（CIINB）和核安全与信息高级委员会（HCNSI），CIINB 负责许可申请或者更新申请的审批，提供技术方面的意见和建议，依据 1963 年第 63—1228 号令为重要设施审批条例的制定提供技术支持；负责起草工作人员电离辐射防护和核安全相关条例。核安全与信息高级委员会成立于 1973 年，负责对所有核设施的设计、建造和运行阶段安全技术措施的实施进行监督并提供技术支持，以保证正常运行和事故预防，或者减轻事故影响。负责所有关于核设施安全的相关信息，或者与核事故相关信息的整理与发布。作为原子能领域重要的公共组织，法国原子能委员会依据 1945 年第 18 号法令成立，行政上、财政上保持独立。1970 年法国对 CEA 进行了重组，成立了两个附属公司，仍旧负责核能领域的基本研究及应用、核安全和军事应用。2009 年，原子能委员会更名为原子能与可替代能源委员会，职责扩大至太阳能等清洁能源领域的研究。成立于 2011 年的核安全与辐射防护研究所（IRSN）目的在于加强现有辐射危害防护方面的研究力量，保护公众和环境安全。2002 年第 254 号法令将其定性为国有工商业公共组织，接受国防、环境、研究和健康部领导，作为法国国家核能安全局（ASN）的技术支持单位。①

（3）十分注重信息的透明与公开，信息透明、互动交流是法国发展核安全的一项重要内容和保证。法国核安全局坚持面向公众发行《核安全监督》月刊，记录全国发生的每一起核电故障，包括机组维修等信息，个人也可以登录安全局或其他监管机构网站查到各种文件、资料。另外，核电运营商以及核能开发单位在加强企业内部信息交换、交流的同时，也对外定期发布核电站周围环境监测报告或者事故报告，保障利益相关者的知情权。而媒体、舆论以及一些民间组织也会形成对核电安全生产的有效监督。

法国目前仍没有"原子能法"。但是，关于核工业制定颁布了大量的法律文件，形成较为完善的原子能法规体系。如在放射性保护方面，有1966年制定颁布的《关于适用放射性保护的修订欧洲原子能基本标准的法令》（1988年修订，现为2002年《全面保护人体免受电离辐射法令》所替代）；在核设施管制方面，有1963年制定颁布的《重要核设施法令》（该法在1973年、1990年和1993年修订，1999年制定实施细则）；在放射性物质与废物管制方面，1991年法国议会通过了《核废物管理研究法》（又称《Bataille法》，因为Bataille议员是这项法律草案的发起人），2006年6月28日法国议会又表决通过《放射性材料和废物管理规划法》，等等。法国核能法律体系的主要特点有：

（1）立法"公开化"。如前文提到过的法国能源政策法从2003年1月提出立法议案以后，与能源政策有关的国家研讨会与活动已举办250场，印制的能源资讯手册超过300万份，35万人曾上网参与辩论。随后政府公布了能源政策法白皮书，最后，经参议院和众议院通过辩论，2005年7月13日正式颁布。法国的能源政策法确定将核能作为法国电力的主要来源，同时鼓励可再生能源。法国能源政策法的四大目标是：确保国家能源的独立性与储备安全；保证能源价格具有竞争性；维护人类健康与环境安全，尤以防止温室效应恶化为重点；保证每人均有使用能源的权利，确保社会与地域的协调性。

---

① 刘画洁：《我国核安全立法研究》，博士学位论文，复旦大学，2013年，第160—163页。

（2）完备的核设施建设程序制度。1961 年《反污染法》授权政府对两种核设施的建设、管理和控制发布政令进行管制。一种是基本核设施，包括核反应堆、分子加速器和所有核电站。其他核设施是基于保护环境目的分类的核设施。所有的基本核设施的建设必须通过两个协调程序：一个预备程序和一个公共利益宣示程序。在此之前，政府还必须举行公众听证会。运营者要向核设施安全局（DSIN）送交全面的申请材料，核设施安全局（DSIN）召集常设小组对申请进行咨询，并与环境部和工业部协商。官员同时会举行公众听证会，并启动环境影响评价程序。如果公众听证会的结果允许建设核设施，政府就会颁布政令承听证结果，并最后签署同意公共利益宣示程序。①

（3）公开透明的核废料处置法律制度。法国非常重视高放射性废物的管理。1991 年法国议会就放射性废物管理通过了《核废物管理研究法》，要求用 15 年时间深入研究放射性废物管理问题，并提出三个主要研究方向：分离嬗变、深层地质处置和地表长期贮存。根据这一法律，法国原子能委员会（CEA）和国家放射性废物管理机构（ANDRA）积极开展研究和实验，终于在 2006 年初，向政府主管部门提交了最终研究报告。2006 年 6 月 28 日，法国议会表决通过了《放射性材料和废物管理规划法》。其主要包括以下四个方面的内容：第一，制定了放射性废物管理规划，明确提出分离嬗变、深层处置和暂时贮存三者之间的互补性，并提出具体的时间表。第二，对强化透明度和民主性做出规定。法律规定，深层地质处置工程项目动工前须经议会两次表决；2015 年进行第一次表决，明确深层地质处置场废物可移取的条件，然后颁发批准建设法令；100 年后进行第二次表决，决定处置场的关闭问题。2015 年议会表决前，还将同处置场所在地的地方政府进行磋商，就涉及当地居民关心的废物可移取性、安全、运输等问题开展区域性公众辩论。除此之外，法律强化了国家评估委员会的独立性；在关于外国废物在法国进行后处理和贮存问题上做出规定，要求提高透明度；增加了地方信息跟踪委员会的人员数量。第三，规定了对未来深层地质处置场和深层地质处置实验室所在地区及周边地区给予经济补偿。第四，对保障核设施退役和放射性废物管理基金做

---

① 陈维春：《法国核电制度对中国的启示》，《中国能源》2008 年第 8 期。

出规定。按照规定，国家放射性废物管理机构将就高、中、低放射性废物处置场建设费提出估算，将设立一项基金，用于支付处置场的建设费和管理费。将设议会财政评估委员会，以确保政府部门监督工作的合理性和严肃性。①

三　日本

1955 年 7 月 1 日东京大学原子核研究所成立，标志着日本核能利用的开端。同年 12 月 19 日日本颁布《原子能基本法》《原子能委员会设置法》等法律。依据新颁布的法律，1956 年 1 月 1 日，日本原子能委员会成立，国务大臣正力松太郎任委员长。1 月 13 日正力委员长发表以彻底和平利用核能、努力在 5 年内实现原子能发电、积极进行同位素利用、推进国际合作等为主要内容的委员长声明。3 月 1 日日本原子能产业会议成立，6 月 15 日日本原子能研究所成立。1957 年 8 月 27 日研究用反应堆（JRR - 1）临界，点燃了原子能之火。1965 年 5 月 4 日日本核电公司的东海反应堆临界，11 月 10 日首次并网发电。12 月 4 日日本通商产业省发表《电力白皮书》，日本成为继美、苏之后的第三个核发电国。经过近半个世纪的发展，目前日本为全球第四大核能发电国，仅次于美、法与瑞士。共有 55 部机组，47.6 百万千瓦容量，提供全国 30% 的电力。日本 2006年公布国家能源新战略及核能立国计划大纲，明确提出主要目标在于实现全球能源永续发展及确保日本能源供应安全，有关核能的具体内容包括：（1）提高现有轻水式反应器的运转效率，建议提高核能发电占全国总发电量的比例；（2）投资新建、扩建和改建核能电厂；（3）2006 年起建造第 2 座放射性废弃物处置厂；（4）将快中子滋生反应器示范建造、试运转日期提前至 2025 年；（5）积极参加美国主导的全球核能伙伴计划（GNEP）。而日本社团法人原子力产业会议（JAIF）更是预估，到 2050年日本核能发电将占全国总发电量的 60%。其 2008 年 10 月 16 日发表《2100 年核能远景——对低碳社会的建言》，提出利用其累积研究开发的技术，以及目前致力于实用化研究开发的技术，预计到 2100 年，对石化

---

① 宋爱军：《我国核能安全立法研究》，硕士学位论文，湖南师范大学，2009 年，第 32—33 页。

燃料的依赖度可从现在的85%降低到30%，同时二氧化碳的排放量也可降低到现在的10%。由此推算2100年核能所占发电量比率为核分裂炉53%（其中轻水炉18%、快滋生式反应堆35%）、核融合炉14%，合计67%。

日本核能法律体系健全，包括法律、政令与规定三个层次。其中，法律包括原子能基本法、原子能委员会及原子能安全委员会设置法、关于核原料、核燃料及核反应堆监管的法律、关于防止放射性同位素等所致放射线危害的法律、关于原子能损害赔偿的法律、关于原子能损害赔偿补偿合同的法律、原子能灾害对策特别措施法、关于特定放射性废弃物最终处置的法律，等等。"政令"有关于核燃料、核原料、核反应堆及放射线定义的政令，原子能委员会及原子能安全委员会设置法施行令，关于核原料、核燃料及核反应堆监管的法律施行令，等等。"规定"包括原子能委员会议事运营规定，关于核原料或核燃料冶炼事业的规定，关于实用发电用核反应堆的设置、运转等的规定，关于核燃料加工事业的规定，关于使用后燃料再处理事业的规定，关于使用核燃料的规定，关于使用国际监管物质的规定，关于使用核原料的规定，关于核燃料或者被核燃料所致污染物的废弃物埋设事业的规定，原子能灾害对策特别措施法施行规定，关于特定放射性废弃物最终处置的法律施行规定，等等。作为核能法律体系龙头的《原子能基本法》1955年12月19日制定，曾于1967年7月20日、1978年7月5日先后两次作过修改，包括总则、组织机构、核矿物燃料及反应器管制、专利、赔偿、辐射防护等，共9章22条。主要内容：（1）《原子能基本法》第1条明确立法的目的在于促进原子能的研究、开发和利用，确保未来的能源资源安全，谋求科学技术的发展和产业的振兴，以达到提高人类社会福利和人民生活水平之目的。同时，该法第2条紧接着将"利用"限于"和平利用"，并且加上"要确保安全"的用语。（2）组织机构。日本在总理府设置原子能委员会和原子能安全委员会。原子能委员会负责计划、审议和决定原子能的研究、开发和利用方面的有关事项；原子能安全委员会负责计划、审议和决定原子能研究、开发和利用中有关确保安全方面的事项。原子能技术的开发，则设立原子能研究所负责。（3）核矿物、燃料、反应器的管制。按照日本《原子能基本法》的规定，核矿物所有权私有，但政府根据有关法律，有权命令政府指定者收买核原料物质，也有权命令核原料物质的生产者、所有者或管理者向政府指定者转让核原料物质。有关核原料物质的输入、输出、转让、接受转让和冶炼等，仅限于政府指定者经营。核燃料物质生产、输入和输出或所有、持有、转让、接受转让、使用和运输核燃料物质者，都必须服从政府的法律管制。政府根据有关法律，有权对核燃料物质的所有者或持有者指定转让对象，规定转让价格。建造、改造、转让反应堆或接受反应堆都必须得到政府许可。

1955 年 12 月 19 日发布的《原子能委员会与原子能安全委员会设置法》是原子能相关的组织法，共由 5 章 27 条组成，主要规定了原子能委员会与原子能安全委员会的职能、人员组成、内设机构，原子能委员会、原子能安全委员会与有关行政机关的关系及相关补充规则等。依据《政府重组基本法》和各种与 1999 年 7 月通过的中央政府行政改革相关的法律，2001 年 1 月 1 日，日本政府机构进行了重组，涉及原子能管理的部门也同时做出调整。目前日本原子能行政管理体系是由内阁府下设的原子能委员会、原子能安全委员会、国家公安委员会、政策总括机构及各政府部门（省）内设置的原子能利用相关课室等构成。原子能委员会是日本主要的原子能行政管理机构，依据日本年度及长期原子能规划制定原子能相关政策措施，就其主管事项做出决定，开展原子能相关行政事务。原子能安全委员会负责原子能安全法规制度的相关事宜。外务省、总务省、厚生劳动省、农林水产省、国土交通省、环境省、文部科学省、经济产业省等有关行政机关负责法律规定的职责。

《核原料、核燃料及反应堆管理法》（以下简称《管理法》）于 1957 年 6 月 10 日发布。该法的立法目的是遵照《原子能基本法》的精神，除对核燃料矿冶、加工和后处理以及反应堆的建造和运行等制定必要的规定外，还为实施有关核能研究、开发和利用的条约和其他国际公约作出规定，并制定使用国际监管核物质的必要规定，以确保核原料、核燃料和反应堆仅用于和平目的，确保这些利用能够有计划地进行，防止由此引起灾害，谋求公共安全。该法规定了一个全面的许可证管理体系，涵盖了核材料的提纯，核燃料的生产与使用，反应堆的建造、运行与退役，乏燃料的储存与后处理，放射性废物的处置，以及国际受控材料（即有关国际保障协议涉及的材料）的任何其他用途。《管理法》要求，任何希望从事核燃料加工等商业活动的人（不含官方控制实体）必须取得经济产业省大臣的批准。《管理法》涵盖的核活动都需要履行许可证制度，不同核活动的许可证审批单位不同。经济产业省负责为发电用的动力堆发放许可证，包括对研发阶段的反应堆，以及铀矿开采、核材料提纯、核燃料制造、乏燃料的后处理与储存、放射性废物的处置；而文部科学省负责为研究反应堆、非发电反应堆，包括研发阶段的反应堆堆型以及使用核燃料的设施发放许可证。关于核设施，政府监管主要是许可证签发和检查，包括核安全领域的管理。《管理法》是对核设施的选址、建造和运行进行管理的法律。两份内阁令即《管理法生效令》和《核燃料、核源材料、反应堆和辐射的定义令》对整个许可证制度作了详细规定。在核设施的安全管理方面与《放射性同位素等辐射危害防护法》也有关系。1980 年以前，只有动力堆与核燃料开发事业团（PNC）以及日本原子力研究所（JAERI）能够进行乏燃料的后处理。而在 1979 年 6 月 20 日通过的《管理法》的修正案中规定，首相可以授权私营企业从事这项活动。2001 年政府机构重组后，改由经济产业省负责。《管理法》规定了这些私营公司必须满足的特定条件，并规定在乏燃料后处理设施建造、运行与退役期间必须接受政府的监管和检查。涉及放射性材料的活动，由《放射性同位素等辐射危害防护法》（以下简称《防护法》）管理，该法于 1957 年 6 月 10 日发布，而与核燃料循环有关的活动，则纳入《管理法》的管辖范围。《防护法》的根本目的是指导辐射防护管理，包括放射性同位素和辐照装置的使用、销售、租借和处置等，并明确了违法责任。需要使用放射性同位素或辐照装置的人，应向文部科学省大臣申请许可。核设施的建造、运行和退役的监管责任取决于核设施类型。依据《电力公司企业法》，经济产业省负责各种类型的电力生产设施许可审批，其中包括所有商用核电设施、研发阶段的发电反应堆、核燃料制造设施、乏燃料后处理设施以及放射性废物处置设施。而文部科学省大臣负责审批研究堆、非发电用反应堆（包括正处于研发阶段的反应堆）以及使用核燃料设施的建造、运行和退役的许可审批。国土交通省大臣负责核动力舰船许可审批。在许可证审批的各个阶段，原子能委员会和核安全委员会都会为发证单位提供咨询。《环境影响法》规定了对环境潜在重大影响的大型项目的一般性环境影响评价程序，包括核电站的建造。依据《管理法》制定的《电力生产堆的安装与运行条例》规定了包括商用反应堆的设计和建造及设施改造的申请程序、进入核控制区的限制、核燃料和废物的储存以及安保措施等。《试验和研究用反应堆的安装和运行条例》则规定研究堆的建造和运行守则。《管理法》也规定了各种核反应堆运行活动违规行为的罚则，例如，未经许可使用核燃料、不遵守对核燃料转让的限制、未实施颁布的安全规定，未保存国际受控材料的记录，或未按要求提供相关信息。这种处罚也适用于其他核活动，例如天然铀提纯、核燃料制造、乏燃料的储存和后处理，以及放射性废物处置等。为确保营运商遵守安全规定，法律要求必须定期检查乏燃料后处理设施，以及定期检查核设施的管理与运行程序。《管理法》进一步要求文部科学省和经济产业省指定核设施安全管理视察员进行上述检查，要求核营运商组织对从事辐射工作的人员进行安全培训。此外，如果法律要求对核设施损害提供的财务保证没有到位，依据《核损害赔偿法》将禁止该设施运行。

值得特别提到的是，日本 1999 年 12 月 17 日发布了针对核灾害预防与应对的专门性法律——《原子能灾害对策特别措施法》（以下简称《特别法》）。该法目的是针对原子能灾害的特殊性，就原子能从业人员的原子能灾害预防义务、原子能紧急事态公告的发布、原子能灾害对策本部的设置、紧急事态应急对策的实施以及其他原子能灾害相关事项，通过制定特别的措施，结合《关于核原料、核燃料及反应堆监管法》《灾害对策基本法》以及其他有关原子能灾害防治的法律，强化原子能灾害的防治，保护公众生命、健康与财产免受原子能灾害影响。依据法律，核营运商需安装和维护辐照剂量仪，并提供专门的辐射防护服、应急通信设施等。有关大臣在每一个有核设施的县设立一个厂址外应急指挥中心，负责在应急状况时采取必要的措施。《特别法》进一步规定，在应急事件中，将在内阁办公室内设立一个政府对策总部，在紧急情况下，首相作为总部的负责人可以要求防务机构长官派遣自卫力量，首相还可以要求核安全委员会提供紧急对策实施的技术建议。厂址外的中心内设立一个核应急对策联合委员会，以促进在参与组织内的信息交流与合作。政府、当地主管部门、相关组织和营运商须在各自负责的领域采取紧急措施，例如发布信息、疏散、收集信息。信息包括辐照剂量率、生还者、控制应急运输、测量居民的照射剂量率等。为了指导核营运商采取应急预防的措施并收集应急事件中的信息，文部科学省和经济产业省在每座核设施内指派核应急准备方面的专家。另外，《关于特定放射性废弃物最终处置的法律》（以下简称《防护法》）是一部原子能相关的对策法，该法的立法目的是遵照《原子能基本法》的精神，通过规范放射性同位素的使用、销售、租赁、废弃及其他处置、放射线发生装置的使用、放射性同位素导致的污染物的废弃及其他处置，防止因此导致的放射线危害，保护公共安全。在高放射性废物方面，依据 2000 年第 117 号法令成立一个私营法律公司性质的放射性废物管理机构，该机构受经济产业省监管，受委托进行高放射性废物的最终处置，该机构负责放射性废物处置从处置设施的选址、初步调研到关闭后管理的各个环节。核电站营运商每年须向该机构支付一笔经济产业省规定数额的专款，研究堆与实验堆则无须交纳。《防护法》中包含一系列有关放射性同位素及其污染物的处置责任的条款，要求必须对电离辐射危害采取预防措施，这些措施必须符合首相办公室指令和文部科学省法令中规定的技术标准，一旦不能满足这些技术标准，大臣有权中止处置活动。废物处置活动、废物储存和处置设施的辐射监测水平记录应得到保存，还有一些条款要求所有废物处置设施的营运者都必须制定防止辐射危害的内部管理规定，且需要得到文部科学省的批准，必须对所有进入废物储存和处置设施的从业人员提供培训和医疗检查。有关放射性废物海洋倾倒的问题，日本 1980 年 10 月 15 日加入《1972 年防止倾倒废物及其他物质污染海洋的公约》，1993 年日本原子能委员会决定，不再以海洋倾倒方式作为废物处置手段，同时从 1994 年 2 月 20 日开始，该公约的所有缔约国都受此后 25 年内禁止向海洋倾倒任何放射性废物规定的约束。

和德、法等其他国家类似，日本对核安全管制的主要方式就是许可，涵括从核矿物采集到核废料处置全过程。其中，日本的核电厂选址从计划到申请设置，大约有以下几个步骤：（1）电力公司选定设立核电厂的地点，然后与市长或县长接触，打听地方的意向。这一阶段，国家并不参与，地方居民很多也不知情。（2）游说地方居民。电力公司针对土地收购、渔业权补偿，以及相关补偿金的地方获益、核电厂的安全性等方面，向当地民众陈述。在这一阶段，国家也不参与。（3）促使地方议会做出决议。地方的市长、县长等正式表示同意。（4）经过电力开发与调整审议的决议，将核电厂项目纳入国家电力开发基本计划之内。（5）申请核电厂的设立许可，开始建设。依据日本1979年1月22日颁布的《有关核电厂设立地实施公开听证要领》，通商产业省将许可设立核电厂时，必须举行公开听证，将该核电厂设置有关的问题告知居住于设立地周边的居民，听取其意见。同时，核电公司也必须向地方公众说明，以求得其理解与协助。通商产业省，应将包含核电厂设置计划的电力资源开发计划交给电力资源开发调整审议会，审议前在发电厂设立预定地所属的都道府所在区域内，举行公开听证。通商产业省准备举行公开听证时，核电厂预设立地的都道府县长官有义务协助。听证所涉及的公众范围，原则上为核电厂预定设置地点的市村及其邻接的市村区域。通商产业省举行公开听证时，应在听证日40天前，公告公开听证的时间与地点，以及听证所涉争议的事项要点。通产省还应毫不迟疑地通知相关行政机关及预设置核电厂者。对于核电设施的设置者，通产省得要求其在公告后，毫不迟疑地采取能使地方居民知晓发电厂设置计划的措施，以及出席听证会等。地方居民中有出席公开听证陈述意见的，须在听证日20天前，拟定书面意见，向通产省提出申请，通产省从申请者中指定能在公开听证时出席及陈述意见者，并在听证日10天前将其意见告知旁听者知晓。公开听证由通产省官员主导，出席公开听证陈述意见者，如果其发言超出讨论的范围或主导官员指定的时间，出席者或旁听者扰乱公开听证秩序，或有不妥当的言语动作时，主导官员可禁止其发言或命令其出场。主导官员认为有不得已的事由时，可变更公开听证的时间地点或者中止听证，但必须毫不迟疑地通知关系人。被指定出席公开听证陈述意见者，因病或其他原因不能出席或因前述公开听证停止或中止而未能陈述意见者，在10日内，可以书面形式将意见向通产省提出。通产省在公开听证终了或公开听证停止或中止时，在听证参与者书面意见提出的期限经过后，应该尽快完成听证过程的书面记录，形成公开听证报告书，并送交有关的行政机关。

通产省对核电厂的设置进行安全审查时，应参考斟酌公开听证的结果。日本有关公开听证的规定还有1973年原子能委员会制定的《原子炉设置听证要领》及《实施细则》，按其规定，如果对于内阁总理有关核电厂设置许可基准的询问，原子能委员会认为必要时，在能提供意见参与的时期，须举行公开听证会。听证会原则上应公开，地点在该原子炉预定设置地所在都道府县之政府所在地。地方利害关系人希望陈述意见的，必须将利害关系内容及陈述意见的要点，在原子能委员会指定期日前，向其书面提出。原子能委员会从希望陈述意见者中，指定出席听证会公开陈述者。公开听证会由原子能委员会指定的委员主持，科学技术厅设置的原子能局职员协助。陈述意见的发言时间，限定在 15 分钟内，指定时间未完了部分，以书面形式提出，供事后阅读。发言者只限原子炉的预设置者及原子能委员会指定的陈述意见者，其他人若随意发言，有扰乱秩序言行时，听证会主持人可命令其停止发言或退场。如果公开听证会很难继续进行下去，主持人认为有必要时，可只以书面提出意见而停止听证会。听证会所陈述的有关原子炉安全性的意见，若原子炉安全审查专门委员会提出书面报告时，原子能委员会应该给予其在听证会上说明。原子能委员会向内阁总理大臣汇报后，应对安全审查报告书及公开听证会的陈述意见，进行全面整理并以适当形式进行公告。

四　对德、法、日核灾害风险预防制度的评论

不难发现，德、法、日等国关于核灾害风险预防基本属于行政集中化决策模式，具有伊丽莎白·费雪论述的理性—工具范式特点。它们共有两个紧密相关的特征：第一就是在严格的制度规定之下，各行政机关职责分工明确。如法国在严格形式法治下建立的以分工协作、法律约束、信息透明为基础的监管体制，被视为核能安全运营的"法宝"。① 2000 年中，国防科工委以中国原子能机构的名义，组织了"政府实施有效宏观核行业管理考察"，考察者也持相同的看法。② 事实上，各行政机关严格职责分工是形式法治下公共行政的基本特点，德国、日本对核能安全的管理同样如此。德国法院对行政机构的风险决策限于合法性审查，严格区分核设施设置与运营者采取减轻风险措施的义务和对第三者影响的保护义务等，体现了德国核能法律体系强烈的逻辑性，使之清晰区分各机构的职权。而这种严格形式法治将风险以及风险决策的实质性考量授权于行政机构，必然有着第二个特点，即注重公众的参与，但参与必须遵从严格的程序规定，

① 《法国核电安全有法宝》，《人民日报》2008 年 8 月 14 日第 18 版。

② 张一心：《法国核电行业管理的考察与思考》（http：//hedian. chinapower. com. cn/article/1000/art1000481. asp），中国电力网核能频道，2005 年 5 月 1 日最后访问。

并且公众的意见构成只是行政决策的考虑因素。换言之，风险预防的决策权确定地掌握在行政机关手中，各行政机关不仅职责分明、分工合作，而且高度专业化。研究与咨询机构属于公共组织，却专门服务于决策机关，以保证其专业性。毋庸置疑，行政集中化决策模式或者说理性—工具范式，有着显而易见的"效率"优势。不过，对伊丽莎白·费雪来说，理性—工具范式和商谈——建构范式的区分并不是绝对的，一个国家或地区的风险决策既可以从理性—工具范式来理解，也可以从商谈—建构范式来解读。她说道：从商谈—建构范式的角度来看，风险预防原则是商谈—建构范式的自然产物。如果建构公共行政的目的是为了持续、灵活地应对复杂而不确定的技术难题，那么显而易见的是，决策者在决定采取措施时，无须受到"完整的科学确定性"要求的约束。在这样的情形中，风险预防原则不是"既定的公式"，而是灵活的原则，以确保行政决策者不会忽视科学不确定性问题。这样的灵活性并不意味着决策是不负责任的。根据商谈—建构范式，如果结合具体情境审视决策过程，证明决策者已经认真考虑了问题的复杂性，就可以说决策是负责的。然而，风险预防原则也可以看成一项适用于特定有限情形的理性—工具原则。之所以会出现对风险预防原则的这一解释，是因为该原则的表述是一种否定性句式（不应该以科学不确定性为由）；据此，如果满足一定的门槛条件（遭遇威胁），该原则即可适用。从这个角度来看，风险预防原则允许决策者偏离通常定义的合理行为——决策者应该根据证据做出决策；但是，这样的偏离仅适用于有限情形。基于此，对该原则的解释要严格许多。只有对信息进行评估且评估确认存在威胁之后，才可适用该原则而决定采取措施。在这样的情况下，该原则给决策者一定幅度的裁量空间，但是，它绝对不是商谈—建构范式下的那种广泛授权原则。具体而言，该原则仅仅适用于在风险评估中如何利用信息，因此，它并没有改变判断决策合理性的起点是证据。支持从理性—工具范式理想来对待风险预防原则的论者，也往往构想利益代表的行政过程，只是并没有给商谈留下多大空间。[1] 德国核灾害风险预防决策正是基本照此运作，在行政集中化决策模式之下，核风险/安全的

---

① ［英］伊丽莎白·费雪：《风险规制与行政宪政主义》，沈岿译，法律出版社 2012 年版，第 58 页。

判断委付于行政机关，其背后的支撑性法理逻辑在于：人民生命、财产安全属于基本权利，国家应尽保护义务。依据判例与学说，原子能法的保护目的优先于利用促进目的。然而，国家的这一保护义务的边界在哪里？保护义务如何划分风险与财产权的界限？德国联邦法院认为，"当有关于生命、健康及财产的损害时，立法者必须依据《原子能法》第 1 条及第 7 条第 2 款所揭示的最大可能的风险预防订立标准，即当科学技术水准能实际上排除这种发生损害结果的可能……超过实践理性范围的不确定性，源自于人类认知能力的限制，它无法被涤除而成为民众必须忍受的社会适当的负担"。① 也就是说，"人类认识能力的界限"也就是国家保护义务的边界。尽管德国法以"实践理性标准"取代"盖然性标准"，体现了风险与法律关系的发展性认识。不过，"实践理性标准"在核能风险预防的法律决策中应用还是有着质疑之点。康德批判哲学的中心概念——实践理性，本身并不属于风险/安全的认知理论，它是有关行动的，因此就如德国联邦法院理解的——是行政决策的原则。因之，德国在风险的行政集中化决策模式中使用"实践理性标准"，虽然直面了不确定性，但对具体行动却提供不了多少助益。

　　正如本书前文阐明的，核灾害的风险根本上是文化的风险。因为它并不是纯粹虚构的风险，相反，它的确是后果极其严重的高风险，因之具体的或物质性的减轻灾害风险措施是必需的。但风险的文化属性决定着核灾害预防制度的方向与重点，所以，非物质性的或者文化的减轻灾害风险措施无疑是预防和预防制度的重心。这也就是说，完全可以也应该将风险决策中的公众参与本身视为风险预防的措施之一，公众参与和信息透明公开的紧密联结，使得参与本身能够有助于普及核领域知识、消除公众的核恐惧心理。无论如何，我们必需认识到在核灾害风险预防中，消除公众的核恐惧心理使其能够更多地从理性角度面对风险，是多么重要。主要从这一角度，对于公众参与严格的程序要求，日本学界就公开听证程序已有不少批评与建议，如认为《公开听证会举行要领》只以原子炉为对象，不包含核燃料再处理设施设置等核能发电全系统，并且对自然、社会环境的影

① 　BVerfGE49，89（143），转引自陈春生《核能利用与法之规制》，台湾月旦出版社股份有限公司 1995 年版，第 37 页。

响未能有综合的考虑；举行公开听证会的时间地点，只能在电力公司提出原子炉设置许可申请书后。事实上，在此之前，土地收购、建设用道路的兴建等基础工程已进行，如此关于是否设置的讨论——公听会一开始就流于形式；是否举行公开听证会由原子能委员会单方决定。有关原子炉设置只有在地方首长请求时，才举行听证会。完全有必要增加规定地方自治团体、一定比例的地方居民以及日本的学术团体等请求时，也可举行听证会；陈述意见者只限于地方利害关系人；质疑与讨论一概被禁止；原子能委员会对于公听会中所陈述的意见整理的结果，以说明书的形式，且只有在原子能委员会做出许可结论向内阁总理大臣汇报时才能公开，不论公开前后均不允许对此说明书提出质疑；由原子能委员会单方决定选择出席听证会陈述意见者，没有任何其他的制度制约措施；对问题的说明，在地方居民未明了前，不应限制公听会举行的次数、时间、人数；不能以混乱公听会秩序为理由而终止陈述者发言，或改为提出书面意见而结束听证；对陈述人提起的问题原子能委员会应该详细记录，并在下次公听会中逐一讨论；公听会相关资料的阅览只限于县厅等场所，同时限制复印。应使其在日本学术会议中也能进行阅览。①

当然，广义上公众的参与不仅包括正式的程序参与（如公开听证），也包括非正式的环境运动（环保自力救济），如反核运动。上文分析过环境运动在根本上源于制度"构作主体"和"现实主体"性之间永恒存在的张力，尽管它可以为制度的良性变革提供源源不断的压力和动力，但对秩序以及秩序所要保证的"社会安全"无疑构成威胁。如何"治理"这种非制度化的环境运动，也就必然是核灾害风险预防制度的不得不考虑的方面。德国在2011年福岛核泄漏事件之后放弃核能，虽然可能存在更多的原因，但他们"治理"非制度化环境运动——反核运动的失败肯定是重要原因。日本核电工业迅速发展的同时，民众反核运动也蓬勃发展。1966年9月19日日本众议院科技特别委员会的4名议员准备赴核电站预定建造地三重县芦浜地区视察，却遭到了当地居民的反对，只好放弃这次行动。1996年9月4日就是否同意把新泻县作为核电站场址问题举行当

① ［日］保木本一郎：《原子力法》，第188页。转引自陈春生《核能利用与法之规制》，台湾月旦出版社股份有限公司1995年版，第84—85页。

地居民投票，结果反对者占到 60%。2011 年福岛核灾后更是引发日本国内空前强大的反核声浪，政府不得不放弃原订 2030 年底前新建 14 座以上核电厂的计划。不能准确预计却可以想象，日本如果不能妥善应对民众的反核呼声，彻底放弃核能只是迟早的事。法国民众向来被认为是支持核能的，并且对政府的核能管理保持较高的信任度。日本发生泄漏危机后，法国《费加罗报》适时推出民意测试，在接受调查的 10 789 人中，高达74.25% 的人选择应该继续利用核能。所以，当他们的邻居国选择放弃核能时，尽管对他们的冲击也很大，却还是维持了核能的选择架构。然而，建立信任难，失去信任容易。核灾害风险（核污名）有着历史的渊源，曾经发生过的核事故（灾难）以记忆的形式使之沉淀。在风险不确定性面前，谁也不能保证下一次核事故不会发生。法国在信息公开、透明方面做得非常优秀，从而使得公众能够对政府有着较深的了解。但除非能够完全了解，并且进而能够理解对政府在核能管理方面的任何指责，否则就得同意批评者的意见——"核电的集中决策在一个公众传播迅速扩张、对立的政策群体兴起的时代能维持得如何，这一点值得怀疑。"[1]

第二节　美国核安全法律制度及其借鉴意义

一　美国核工业及其安全管制体系概况

美国是世界上最早发展核电的国家，1951 年 12 月，美国原子能委员会的科学家在美国西北部的爱达荷州，用反应堆发的电点亮了四个灯泡，首次实现了原子能发电。1953 年 10 月美国总统艾森豪威尔在联合国大会上正式提出和平利用原子能的提议，这个提案调整了美国发电技术的研究方向，也极大地推动了和平利用核能的发展。同年，美国开始规划在宾夕法尼亚州建造一个示范性的 60MW 压水反应堆。1957 年 12 月 18 日，该核电站成功向电网输送电能，从此正式拉开了美国核电工业发展的帷幕。美国的核工业发展大体可分为三个阶段：（1）快速发展时期（1950—1979 年）。1957 年美国商用核电反应堆向电网正式输送电能，由此点燃

---

① Campbell, J. L., *Collapse of an Industry: Nuclear Power and the Contradictions of US Policy*. Ithaca, NY: Cornell University, p. 108.

了人们对核电的热情，截至 1960 年美国运行的核电反应堆有三座，装机容量共 400MW，发电量 5×10^8 KWh，占总发电量的 0.1%。虽然此时核电规模较小，但是人们对核电的热情和投资却日益高涨，各个电力公司下了大量的核电反应堆订单，核电建设工程项目也纷纷上马。截至 1979 年，美国运行的核电反应堆机组数量为 69 座，除此之外，还有大量的在建核电反应堆机组，装机容量已经达到 49 700MW，当年的发电量为 25 205 × 10^8 KWh，占总发电量的 11.4%。与 1960 年相比，运行的核电反应堆机组数量增长了 22 倍，核电装机容量增长了 123 倍，发电量增长了 503 倍。然而美国这一核电工业发展的黄金期随着 1979 年三里岛核事故的发生戛然而止。事故本身并未造成人员伤亡，也没有产生很严重的核泄漏，从侧面甚至也验证了核电反应堆设计的安全。但民众掀起了反核浪潮，社会舆论压力迫使政府开始重新思考核电战略。

（2）停滞时期（1979—2000 年）。三里岛核事故发生后，超过 120 座核电反应堆的订单被取消，电力公司对新建核电项目投资锐减，美国核电工业遭受巨大的挫折，20 多年没有核准新的建设项目。尽管 1979 年后运行的核电反应堆数量仍在增加，但这些新增加的核电反应堆都是在事故发生前就已开始建造或者核准建造的。20 世纪 60 年代原子能委员会曾预言 2000 年美国会有 1000 多座商用核电反应堆机组在运行，实际上截至 2000 年运行的核电反应堆机组只有 104 座，装机容量 97 400MW，发电量为 7320 × 10^8 KWh，占总发电量的比例为 19.8%。

（3）复苏时期（2000 年至今）。三里岛事故之后再到切尔诺贝利核泄漏，2012 年之前美国再也没有新批准建造任何一处核反应堆。不过，由于美国天然气价格快速上涨，煤电厂排放管理更加严格。核电工业在三里岛事故后经过 20 多年的发展在安全技术上又取得了新的进步，在没有新建核电站情况下装机容量保持增长态势，运行效率获得提高，尤其是在 1999 年核电电价首次低于煤电电价，显示出很强的竞争力。政府出于能源战略考虑，开始出台一系列有利政策促进核电发展。2002 年美国能源部启动 2010 年核电计划（Nuclear Power 2010 Program），2005 年通过能源政策法案（Energy Policy Act）。这些不断出台的政策，从税收优惠、贷款担保等角度来引导核电工业发展，在巨大的商业利益面前，各电力公司开始重新积极开展核电项目。另外，美国的核电反应堆大多是在 20 世纪 70

年代核准设计的，运行寿命规定是 40 年，按照此规定到 2015 年所有核电反应堆都将关闭。因此，很多电力公司都已向核管理委员会（Nuclear Regulatory Commission，NRC）提出申请，要求延长核反应堆的运行时间。在 104 座在役反应堆中，54 座已获 NRC 颁发的延寿许可证。到 2009 年，美国最老的核电机组——奥伊斯特河（Oyster Creek）和沃格特勒 1 号、2 号机组也已获得延寿许可。另外，自 1977 年以来，核管会已经批准了 124 座反应堆提升功率，功率提升总计高达 5 640 MW。2012 年，核管理委员会批准 1981 年以来首个新建核反应堆许可。① 经过近半个世纪的发展，美国现拥有 104 座在役核反应堆，装机容量 10.1×10^4 MW，发电量为 8090×108 KWh，占全国发电总量的 20%，全球核能发电量的 1/3，居世界首位。

美国联邦政府从一开始，就控制着核电技术的发展进程。1946 年《原子能法》建立了原子能署和国会原子能联合管理委员会两个联邦监管机构。前者由 5 位民间人士组成，但却是主要监管机构，其职能是促进对核能和平利用的研究和开发。后者由来自国会不同部门的 18 名委员组成。不过，核能的商业性应用开发在 1946—1954 年并没有什么进展。到了 20 世纪 40 年代末 50 年代初，上述两个监管机构将核能政策的重心转向大规模商业发电。第一座小型核反应堆在 1951 年发电。然而，具有重要技术突破的，是海军服务于核潜艇的"热人"（Therman）一号反应堆于 1953 年的投入运营，它成为今天商用核反应堆的原型。但 1946 年《原子能法》只允许政府拥有核设施和核燃料，这阻碍着核电的商业化。为了鼓励私人资本进行原子能商业化开发，1954 年的《原子能法》规定私人可以在取得原子能署的许可后，拥有核反应堆，这就终止了联邦政府仅仅将原子能技术应用军事目的的垄断。原子能署前署长刘易斯·施特劳斯（Lewis Strauss）对 1954 年《原子能法》的立法目的解释非常精辟——主要依靠私有公用设施公司来开发民用核技术。② 然而，当 1955 年秉承这一目的的《发电核反应堆示范计划》出炉时，私人企业反应冷淡。为此，

① 段宇平等：《美国核电工业发展概况及对我国的启示》，《中外能源》2010 年第 5 期。

② Lewis L. Strauss，*Speech to National Association of Science Writers*，New York City，September 16th，1954.

美国国会 1957 年制定《普赖斯—安德森法》，旨在限定核产业对美国境内的核事故的责任。《普赖斯—安德森法》要求每个美国核设施的经营者购买金额达 3 亿美元的责任保险，同时由所有核设施的经营者共同出资以提供第二层次的保险，两个层次的保险金额超过 100 亿美元。《普赖斯—安德森法》确保存在一项巨大的资金，对那些因核事故或者放射性事故而受到损害的社会成员提供迅速而有序的赔偿，至于谁对事故负有责任则在所不问。它涵盖核电反应堆、试验和研究反应堆在运营过程中发生的核事故，以及能源部核设施和放射性设施、核原料在上述反应堆或者设施之间运输过程中的核事故。该法建立的综合保险制度使损害赔偿渠道十分畅通，原告不必起诉多方当事人，仅起诉被许可人或者承包商即可。需要注意的是，该法需要每 10 年延期一次。但是，在 1988 年被延期 15 年，2003 年没有延期，2005 年《能源政策法》将之延期 20 年。关于对每起核事故的赔偿上限，起初规定是政府基金中出 5 亿元、私人保险市场上的最大保险责任金额 6 千万美元，共计 5.6 亿美元。在后来的延期中，对这一上限做出了几次重大修改。2005 年《能源政策法》规定核反应堆运营者必须对两个层次的保险单负责。第一层次要求每一核反应堆运营者在私人保险市场上购买 3 亿美元的保险，第二层次保险则由美国所有核反应堆运营者共同提供。《普赖斯—安德森法》施行 43 年以来，核保险基金共支付赔偿金 1.41 亿美元，能源部在同期支付了 6500 万美元。

美国 1954 年《原子能法》授权原子能委员会（AEC）依法制定并实施许可标准，确保核能利用"保障健康与安全，减少对人身与财产的危害"。鉴于六七十年代核电的快速发展，为加强能源的开发与利用，1974 年美国制定《能源重组法》建立核管理委员会（NRC），将原原子能委员会负责的民用核能开发利用与安全管理职责划归核管理委员会，并将前者并入能源部（DOE）。

依据《能源重组法》，核管理委员会的具体职能包括：发放核反应堆建设、运营以及核材料与核废料控制等活动的许可证，监督这些活动，保护核材料与核设施、防止盗窃和放射破坏，颁布条例与标准，检查核设施，实施法律法规等。1974 年前，原子能委员会负责管理全美核工业并兼负促进开发民用核能的职责。《能源重组法》将原子能委员会撤销，将促进民用核能的职责归于能源研究与开发部（即现在的能源部，DOE）。

从而，使开发与利用和监管职能明确分开，核管理委员会成为全权监管美国核工业安全的独立政府机构。其下设一个委员会，三个主要职能办公室与若干个咨询委员会。委员会由五名委员组成，任期五年，主席由总统任命，对总统负责。委员会是核管理委员会的最高决策机构。三个职能办公室包括：核反应堆管理办公室、核材料安全与保护办公室、核管理研究办公室。核管理委员会的行政执行主任依法设立，对委员会主席负责并接受主席的监督与指挥，执行主任负责监督、协调三个职能办公室的政策出台与实施活动，以及地区办事处的相关事宜。①《重组计划 1980 年第 1 号》加强了核管理委员会主席的行政执法权限，特别是在应急情形下，将赋予核管理委员会"所有与委员会负责管理核设施和核材料相关的紧急事件的职能"集中于主席身上。但同时规定，所有制定政策、出台相关法律规范、指令和裁定的权利属于委员会全体。除核管理委员会外，美国核电运营协会（INPO）也承担着全美核电安全监管的职责。该机构成立于 1979 年，三里岛核事故发生之后。当时很多业内人士认识到，核工业必须实现自律运营，确保类似事件不再发生，于是组成核电运营协会，由其制定核电站运营规范，借此作为定期评估单个核电站运营情况的依据。核电运营协会成员由业内著名专家以及与核电安全相关人士组成，他们对每座核电站一般每一年半到两年检查一次，评估等级分为 INPO1—5 级，INPO1 级为运营最优级，INPO5 级为问题严重级。对核电站评估的结果只在核工业内部公开，并不对外。除检查外，核电运营协会还要负责为那些在检查中有问题的核电站安排培训人员，提供培训援助，改进运营状况。

构成美国核安全管制制度体系的还包括 1969 年美国国会通过的《国家环境政策法》，其要求对联邦所有重大活动都进行环境影响评价。而在此之前，原子能署并没有正式的环境评价机制。在"尔弗特·克利夫协调委员会公司诉美国原子能署"一案中，② 上诉法院认为 1969 年《国家环境政策法》适用于原子能署，也就是说，后来的核能监管委员会的活动也必须受 1969 年《国家环境政策法》的调整。在核废料处置方面有

---

① The United States of American National Report for Convention on Nuclear Satety. Sept. 2001, Http：//www. nrc. gov /reading-tm/doc-collection/nureges/staff/sr1650. pdf, 2015 - 6 - 28.

② *Calvert Cliff's Coordinating Committee*, *Inc. v. AEC*（*D. C. Cir.* 1971）.

《1982 年核废料政策法》《1985 年低放射性废料政策修正案》等《1982 年核废料政策法》规定联邦政府有义务提供高辐射废料和乏燃料永久处置场所的义务,核电企业则承担永久处置这些核废料成本的义务。该法还在其修正文件中规定了永久处置场所的规划和开发方面的申报与批准程序,强调了州、部落与公众的广泛参与。《1985 年低放射性废料政策修正案》赋予州政府处置其辖区内低辐射废料的义务,允许州之间签订协议,设立处置场所,服务于各州。该法规定,低辐射废料处置设施由核管理委员会或者依据《原子能法》第 274 节由签订协议的各州实施管理。该法还责成核管理委员会制定标准,明确"免于监管的标准"。

美国属判例法国家,核安全监管制度体系还包括大量的判例。美国最高法院审理的第一起核能案例是 1961 年"核电发展有限公司诉电力、无线电国际联盟"一案。① 该案争议的问题是,原子能署是否有权要求核电建设符合安全标准? 美国最高法院做出肯定的回答。1971 年"北方州立电力公司诉明尼苏达州"一案,② 争议的问题是由于明尼苏达州制定的核电放射性废料排放标准高于原子署的标准,到底应当适用哪个标准? 联邦上诉法院在判决中明确指出,"联邦政府对核电站的建设、以及核电站放射性废料的排放,具有排他性的监管权"。最高法院维持了联邦上诉法院的判决。然而,1983 年"太平洋天然气与电力公司诉州能源保护与开发委员会"一案中,③ 上诉法院认为《原子能法》授权州立法机构可以以"防止放射性污染以外的目的"监督核电站的建设与运营。最高法院也认为联邦政府不应当垄断对核电站建设的决策权,各州对包括能源需求等与核能相关的事宜也应拥有权力。尽管美国法院依然将"防止放射性污染"作为联邦的排他性监管职权,不过该案明显开启了美国联邦与州共同进行核电监管的模式。自 2007 年底,美国核能监管委员会共与 34 个州签订了共同监管协议,依据协议各州对所属范围的民用核能利用有权实施监管,并且确保了全国范围内监管框架的一致性。

---

① *Power Reactor Development Co. v. International Union of Elec. , Radio and Mach. Workers, AFL-CIO* (S. Ct. 1961).

② *Northern States Power Co. v. Minnesota* (8th Cir. 1971).

③ *Pacific Gas & Electric Co. v. State Energy Resources Conservation and Development Comm'n* (S. Ct. 1983).

二　美国对核灾害风险预防的决策

依据美国《原子能法》，核电监管遵循五个原则：独立、公开、有效、清晰和可靠。而监管的基本方法就是许可证制度，构成美国有关核灾害风险预防决策的主要内容。受理和审查许可申请、做出是否签发许可的决定是核能监管委员会的主要监管职能。意欲从事下列活动的任何人，都需要提出申请并在获得许可后方可进行：（1）商业核反应堆和燃料回收设施的建设、运营和关闭；（2）核材料和核废料的占有、使用、加工、出口和进口，核材料和核废料的运输；（3）核废料处置场址的选址、设计、建设、运营和关闭。美国 20 世纪 50 年代，有关核电的许可管理依据联邦法规 10. C. F. R. Part50《Domestic Licensing of Production and Utilization Facilities》的规定实行"建造许可证"和"运行许可证"的"二步许可法"管理程序。"二步许可法"被广泛认为耗时、浪费成本和资源，且增加了投资与技术风险。因此，美国于 1989 年颁布"核能反应堆早期选址许可，标准设计认证和综合许可"规范（10. C. F. R. Part52）（Early Site Permits；Standard Design Certifications；and Combined Licenses for Nuclear Power Plants），即在颁发"早期厂址许可 ESP"和"核电厂设计许可证 DC"的基础上，对核电厂的建造和运行许可实行联合运行许可证 COL 制度，即"一步法"管理程序。按照该规范，核电厂的许可制度包括三个内容：标准设计认证、早期选址许可、综合的建设和运营许可，其目的是提供稳定的、可预期的和及时的程序，推动新一代核电厂设计标准化，并提高许可程序效率。核管理委员会设计可预期的许可程序是想确保一个电厂一旦建设就被许可运营。核管理委员会还表示，未来核电厂不仅依赖许可程序，还要基于经济效率、安全和可靠、政治及更多其他的方面。该规范旨在建立一个合理和稳定的程序框架来考虑核电厂的未来设计，使得核电厂在建立前而不是建立之后解决安全和环境问题。设计许可证 DC 的管理又可分为两个阶段，即核电厂的设计控制文件 DCD 通过核管理委员会的安全评审取得"最终设计批准 FDA"，然后通过公众听证（不涉及安全和技术审查），即可颁发"核电厂设计许可证 DC"。核电厂的业主在取得联合运行许可证后，即可开始核电厂的建造，在建造过程中核管理委员会将根据 DC 阶段确定的"检验、试验、分析、接受准则（ITAAC）"实施跟踪监督来核实相关检验、试验和分析结果是否满足验收准则，如果满足并通过公众听证后，不再需要取得任何许可证件，即可装料、运行。

这意味着，设计许可审批独立于建设和运营许可证，设计者可以专注于反应堆的设计，在特别设备使用前，已通过的标准设施设计，可以使后面的设施申请参考这个设计而不需要采取进一步的法律行动。改变了过去先许可再制定规范的模式。为了解决选址问题，核管理委员会建立了早期厂址许可，一旦颁发，许可证持有人在决定建立一个新电厂前可以储存（bank）该地址。理论上，早期厂址许可的持有者一旦决定开始一个项目，会选择当时已认证的设计。依据 10. C. F. R. Part52，一份申请必须解决选址安全问题，并包括该选址与紧急预案相关的实物特征。在 C. F. R. Part52 的 Subpart A 中还规定了以下内容：颁发许可证审批核电厂选址的要求和程序；档案制度；早期厂址许可申请书的内容、审核费用；公众参与程序。10C. F. R Part52. 17（a）（2）特别规定，一份早期厂址许可申请必须包括一个完整的环境报告，关注"不符合设定选址参量的反应堆建设和运营的环境影响"；另外，还规定报告"不需要包括评估该行动所带来的利益（例如，能量的需求），而是必须包括评估可替代的选址，来决定是否有明显更好的选择"。环境评审的重点是与合适地址相关的因素。依据 10C. F. R Part 52. 17（a）（2），核管理委员会必须评估"可替代的选址来决定是否有比提议的选址明显更好的替代"。在早期厂址许可审批阶段，早期厂址许可已解决的问题在以后的 COL 阶段就不会再讨论，除非核管理委员会决定有必要作修改以遵守核管理委员会的规定或基于充分保护公众健康和安全的目的。

另外，还有其他例外情况，如果反应堆不符合早期厂址许可中的一个或更多个的选址参量，或许可条款和条件应该被修改，那么，这些事项在 COL 阶段可以再次提起并讨论。早期厂址许可审批的目的是使未来的许可程序中的选址问题具有高度的确定性。2004 年 5 月 3 日核管理委员会发布评审标准 RS－002"早期厂址许可申请程序"，该标准建立在已有的规范指南基础上，如 NUREG－0800"核电厂安全分析报告的标准评审计划"。与被许可的核电厂安全分析报告里的信息相似，RS－002 特别规定应包括涉及选址特征和参量的章节，例如定位、选址地区的控制、人口分布、周边地区的危险、气候、气象、水文、水量、航行器的危险、土壤稳定性。还包括紧急预案，设计事故造成的放射后果和质量保证的评审指南。最后它对环境报告规定了范围和评审标准。核管理委员会环境评审通常包括评估所谓的严重事故，核管理委员会在 RS－002 中明确要求在早期厂址许可阶段评估严重事故的环境影响。申请人凭着被批准的地址和设计，可以继续申请综合许可证（COL）建设和运营。综合许可证审批程序的重点大部分放在审核遗留的选址安全、环境问题和任何突出的设计问题。申请者仍被要求提供与改革前建设许可证和运营许可证所要求的相同范围的信息，只不过现在只需要经历一个决定程序。

　　无论是 10. C. F. R. Part50 还是 10. C. F. R. Part52，都对公众参与和听证程序做出规定。公众参与的途径有公众见面会和听证会。公众见面会的目的是使公众熟悉设施的安全和环境方面、法定程序、公众参与更多正式听证程序的机会。首先，核管理委员会将举办环境议题会议，让公众发表观点，并提供关于环境评价的信息。这些见面会常帮助核管理委员会确认在环境影响评价中要解决的问题，这些会议一般包括州和地方当局、印第安部落或其他要求参与的感兴趣的公众成员。其次，核管理委员会将举办一个或更多关于早期厂址许可的选址安全评审公众见面会。一旦核管理委员会准备好了关于早期厂址许可选址安全的评价结果，就由反应堆防卫咨询委员会评审核管理委员会的评价结果并提出建议，不过，在提出建议前，反应堆防卫咨询委员会会举办一个公众见面会，听取公众的意见。在历史上，核管理委员会在公众听证会上使用正式的、审讯类的对抗程序，这种程序经常导致时间拖延、高成本，引发争议。所以，在 1980 年联邦法院在"肖莉诉核能监管委员会"一案中，[①] 认为如果当事人要求听证，就应当对运营许可的修改举行听证会。后来，美国国会 1983 年又以法律形式允许核管理委员会在认定具体事实后，可以不经听证就对许可做出修改。[②] 1989 年，核管理委员会对听证程序作了尝试性更改，2004 年 1 月作了重大修改，颁布了一套新的听证程序，即 69Fed. Reg. 2277。核管理委员会采用了正式的"法律"模式听证，希望通过消除传统审讯模式程序的特点，将大多数许可听证统一化。核管理委员会承认审讯模式的对抗

---

① *Sholly v. NRC*（D. C. Cir. 1980）.

② Section 12（2）（A），Public Law97－415.

式程序对于解决许可核电厂中复杂的技术争议总是必要的。但是，核管理委员会强调正式的审讯模式程序事实上阻碍了公众参与，因为需要富有经验的法律人的支持和高成本。新的听证规则规定了几种不同的听证程序。大多数听证程序（包括早期厂址许可，综合许可听证）都将采用"Sub-part L"听证模式，在这种模式下，诉讼模式中的发现和交叉询问证人的机会被大大减少，"发现"被"强制性披露"取代，依据规则规定的时间，每一方必须向其他方提供特定的信息和相关文件。此外，还规定核管理委员会官员必须建立听证档案。关于交叉询问，由主持会议的行政裁判员在听证会上提问，只有该提问是必要的，且为了确保充分记录时交叉询问才被允许。①

美国对核安全监管的另一重要制度是辐射环境监测及其信息公开。按照美国联邦法规 10. C. F. R. Part50 的要求，美国核电厂必须建立环境辐射监测大纲（REMP）及放射性流出物监测技术规范（RETS），为场外剂量计算手册（ODCM）提供基础数据，以用于评估核电厂排放放射性物质对公众可能造成的辐射影响，确保核电厂排放放射性物质满足辐射防护原则中 ALARA（可合理达到的尽量低水平）的要求。美国核管理委员会管理导则《核电厂环境技术规格书》（RG4.8）规定了核电厂环境监管和控制的基本要求，《核电厂辐射环境监测导则》（RG4.1）规定了环境辐射监测的具体要求。RG4.8 包括核电厂所有环境相关的监管和控制要求，如热污染、用水影响、化学污染和放射性流出物污染等具体限值、辐射环境与放射性环境监测要求，有关组织、行动、报告、记录等管理方法的控制要求等。RG4.1 具体指出核电厂环境辐射监测要求，对监测项目、取样介质、取样频次、分析能力、环境监测报告等做出了明确的规定。除 RG4.8 和 RG4.1 外，美国核管理委员会导则 NUREC1301 和 NUREC1302 分别对压水堆核电厂及沸水堆核电厂的流出物控制与环境控制（包括监测）提出了更为具体和明确的规定，是美国核电厂辐射环境监测直接指导性规范文件。② 核监管信息的公开是核管理委员会的重要要求，核管理

---

① 高敏：《美国核电厂许可证制度介评》，《环境保护》2008 年第 18 期。

② 黄彦君等：《美国核电厂辐射环境监测与信息公开及其借鉴》，《环境监测管理与技术》2013 年第 4 期。

委员会在 1975 年制定了联邦法规《10CFR9—公共记录》。该法规规定公众有权获得核管理委员会拥有和控制的与政府业务有关的记录，包括由核管理委员会以任何格式保存的机构记录。《10CFR9—公共记录》的制定为核管理委员会在核安全监管中坚持信息公开打下了良好的基础。1977 年，核管理委员会发表了工作准则《良好监管的原则》，作为其管理理念，其中一个原则就是"公开"。这个原则指出，核安全监管是事关公众的业务，必须公开和坦诚地进行，公众拥有知情权，并有机会按照法规要求参与监管过程。基于上述法规要求，核管理委员会在核安全监管活动中坚持了全面的信息公开（包括核电厂的环境信息）原则。根据《10CFR9—公共记录》的要求，核管理委员会开发了全部门文档使用和管理系统（AD-AMS）。公众可以通过该系统获得核管理委员会任何格式的记录文件。在核管理委员会网站上可以检索到的丰富信息，包括核电厂的环境信息以及涉及环境的运行事件报告等。核电厂的环境信息包括各核电厂的放射性流出物排放报告和环境辐射检测报告，在核管理委员会网站上可查阅美国65 个运行核电厂 2005—2011 年的各年度环境辐射监测报告，内容包括环境辐射监测大纲、监测样品和分析项目、采样点、质量保证，等等。核电厂与环境有关的运行事件信息，其中最为典型的是美国部分核电厂地下埋管发生的氚泄漏事件。自 20 世纪 90 年代始，一些运行中的核电厂先后发生过氚泄漏事件，引起美国公众、媒体和国会议员的高度关注。核管理委员会分别于 2006 年和 2010 年两次成立工作组，所有调查的结果均在核管理委员会网站上公布。

三　对美国核安全制度的评价

总体而言，恰如费雪声称的，美国有关核安全的风险决策朝着理性—工具范式发展。从 1974 年按照《能源重组法》成立核管理委员会，改革"全能型"决策机构，将核能的研究与利用和安全监督职能分离，再到《重组计划 1980 年第 1 号》将紧急情形下的行政执法权集中于 NRC 主席。在机构设置上，美国的做法和前述德、法、日的那种行政集中化决策模式具有了很多相似之处。事实上，20 世纪 80 年代，包括美国在内的其他国家，如德国、瑞典、加拿大和英国都对核机构进行了改革，进行了大量的重组。如瑞典，增加了对国家辐射防护研究所和国家核电监察所的资金投入，国家动力局设立了核反应堆安全分部，以及两个机构：核安全理事会和核燃料废料处理董事会。在英国，国会下议院能源委员会提出过几项处理安全监督和安全制度组织事宜的建议。该委员会致力于增强核监察机构的技术力量，在国家核工业集团与中央电力局之间寻求更有效的负责安全的组织，要求后者更少参与到具体的工厂设计中。但政府的反馈却表明政府对现行安排比较满意，尽管它的确在能源部首席科学家中增加了一位核事务技术专家。然而，政府随后同意对一个设计与建设压水反应堆的项目安排进行了重组。政府在工程管理局增加了一个设立在中央电力局内部并包括了国家核工业集团的机构。另外，威斯丁豪斯公司和国家核工业集团分别拥有该压水反应堆工厂项目一半的所有权。在加拿大，安大略泊特委员会也提出过一些有关组织改革的建议，但是由于该委员会是省级的顾问机构，其政策方面的建议在联邦层面或者核工业整体层面引起的制度影响是有限的。影响的有限性也可能反映出核能行政机构的稳固地位及加拿大的政治力量分配格局。在美国，尽管专门的安全机构——核安全监督委员会这个新的公共机构，在成立不久后就被里根政府撤销。不过，核管理委员会建立了一个新的运行数据分析与评估办公室，旨在从过去的反应堆事故和故障中吸取教训。另外，核管理委员会的检查与执行办公室被重组并得到加强，并且在每一个工厂都设立了常驻检查员。作为政府监管补充的私营部门自律组织——美国核电运营协会（INPO），在三里岛事故后1个月之内也迅速成立。

当然，政治体制的差异也使得美国核管理机构因应风险的改革，和其他国家（尤其法国）有着重要的差别。总体上，美国的政治体制是为防止权力过分集中而设计的。权力的分散包括国家机构之间的分散，更包括向民间分散，这种意义的权力非集中化也即权力的非独立性。所以，当《重组计划1980年第1号》将行政执法权集中于核管理委员会主席时，又同时规定，所有制定政策、出台相关法律规范、指令和裁定的权力属于委员会全体。法国只有一个电力公司。核管理机构起联系作用，既为政府服务，又为电力公司服务。如此，电力公司、监督者、专家能够形成一个相对封闭的核电决策系统，核电发展计划受民众意见影响比较小。这种情况在美国的分权体制设计之下，绝对不可能出现。相反，权力的非独立性使得政治家必须要直接对舆论做出反应。20世纪50—70年代美国核电的迅速发展时期，正是核能神话鼓舞着每一个美国公民，从总统到议员、核管理机构等对核电的看法基本一致。所以，詹姆斯·弗林将"核污名"有关问题的关键与问题解决的可能归纳委付于风险管理也是有道理的。他说道："核污名"反应在美国社会中的存在广泛而深刻。之所以广泛，是因为对核设施的担心是所有国民所共有的，而且所有人造辐射的影响都会引起人们的担心。之所以深刻，是因为有大量的历史记录支持着人们的担忧。这些记录显示的是有关组织判断失误、疏于管理、无视公众安全与健康，而且拒绝为负面后果承担责任。由此导致的公众抵制会限制专家和政府对未来发展核科学和技术的前景。然而，除了作为"核污名"的基础的公众直觉判断，核项目管理方面的问题并不是核风险评估和风险分析的一部分。通信技术中的新进展正在改变风险分析和公共决策的角色。充当着风险的社会放大机制的新闻，正在朝向一种具有广泛基础的公共和互动性方向发展。目的明确的倡议者将会获得更大的影响力，并且更早地获得这种影响力。这有可能将公众的注意力更加有效地聚集于决策过程，并且为参与政策与项目选择方面的新的活动提供手段。技术上的污名以及表达信息的其他方式，尤其是那些提供迅速的、情感的，以及像道德价值观这样的广泛接受的指导方针的方式，将会变得更加重要而有影响力。在应对"核污名"的过程中，社会必须重点关注组织表现。科学和技术必须是，而且必须被视为人类健康和环境保护的仆人。如果具有内在危险性的技术要想取得公众的接受，并且完成其对人类的潜在贡献，组织的目标就必须据此经过重塑。① 然而，前文也论述到法国的风险行政集中化决策模式是建立在公众对政府的信任之上的，彼此之间如果建立了信任，"多么安全才是足够安全"就不再是社会争论的主题。在一个民主国家里，风险决策者要做到这点意味着最好能了解公众的所有偏好，问题被充分分析和讨论过，反对意见被挑战过……所有这些都构成组织改革试验的重大挑战。事实的情况往往表明——任何决策分析者不得不承认，风险决策竞技场上的权力关系不是均衡的。风险制造者几乎总是具备高超的知识和丰富的资

① ［美］詹姆斯·弗林：《核污名》，载［英］尼克·皮金、［美］罗杰·卡斯帕森、［美］保罗·斯洛维奇编著《风险的社会放大》，谭宏凯译，中国劳动社会保障出版社 2010 年版，第 326—327 页。

源来推广那些有关风险的观点，各种力量使得许多科学家和风险规制者向风险制造者那边倾斜。相比之下，那些风险不利群体所掌握的资源很少，参与决策的机会也有限或者被延迟。

因应风险的决策组织机构改革抓住风险的文化性质。从风险的文化属性角度，核灾害风险的技术成因的确不是主要的，美国仅有一起核事故——三里岛事件"根本原因是操作人员的操作错误"。造成操作人员混乱的主要因素有四个：① 第一，操作人员的培训严重不足，特别是缺乏对严重事件的培训。第二，具体的操作程序引起混乱，可能会也确实导致了错误操作。第三，补救性措施没有包括此前发生过的核事故的处理措施。第四，控制室设计混乱，不足以用于进行事故处理。既然如此，风险规制的决策者将和技术紧密相关的决策权力集中化就是合适的，它其实也是企图解决风险"事实"本身的问题。然而，决策组织机构改革抓住风险的文化性质，却也忽视了文化的风险。无论如何，组织改革没有对公众的恐惧感产生任何消减效果。而民主制度下的风险规制者又不能，也不会忽略公众的要求。由此，使得美国的组织机构改革难以产生法国的那种效果。并且，因之决定着公众参与在美国核安全制度中的性质与重要性。

将公众参与与信息获取紧密联系，即"见面会"的参与形式是值得肯定的，它和核管理委员会详细的监管信息公开相结合，对美国核电发展起着重要的支持作用。毋庸置疑，也是针对风险的文化属性而预防核灾害风险的关键措施。并且，有必要提及的是美国还广泛采取"鼓励公众投诉"的做法，它和"见面会"具有类似效果。如美国《联邦法典》第10编第2节第206条规定，允许公众就潜在的危及健康或安全的核风险提请核管理委员会对许可证持有人采取特别处置行动。一经查实，核管理委员会有权变更、终止、吊销该许可证，或者采取其他相应强制措施解决问题。近期经过完善的公众参与程序要求核管理委员会及时对公众所关心的问题做出回应，鼓励投诉者直接向相关主管部门面陈意见，对问题核电站提出自己的看法。核管理委员会特别鼓励核电厂工人就工作环境中存在的安全隐患向其主管报告，也可以直接向核管理委员会报告。核管理委员会

---

① "Report of the President's Commission on the Accident at Three Mile Island"［Kemeny Commission Report］，October 1979.

为此专门设立了公众免费投诉热线。通常每年核管理委员会会收到1000—2300件来自电厂员工或公众投诉电厂安全隐患或监管问题的案件，核管理委员会对这些问题逐一评估，分门别类，最终提交相关当事人处理（核电站许可证持有人、营运商、核管理委员会等），处理意见书面送达投诉人。

　　但公众参与的另一重要形式——公开听证，美国曾经使用类似诉讼的对抗程序，不仅仅是耗时的问题，更要看到其深层的不足：众所周知，在科学专家、律师、公众、官员等不同角色参与的听证中，科学家之间的共识并不能确保真实，因为先前形成的共识完全有可能是错误的。而类似于"推销广告"的法律人方法尽管和理论科学有着相似性，但期限要求以及必需最终确定的决定，清楚地区分了两者面临的"挑战"。法律系统的目标和应用科学也具有相似性，他们都要求根据不完全的事实信息做出决定。然而，科学界与法律界使用迥异的方法迎接挑战。法律界努力用对抗性的方法达成决定，律师们相互攻击，希望"硝烟散尽"时能够依据现有的科学知识与信息做出决定。这和应用科学的方法形成鲜明的对照，他们试图解决科学问题时常常寻求共识。共识的方法假定针对既定的科学问题，大多数科学家将达到一致意见，仅仅少数持不同观点。因此，律师为了当事人的利益必然会选择那种属于"少数"的科学家，因为很清楚对方律师会选择一个和其明显对立的科学家。这导致在法庭或听证中，当科学专家们面对面时，既不可能进行科学的讨论，（对抗性程序）也不允许进行讨论。所以，总而言之，对抗性的方法用来解决司法争议将和理论科学或应用科学一样，结果是令人沮丧的。"我们必须认识到，我们社会的环境风险规制方法是科学共识和法律对抗的混合体，这由法律的本质决定，同样的也是科学本质。对一个科学家，方法之间的相互影响是十分令人沮丧的，尤其当你被律师告知缺少科学家们之间的一致意见是有效环境风险规制的主要障碍时，更是如此。因为障碍常常不是因为一致意见的欠缺，而是因为对抗性的程序使得科学界不一致。"[1] 瑞查德·卡彭特（Richard Carpenter）博士在1982年的一篇文章就归纳出这种对抗性听证

---

[1]　Goldstein, Bernard D. , " Risk Assessment and the Interface Between Science and Law " (1989), *Columbia Journal of Environmental Law*, Vol. 14, No. 2, 343, 346 – 348.

的不足，指出："律师和科学家之间的关系陷入僵局：科学家们反对对抗性法律程序；而律师们没能对学科间的合作做好学术性的准备；科学家们否认人为因素；而律师们倾向于从流行杂志上获得他们的'科学信息'。"① 鉴于对抗式听证的不足，美国 1983 年的回应——允许核管理委员会在认定具体事实后，可以不经听证颁发许可，显然没能切中问题的实质——科学与法律、民主之间的不协调就集中存在于风险的"事实认定"过程中。1989 年和 2004 年的修改，减少交叉询问证人的机会而采用"强制性披露"，明显更趋向理性—工具范式发展。

不过，美国核管理委员会颁发的核电许可基本是 1989 年行政许可制度改革之前，1990 年以后核管理委员会仅审批了几个标准设计申请，综合许可申请暂时没有。所以，总体上美国新的行政许可制度还处于探索阶段，其制度的合理性和完整性有待在审批新的许可申请时检验。而依据上文，可以清楚地看到，有关核风险的争议在美国依然体现为民主/科学的对峙。2011 年日本核泄漏事故后，美国政府在第一时间做出回应，核管理委员会应奥巴马总统的要求，宣布启动对全国 104 座核反应堆的安全状况实施全面的检查行动。然而美国民众的反应更为强烈，哥伦比亚广播公司新闻频道开展了一项民意调查，结果显示，公众对核电站建设的支持率由 2008 年的 57% 下降到 43%（1977 年支持率达到最高 69%，1979 年三里岛核泄漏事故后下降到 46%，1986 年切尔诺贝利事故后再度下降到 34%）。② 2011 年 4 月中旬，全美爆发了 45 个组织及个人参加的请愿活动。尽管如此，奥巴马政府在日本核泄漏事故后仍然继续支持美国核电的扩张，并且可以清楚地看到一定的效果。这其中，有一点值得注意的是，在美国历史传统上，共和党主张积极发展核能，而民主党对其持怀疑态度。但近年来，民主党的核能政策转趋积极。发展核能成为两党共识，布什政府和奥巴马政府在该问题上保持了较强的连续性。这里显示出缓解核风险争议的民主/科学对峙的重要经验：当有关核风险的争论成为政治议

---

① Carpenter, Richard A, "Ecology in court, and other Disappointments of Environmental Science and Environmental Law"（1982）, Natural Resource Lawyer, Vol. 15, No. 3, 573.

② US Nuclear Power Loses Support in New Poll, By MICHAEL COOPER and DALIA SUSSMAN, MARCH 22, 2011, http：//www. nytimes. com/2011/03/23/us/23poll. html? _ r = 0.

题的一部分时，党派之间立场的统一至为关键。

第三节　风险社会背景下我国台湾地区的核安全制度

一　我国台湾地区核工业及其安全管制体系概况

我国台湾地区的核工业发展历史可追溯到 1951 年，其时"经济部"成立台湾独居石勘探处，同年 8 月起在 150 个工作日内，完成了 1600 公顷面积的砂矿勘测，初步掌握了台湾独居石的分布及蕴藏量情况。1955 年"总统"蒋介石核准与美国签订原子能和平用途双边协定，并要求当时清华大学（台湾）的校长梅贻奇博士筹建清华水池式反应器。1955 年 6 月台湾成立"行政院原子能委员会"；1966 年 3 月国际原子能总署应邀派专家来台协助评估核电厂址的合适性。1968 年 9 月台电公司与美国贝泰工程公司签订核能一厂工程计划评估及服务合约，协助台电公司选择厂址及分析 50 万千瓦级核能发电机组在 60 年代中期加入系统供应基载电力在技术上及经济上的可行性，并协助办理核能电厂主要设备的招标、审标及采购合约等事宜。1969 年初台电公司完成厂址选择报告，报"经济部"转呈"行政院"核准将首座核电厂设在台北县石门乡。核一厂一、二号机工程计划分别于 1969 年 8 月及 1970 年 6 月获"行政院"核准兴建。1970 年 11 月核电一厂正式动工建设，1978 年 12 月第一机组开始商业运转，1979 年 7 月第二机组开始运转。核一厂总工程预算为新台币 2 962 158 万元，而实际工程费约为新台币 25 102 百万元，约为原预算的 85%。总装机容量为 127 万 2 千瓦。

1971 年 9 月，台电公司与美国贝泰工程公司续签合约，委托提供核电二厂第一期工程的顾问服务，内容包括：厂址勘探、工程招标审查及评估。原先考虑三个厂址：老梅、国圣和富贵，经过 1 年的初期厂址勘测，最终选定台北县万里乡国圣村。核电二厂采用美国奇异公司设计的沸水式第六代反应器和第三型包封容器的核蒸汽供应系统，两部机组装机容量均为 98 万 5 千瓦。1974 年"行政院"正式核准核电二厂的开工建设，1980 年 12 月一号机组开始商业运转，1983 年 3 月二号机组开始商业运转。

核电三厂位于台北屏东县恒春镇马鞍山，于 1976 年 7 月开始选址建设，1984 年 7 月第一机组开始商业运转，1985 年 5 月第二机组开始商业运转。核电三厂的两部机组装机容量均为 95 万 1 千瓦。核电四厂计划最先于 1980 年由台电公司提出，并一度获经建会核准进行核四反应器、汽轮发电机的国外贷款及主要设备采购，因当时正逢第二次石油危机，用电需求减缓，而取消招标采购方案。但核电四厂的厂址土地于 1983 年 3 月完成征收，并进行厂址整地工程。而在此期间，公众的反核呼声高涨，1986 年 5 月"行政院长"俞国华不得不要求"在公众疑虑未澄清之前，不得急于动工"。1986 年 7 月"立法院"回应公众的要求，冻结核电四厂的建设计划。1991 年 8 月起至同年 12 月台电公司再度提起核电四厂的可行性研究报告及环境影响评价报告的审批，并于 1992 年 2 月获"行政院"正式批准，同年"立法院"也恢复对核电四厂的预算。但 1986 年 5 月民进党促使"立法院"通过"废核案"，尽管随后"行政院"针对"立法院"的"废核案"提出"废核复议案"并获得立法院的通过，原子能委员会也由 1999 年 3 月完成核电四厂的安全分析报告审查，并颁发建设许可，不过，台湾民众的反核呼声没有因此消失，2000 年 10 月"行政院长"唐飞因支持核四厂的续建而辞职，继任院长张俊雄随即宣布停建核电四厂。2001 年，核电支持者将"核四"争议提交司法审查，大法官第 520 号解释认为行政院停建核电四厂的程序存在瑕疵。随即立法院再次通过核电四厂续建方案。据台电公司网站披露的信息，目前核电四厂（龙门核电站）的一号机组已经进入调试，申请燃料装填阶段。[①]

我国台湾地区核电厂的安全管制由核电厂的自我管制、台电总管理处的直接监督、原子能委员会安全管制等三个阶位构成，层层负责。其中，核电厂的自我管制偏重于对较细节的例行性事务作管控。台电总管理处的监督类似于扮演父母的角色，除了对核电厂进行严格管教外，同时也要进行有效的疏导。原子能委员会则是扮演警察角色，核电厂如不遵守规定，则随时加以取缔处分。原子能委员会的管制具体做法，包括：第一，执行核电厂驻厂视察制度。台湾原子能委员会借鉴美国的做法，1985 年 8 月起正式实施驻厂视察。驻厂视察员的主要职责是监督并掌握电厂运转状况，除了查验重要操作程序及电厂定期测试外，并立即回报电厂发生的异

---

① http：//wapp4. taipower. com. tw/nsis/1/1 _ 1. php？ firstid ＝ 1&secondid ＝ 1&thirdid ＝ 1，2015 年 4 月 21 日最后访问。

常事件，以便原子能委员会能迅速采取措施，维护电厂的运转安全。第二，目前台湾运转中的核电厂共有一、二、三厂，六部机组，每部机组运转一年或一年半以后，即需要停机更换燃料并进行系统、组件的维护保养及检修，在此为期约 50 天的大修期间，原子能委员会核管处、辐防处及综计处均要派员进行大修检视。凡是影响到核能电厂安全的项目，如电厂电气设备，仪器设备、机械设备、防火系统、辐射防护、品质保证、气体及液体排放、环境监测、应急计划以及安全措施等，并视情况在原子能委员会网站上发出违规公告、改进事项表等，督促各核能电厂改正以提升大修作业品质。第三，建设及考核核电从业人员的安全文化。台电公司于 1991 年制订核安全文化执行方案，目的在于建立工作人员凡事遵守规定的习惯，并设定量化指标，每季度进行自我检查，原子能委员会和经济部则定期进行安全文化考核。第四，落实国内、外核电厂运转经验回馈。原子能委员会除通过定期召开核能管制会议，使国内各核电厂的运转经验得以彼此交流外，并与国外相关单位保持密切联络，吸取各国核能运转经验。第五，确保工程建设维护承包商及其工作人员的资质，对各项重要设备的维修，原子能委员会除了要求其工作人员必须经过严格训练外，并且必须通过核电厂的资格证考试，取得证照后，才能从事维修工作。第六，落实系统研讨与肇因分析制度，要求各核电厂的工作人员养成讨论的习惯，以增进对电厂系统的了解。通过员工意见的交换，进而及早发现设备异常的潜因，防范设备故障的发生。在设备故障发生后，应确实查明原因，以防范重演。第七，加强不定期的稽查，原子能委员会除利用机组大修期间进行电厂设备维修保养的定期稽查外，并不定期由原子能委员会或视察员进行不预警视察，以提高电厂工作人员的警觉性。

台湾地区的原子能组织机构是明显集研究开发、管制、安全防范、事故应急处理等于一体的综合、集中化模型。1955 年 6 月我国台湾地区成立"行政院原子能委员会"，1964 年 1 月原子能委员会邀请有关专家成立法规编订工作委员会，研拟原子能有关法规草案。1967 年 4 月"行政院"通过《行政院原子能委员会组织规程修正案》，建立员额编制，任用专职人员，在主任委员会与执行秘书之下设计划、技术、总务三组。1968 年 1 月成立辐射防护专门委员会，研商辐射安全管制办法。1968 年 7 月原子能委员会会议决定发展发电用及研究用反应器，分别由台电及核能研究所

负责进行。为便于对反应器的安全进行评估，1969 年 4 月底成立"安全
评估研究小组"。1968 年 5 月公布原子能法。1970 年 12 月公布"行政
院"原子能委员会组织条例，并于 1971 年 6 月正式施行。在组织条例中，
除将组织规程中的"执行秘书"改为"秘书长"外，也将原有"计划、
技术两组"改为"计划、技术两处"，"总务组"改为"总务室"，并另
设会计、人事、安全三室，原有"法规小组"改为"法规委员会"，"辐
射防护专门委员会"改为"游离辐射安全防护委员会"，"安全评估研究
小组"则改为"核子设施安全评估委员会"。原子能委员会组织条例在
1979 年又作了一次修正，修正的组织结构为，在主任委员、秘书长之下
设综合计划处、核能管制处、辐射防护处、秘书处、人事室、会计室。其
中，综合计划处掌管原子能科学技术发展研究计划、核保防、原子能法
规、国际原子能机构与国内外原子能有关的机构联系及合作，原子能科技
人才储备及训练、核事故赔偿与保险以及原子能刊物的编译与出版等；核
能管制处负责核子反应器建造、运转、废弃、转让、拆除的安全分析、环
境评估、检查、视查、监督、执照审查、核灾害评估，以及核原料勘探、
开发生产与核原料燃料制造、再炼、输入、输出、运送、储存、使用、转
让、废弃的管制。辐射防护处负责放射性物质及可发生游离辐射设备与操
作人员有关执照的审查核发，辐射背景辐射剂量的管制检查及辐射安全有
关事项。另外，设立六个特别委员会：法规委员会、辐射安全防护委员
会、核子设施安全评估委员会、核子事故调查评议委员会、医用放射线从
业人员资格审查委员会、环境评估委员会；三个直属业务执行机构：核能
研究所、台湾辐射侦测工作站、放射性待处理物料管理处。随着核能科技
的广泛运用，放射性废料涉及的问题日趋重要，1981 年原子能委员会报
"行政院"核定设立放射性物料管理局。

二　我国台湾地区的核安全法律制度

我国台湾地区的核安全法律制度，以 1968 年 5 月公布施行、1971 年
12 月修订的《原子能法》为龙头分为四类，即组织类、基本类、运送类
及管制类。组织类包括《行政院原子能委员会组织条例》《行政院原子能
委员会法规委员会组织规程》《行政院原子能委员会游离辐射安全防护委
员会设置办法》《行政院原子能委员会核子设施安全评估委员会设置办

法》《行政院原子能委员会核子事故调查评议委员会设置办法》《行政院原子能委员会办事细则》《行政院原子能委员会核能研究所组织条例》《台湾辐射侦测工作站组织条例》《放射性待处理物料管理处组织条例》等；基本类包括《原子能法》《原子能法施行细则》《核子损害赔偿法》等；运送类包括《放射性物质安全运送规则》《原子能设备进口关税减免办法》等；管制类包括《核子原料矿及矿物管理办法》《放射性等处理物料管理办法》《游离辐射防护安全标准》等。

其中，《原子能法》包括总则；主管机关；原子能科学研究与技术的研究发展；原子能资源的开发与利用；核子原料、燃料及反应器的管制；游离辐射的防护；奖励、专利及赔偿；罚则；附则等共 9 章，34 条。总则主要是立法目的和相关术语的阐释，第一条将立法目的界定为"为促进原子能科学与技术之研究发展，资源之开发与和平利用"。第二章主管机关，其中，第三条规定原子能主管机关为原子能委员会，隶属行政院。第三章关于原子能科学与技术之研究发展的规定，规范原子能委员会在原子能科技的研究发展与原子科学教育进修方面应负担引导与协助的任务；第四章各条文规定原子能委员会得呈准行政院专设机构办理核子原料与燃料的生产，充实增建核子反应器，生产放射性物质供和平使用。原子能的农、工、医应用，应由原子能委员会督导各有关机构合作进行。第五章是对核子原料、燃料及反应器管制的一般性规定，第 21、第 22 条规定，核子原料、燃料之生产，应申请核准。核子原料、燃料的输入、输出、运送、储放、使用、废弃及转让均应申报核准，并由原子能委员会派员稽查。第 23 条规定，申请设置核反应器，应填具申请书，由原子能委员会核准，发给建厂执照。核子反应器的建造工程完成时，应报请原子能委员会派员查验。核子反应器的运转，应于事前提出该反应器设施的安全性综合报告，报经原子能委员会审查核准，发给使用执照。核子反应器的运转，由原子能委员会随时派员检查，以确保运转安全。第六章关于游离辐射的防护规定，第 26 条规定，放射性物质及可发生游离辐射设备的所有人，应向原子能委员会申请执照。可发生游离辐射设备的安装、改装，在工程完竣后，应报请原子能委员会作安全检查及游离辐射测量。放射性物质及可发生游离辐射防护的训练，并应含有原子能委员会发给的执照。此外放射性物质及可发生游离辐射设备的输入、输出、转让、废弃及放射性废料的处理，均应经原子能委员会的核准及稽查。

《原子能法施行细则》于 1976 年 12 月公布施行，2002 年 11 月修订，共 63 条，其规定内容以补充及解释《原子能法》中有关核能管制及辐射防护部分原则性事项为重点，包括几项重要制度：（1）禁建区和低密度人口区制度。第 8 条规定，核子设施周围地区，应按核子事故发生时可能导致的损害程度，划分禁建区和低密度人口区。前者指在核事故发生后，于其边界上之人在二小时内，接受来自体外分裂产物之全身剂量不超过 250 毫西弗，或者来自碘之甲状腺剂量不超过三西弗之紧接核设施地区；低密度人口区指核事故发生后，于其边界上之人自放射云到达时起至全部通过时止，所接受来自体外分裂物之全身剂量不超过 250 毫西弗，或者来自碘之甲状腺剂量不超过三西弗之紧接禁建区之地区。第 9 条规定，核设施之设置地点，除须符合禁建区及低密度人口区之要求外，其与 25 000 人以上人口集居地区之距离，至少应为低密度人口区半径一又三分之一倍。第 10 条规定，禁建区及低密度人口区之具体范围，应由该核设施经营人视需要绘制四千八百或一千二百分之一比例尺地形图四份，送经原子能委员会会商内政部、直辖市、县（市）政府及有关单位后，报请行政院核定，转由该管县（市）政府于两个月内会同核子设施经营人分别设立界桩并公告实施。设立界桩之费用，由核子设施经营人负担。第 11 条规定，核子设施经营人，对禁建区内土地，除公路、铁路、水路外，应在核子设施预定使用期间内，依法取得使用权。核子事故发生时，对于通过禁建区的公路、铁路或水路得随时封锁，以便专供处理核子事故及疏散之用途，并应立即通知当地治安机关。第 12 条规定，低密度人口区，得供居民居住，但各级政府及公私团体，不得在该区内规划或设置新社区、工厂及学校。

（2）核原料及燃料的安全管制。第 13 条规定，生产或持有核原料，应填具申请书，向原子能委员会申请核发核子原料执照。申请核子燃料执照并应具有履行核子损害赔偿之责任保险或财务保证之能力。订有完整之紧急处理程序，并定期演习。紧急处理程序及定期演习计划应报请原子能委员会核准。第 18 条规定，移转核燃料 1 公克以上者，移转双方应先报请原子能委员会核准。安全管制之核物料不论是由公路、铁路、海洋还是由空中运送，均应采用直达运送。如遇意外事故必须转运时，应处于护送人员监视之下。安全管制的核物料，其储存地区应由所有人依其重要性划分为管制区、物料区、重要区，报经原子能委员会核准，并实施管制。

（3）核反应器的管制。第34条及以下规定申请核发核反应器建厂执照，应于设置地点核定后，开始建造前，填具申请书并附送核子反应器初期安全分析报告书，经原子能委员会认为前述的申请，在设计上已足以维护公众健康与安全时，始发给建厂执照，但在建造进行期间，得随时派员检查。申请核发核子反应器使用执照，应于初次安放燃料前，填具申请书并附送该反应器设施的安全性综合报告及核子反应器安全转运的技术规范，经原子能委员会审查通过后，始核发使用执照。原子能委员会为维护公众健康与安全，可以变更使用执照的许可事项或撤销其执照。经"行政院"核准后，并得命令持有人变更反应器结构、系统或采取其他必要措施。

由于我国台湾地区2001年开始实施《行政程序法》，按照行政法治的要求，凡是涉及民众权利义务的事项，均须由法律或法律有明确授权的行政命令予以规范。原子能委员会于是将相关的管制条文从现行的原子能法中抽出，制定《核子反应器管制法》、《游离辐射防护法》、《放射性物料管理法及核子事故紧急应变法》等法律。新制定的法律秉着落实依法行政的理念，授权规范明确、罚则分明，确保证照审核程序能更公开和透明。同时，建立证照申请公告展示及意见征询制度，以尊重民众的权利及表达意见的权利，增强决策程序的公信力。其中，《核子反应器设施管制法》分总则、管制、罚则、附则共4章36条，2003年1月15日公布施行。主要内容包括：（1）强调全过程管制的基本理念。明定核子反应器设施建厂及运转执照申请与审核的程序，并授权订定申请审核办法。运转执照有效期最长为40年，期满非依规定申请换照，不得继续运转。此外，运转期间每10年至少应作一次整体安全评估。核子反应器永久停止运转后，应于25年内完成"除役"。（2）加强核子反应器设施的安全管制。为确保运转安全，核子反应器设施兴建或运转期间，主管机关得随时检查或稽查。对于不合规定或有危及公共安全或生态环境可能时，要求限期改善或采取其他必要措施。必要时，主管机关得命令其停止兴建、运转或废止执照。此外，并明定核子反应器设施装换燃料、大修、因异常事件停机后的再起动运转等作业的管制程序。（3）严格规范核子反应器运转人员的资格。鉴于核子反应器的运转，涉及公共安全和较高程度的专业知识，明确规定未领有核子反应器运转人员执照者，不得操作核子反应器。核子反应器运转人员有重大违规，玩忽职守或身心健康不佳等情形时，主管机关得依法定情节予以吊销执照、吊扣执照或停止其运转工作等处分。

《游离辐射防护法》分总则、辐射安全防护、放射性物质、可发生游离辐射设备或其辐射作业的管理、罚则、附则共 5 章 57 条，2002 年 1 月 30 日实施。主要内容包括：（1）加强放射性物质及可发生游离辐射设备的全程管制。在"安全第一"的前提下，兼顾使用成本及社会资源的有效应用，明定放射性物质、可发生游离辐射设施或其辐射作业，按其危险程度应申请许可登记备查，人员操作放射性物质或可发生游离辐射设备时，也可依此分类并持有安全执照或接受训练。为有效掌握放射性物质及可发生游离辐射设备的流向，放射性物质及可发生游离辐射设备停止使用或其生产设施停止生产制造时，须报请主管机关核准；永久停止使用或运转时，应进行最终处理。（2）加强游离辐射公共安全的维护。因应社会大众对公共安全的关切，明定主管机关应实施环境辐射监测并公告监测结果，对公私场所或商品所含辐射有影响大众健康可能时，得进行检查或检测，对建筑材料或建筑物得采取辐射污染防范措施。限制在商品中添加放射性物质，以有效维护游离辐射的公共安全。（3）实施医疗暴露品质保证制度。为使接受医疗暴露的病患或志愿协助病患的人员能够得到更好的安全防护，以提升辐射在医疗上的效益及品质，明确要求医疗机构使用放射性物质，可发生游离辐射设备或相关设施，应实施医疗暴露品质保证制度。

《核事故紧急应变法》分总则、组织、整备措施、应变措施、复原措施、罚则及附则共 7 章 43 条，2003 年 12 月 24 日颁布实施。主要内容包括：（1）厘清各级政府及核反应器经营者的权责。《核事故紧急应变法》出台之前是"行政院"以"命令"形式发布的"核事故紧急应变计划"，将之法制化最重要的意义在于赋予核事故紧急应变的法律依据，明确厘清各级政府及核反应器设施经营者的权利责任与分工。（2）强调专业分工并兼顾国家防救体系的运作。《核事故紧急应变法》同时属于防灾、救灾法律体系，对于掩蔽、疏散、交通、医疗、收容及复原等一般性救灾规范，如同其他灾害的应对，依据灾害救助的法律架构，由地方政府统筹执行。但涉及辐射专业技术部分，因原子能委员会并无下辖的地方机关，所以，除了由原子能委员会邀集有关机关及核子反应器经营者，共同执行辐射监测、事故评估及辐射剂量评估等工作外，并明确规定由"国防部"动员部队，实施人员、车辆及重要道路等的辐射污染清除，同时支援救灾工作。（3）落实平时准备并妥善规划经费来源。核事故紧急应变的规划与执行是以紧急应变计划区为范例，参与应变的各单位，平时即应按事先拟具的各项应变计划，办理物资储备、人员编组训练与设备测试维护等工作，并定期演习。各级政府也应对紧急应变计划区及其邻近区域内民众宣传紧急应变计划。一旦发生核事故，相关单位则依该法的组织或分工，进行通报、应变救灾与恢复。办理该规定的特定事项的经费，由核子反应器经营者负责，并由原子能委员会设置基金管理机构。

《放射性物料管理法》分总则、核子原料及核子燃料的管制、放射性废料的管制、罚则、附则共 5 章 50 条，2002 年 12 月 25 日颁布实施。主要内容包括：（1）全面考虑放射性物料管理体系。放射性物料的范围包括核子原料、核燃料及放射性废料，由于其管理具有长久性，历来就是核能国家关注的焦点，2002 年新制定的《放射性物料管理法》将之纳入完整的管制体系，以便于加强安全管理。（2）兼顾遵守国际核保护条约的义务。（3）强化放射性物料的安全管理。明确规定核原料、核燃料及放射性废料的持有、使用、输入、输出、过境、出口、运送、贮存、废弃、转让、租借等的管理规定，以及放射性物料设施建造运转执照的审核标准。放射性物料的运作及设施的建造与运转，主管机关得随时派员检查，对于违反规定者，应令其限期改善或采取必要措施，必要时得令其停止兴建、运转或废止执照。此外，放射性废料处理或贮存设施永久停止运转后，应于 15 年内完成除役，最终处置设施则须依规定执行封闭与监管。台湾核废料管理机构是 1981 年成立的核物料管理处，负责放射性废料处理、贮存、运送及最终处置的管制隶属于原子能委员会。在物料管理处成立之初，同时兼运营低放射性废料贮存的兰屿贮存场。1988 年 9 月"行政院"颁布"放射性废料管理方针"，规定废料生产者必须负责自行处理、运送、贮存及最终处置所产生的废料，"物管处"于是在 1990 年 7 月将兰屿核废料贮存场的运营移交给台电公司。台电公司核一、二、三厂运转所产生的固体低放射性废料中，属干性的先在各厂仓库暂存一段时间后，分批运往"减容中心"作进一步处理，以降低其体积与数量；属湿性的废液残渣等则加水泥固化后封入钢桶内，先在各核电厂废料仓库中贮存，使其放射性衰减数年后再分批运往兰屿贮存场贮存。目前台电公司三座核电站每年固化低放射性废料产量平均为 7 500 桶。

"减容中心"位于核电二厂的东南方，它的主要功能在于减低各核电厂所产生的低放射性废料的体积和最终存贮所需的空间，装置有设计容量每小时焚化 100 公斤的焚化炉，以及可产生 1500 吨力的超高压压缩机。来自核电厂运转维护所用过的木、纸、布、塑胶等可燃性废料，占电厂所产生的全部低放射性废料的 30%—40%，焚化后的灰渣经柏油搅拌固化后装入废料桶贮存。核电厂产生的不可燃但可压缩的低放射性废料主要为废金属碎片、管阀、马达、水泥块、金属管条等，它们都被压缩后装入钢桶内封存。"减容中心"焚化炉自 1991 年 8 月开始运转，到 1993 年 8 月，共焚化可燃废料约 3 300 桶，产生固化废料约 170 桶，减容比约为 20%。而超高压缩机于 1993 年 1 月开始运转，到同年 8 月底止，共处理约 1 560 桶可压废料，将其减成约 520 桶，约为原体积的 1/3。

兰屿贮存场成立于 1982 年，1990 年 7 月由物料管理处交给台电公司运营。兰屿贮存场自 1982 年开始就接收全台湾的核电厂、医疗、研究及工业生产中所生产的低水平放射性固化废料，运送及贮存作业都严格按照法律规定的程序进行，且有保健物理专业人员随行，以确保存贮的安全性；此外，从 1982 年开始对兰屿全岛的环境辐射实行不间断监测，到目前为止显示存贮前后的环境并无差异。兰屿贮存场现有容量为可贮存低放射性核废料 98 112 桶，到 1994 年底即已存贮满。台电公司在 1990 年曾着手依据原物料管理处拟定的计划建设二期工程，但遭到当地居民的强烈反对，而不得不改为在核电厂内暂时存贮。[①] 高能核废料，我国台湾地区称为"用过核燃料"。台湾核电厂生产的高能核废料，到 1993 年已达到 1 400 吨，都贮存于核电厂内的专用水池中冷却。为满足未来短期存贮的需求，台电公司对三座核电厂，分别于 1987 年、1992 年、1995 年对其存贮核废料的存贮池进行扩容，使其可分别满足增加 10—40 年的

---

① 李青山：《台电公司放射性废料劳动管理现状》，载"行政院"原子能委员会编印《第三届华裔核废料专家研讨会论文集》，1993 年 12 月，第 75—83 页。

贮存能力。按照扩容的存贮方案，大部分高能核废料都可以在冷却池中冷却 5 年以上，其残余放射性及热量大幅度降低而可移至干式贮存设施，进行中期贮存。台电公司于 1989 年 4 月开始进行"核一、二厂用过核燃料中期贮存可行性研究"，就水泥箱式、金属箱式、水泥地窖式、水泥粗组式等四种贮存方案分别进行技术设计、安全分析、环境影响评价及成本估计等，然后将各种分析资料与数据，应用层级分析法建立评选架构及因子，于 1990 年 8 月邀请专家学者参与评选并进行敏感度分析后，决定以水泥箱式、水泥地窖式、水泥粗组式等三种方案为基础，进行进一步的场址地质勘探，最终于 1992 年 12 月完成中期贮存的选址工作，并于 1998 年和 2001 年分别完成核一、二厂用过核废料中期贮存设施建设，其使用寿命可达 70 年以上。我国台湾地区高能核废料的最终处置，采用深层地质掩埋法。1992—2001 年完成区域调查阶段，获得处置地区域地质、水文、地球化学等情况，按照计划 2002—2006 年进行初步场址调查，2007—2009 年进行候选场址评选，2010—2016 年进行详细的场址调查，2017—2022 年进行场址确认，2023—2032 年完成场址的建设与调试。

三　对我国台湾地区核安全法律制度的评价

我国台湾地区核安全法律制度总体上和德、法、日基本相同，都是明显的行政集中化决策，按伊丽莎白·费雪的分类属于理性—工具范式。但在公众参与方面的规定更为欠缺，《核子反应器设施管制法》没有关于许可程序的公众参与规定，第 5 条只要求"主管机关收到兴建核电厂的申请后 30 天内，应将申请公告 60 日。个人、机关（构）、学校或团体，得于公告期间内以书面形式明确记载姓名和地址向主管机关提出参考意见"。对此，台湾学者意识道："从立法政策角度，实际适度导入地方居民公开参与核设施设立的决策程序，使利害关系人，有表达其疑虑的机会。通过决策程序的公开，可排除行政机关的恣意独断，并且通过公开资料与程序，不只是居民，辅助核电厂兴建的科学家也可以参与讨论，如此则主管机关所做出的安全审查结果及决定，才能获得民众的信赖。不仅如此，它也是整个原子能法体制能否发挥功能，人民基本权利能否得到保证的关键。"①

　　和德、法、日等国差不多，我国台湾地区也十分注重信息的公开。在台湾地区"原子能委员会"的网站上，设有"核四"（龙门核电站）专栏，公众可以清楚地查询到核电站的进程，在工程进度的管制月报中，主要是对工程总体进度和各项目进度的核实以及各个月重要的管制措施。管制的定期报告是针对具体问题的视察报告，如 2014 年 12 月 8—12 日主要视察项目为：（1）龙门核电厂 1 号机封存维护计划及仓储作业查证；（2）龙门核电厂 2 号封存准备、维护计划、品质文件管制作业及仓储作业查证。而 2014 年第四季度则是龙门核电厂的初始测试进度报告。另外，其他三个核电厂的安全管制报告、环境辐射监测报告等众多信息全都发布在网站上。总体上，我国台湾地区在美国三里岛事件以及前苏联切尔诺贝利事件之后，在核电安全运转方面主要的变化就是强化核安全文化的建设。三里岛事件后，美国核能管制委员会根据调查结果发行了一项关键性的文件（NUREG0737；TMI Action Plan），要求各运转中的核电厂，从设计、管理、设备维护、人员训练等方面进行彻底的检讨改善。我国台湾地区原子能委员会借鉴美国的做法，对已有的三座核电厂限时要求改善，全面提高各核机组的安全品质。1986 年切尔诺贝利事件之后，鉴于其时国际核能专家的调查报告认为事故原因主要是操作人员违反操作规程，任意移除安全保护信号与设备，而政府欠缺强有力的管制也是导致操作人员缺乏安全意识的重要原因。所以，自我国台湾地区原子能委员会建立之日，就界定其基本的宗旨就是"严格执行安全管制、树立监督公信力"。② 我国台湾地区的核风险文化建设方面，也十分注重正面的宣传和引导。"主动多元推展核能宣导沟通"被原子委员会列为重要的"施政方针"。许多做法也有一定的借鉴意义：如（1）整合专业资源，建构"辐射你我她"免费演讲服务机制。在原子能委员会网站设置"辐射你我她"免费演讲服务申请机制，促进社会大众对辐射及原子能和平应用的认知。宣讲人选以原子能委员会退休专业人士为主，同时也吸收民间人士参与。2008 年就完成 16 场公私团体免费演讲。另外，每年都邀请附近居民参加"核能知性之旅"活动，除

---

① 陈春生：《核能利用与法之规制》，台湾月旦出版社股份有限公司 1995 年版，第 92 页。
② 翁宝山：《台湾核能史话》，"行政院"原子能委员会编印 2001 年版，第 123 页。

参观原子能委员会核安监管中心外，并安排赴核能电厂参观，2008 年举办两次，参加民众近百人。（2）通过"校园深耕"计划，让核能的正面信息逐步普及。除积极协调"教育部"于 2008 年 6 月完成《核能、辐射与生活》通识教育教材编撰外；并与台南县市教育主管机关及 32 所公私立高中达成协议，在多所高中演讲或示范解说；同时举办两场次教师核能研习营，多位教师申请"辐射你我她"演讲，将核能信息导入校园。（3）强化与媒体记者互动，应用大众传播，增进外界对核能的正确认知。（4）利用核安全演习的机会，强化紧急应变宣传引导。

就如前文阐明的公众参与是公共决策的重要方式，基本目的在于夯实公共行政的合法性即社会可接受性。而如果公众对政府有着较高程度的信任，行政集中化决策模式依然可得到公众的接受。德、法、日、中国台湾明显试图在严格的形式法治之下，依照这一逻辑运作。因此，对这些国家或地区而言，或者说对这种行政集中化决策模式而言，关键的就是建立公众对政府的信任。我国台湾地区民众的反核运动从 20 世纪 80 年代中期开始，1985 年 4 月 27 日高雄市鼓山二路的台电营业区大门围墙上出现"反对核四兴建"及"台电董事长陈关皋不要出卖台湾"的油漆大字，标志着反核社会运动的开端，到 90 年代愈演愈烈，每年都会有不同规模的反核游行或运动。如 1991 年 5 月 4 日学生夜宿台电大楼，与警方发生肢体冲突，5 月 5 日举办反核游行，并由台北县长尤清担任台北县总领队，约有 5 000 人参加；1992 年 4 月 26 日台湾环境保护联盟举办"四二六反核大游行"，有 2000—5000 人参加。5 月 12 日—6 月 3 日，环盟在立院门口举办"反核四、饥饿 24"接力静坐禁食活动。1993 年 5 月 30 日，"五三〇反核大游行"，约有 5000 人参加，提出"撤销核四计划""杜绝辐射毒害""建立非核家园"三大主张。6 月 27 日，环盟和贡寮民众近千人上午到立法院门口静坐，要求"全民票决，人民做主"。2000 年之后由于台湾"立法院"再次通过核电四厂续建方案，民间反核活动有所削减。直到 2011 年日本福岛核事故发生再度掀起高潮。2013 年 3 月 9 日爆发台湾有史以来最大规模的反核大游行，参加人数达到 22 万人。[①] 台湾民众的反

---

① 《台湾：史上最大的反核游行》（https：//socialisttw. wordpress. com/2013/03/17/），2015年 5 月 10 日最后访问。

核运动和世界各地有着共同点，即和党派政治密切关联。风起云涌的反核运动基本由台湾地区的民进党所操纵，民进党本身不一定是坚定的反核主义者，但他们利用这一话题施加政治影响。尽管台湾地区新建核电厂的可能性比较小，但老旧的核电厂存在延期退役的问题，并且持久地存在核废料的处理问题。因此，可以认为台湾地区在现有核风险管制制度体系下，核电的前途还是相当不明朗。台湾学者对民众的反核运动（环保自力救济）的认识是正确的。

> 环保自力救济频繁是一种病理或症候，需要的是全方面的诊治，不仅是治疗层次的，而且也要预防层次的。就治疗层次而言，事件的结果比过程较具重要性。换句话来说，如果产生错误的结果，那么将会造成骨牌效应，草木皆兵。各种环保自力救济，因人、地及事待机而动，徒然引起社会动荡不安，造成另一种污染。就预防层次而言，事件的原因也比过程更具重要性，是通过原因的归纳来作结构性的改变。例如通过制度、政策及法令的通盘检讨，化解或消弭潜在的自力救济于无形，树立环保公信力。①

但当这种环保自力救济成为政治对抗的"工具"或手段时，事件结果和本身的原因可能并不那么重要，负责的民主政治也许更值得重视。

的确，核能的问题可从三种层次来阐述：一是科技；二是经济层次；三是社会心理层次。但是目前包括我国台湾地区在内的世界各地，社会心理层次显然有涵盖其他两方面的发展趋势。台湾国立师范大学社会教育所林东泰1993年针对台湾民众的调查发现，支持台湾发展核能发电的民众占67.6%，反对发展核能发电的民众占23%，另有9.4%的民众没有表示意见。在受调查的民众中，男性明显比女性较关心核电问题，专职的家庭妇女是最不关心，也是最不会和人讨论核电问题的一群人。教育程度较低者不如教育程度高者那样关心核电问题。大学教育的在校学生是最反核的一群，而退休人员则是最拥护核能的群体。经济社会地位较高的民众比较倾向于拥护核能；而家庭主妇在赞成或反对核电问题上，多持无意见的取

---

① 翁宝山：《台湾核能史话》，行政院原子能会编印2001年版，第3页。

向。而不论台湾本岛民众的教育程度或经济社会地位如何，大多数人对于核能发电或核废料了解都非常有限。① 林东泰根据他的调查，反复强调核教育的重要性。不过，他的调查报告中有一项涉及核辐射量的认知，问卷设计为"有些专家说，每个人每年平均接受电视机的辐射量，比'台湾兰屿核废料贮存场'对当地民众每人每年所造成的辐射量还要低。你相信吗？"，调查结果发现只有 3.1% 的民众非常相信，有 33% 的民众相信，有 31.4% 的民众不太相信，有 4.6% 的民众绝不相信，另有 24% 的民众表示"不知道"，有 4% 的民众表示无意见。另外，根据国际辐射防护委员会（ICPR）的规定，每个人每年辐射量限制剂量为 500 毫恼目，每个人每年平均接受电视机的辐射量约为 2 毫恼目，而台湾原子能委员会在兰屿核废料贮存场辐射监测结果显示对当地民众每年的辐射量约为 1 毫恼目，调查结果同样发现只有 1/3 左右的民众相信，而且值得注意的是妇女选择相信的比例明显高于男性。这里的研究结果正验证了本书前文反复强调的社会公众关于核技术及核风险的认知方式和专家的迥异，并且林东泰的调查并发现受教育程度越高反核的可能性更大，也说明强调通过核教育解决问题的途径的局限性。从专家的视角，大多数公众（反核主义者）都是"盲目的"，但与这些公众的视角恰好相反，他们有相当多的一部分坚信自己是正确的。所以，强调核风险文化（包括核教育）是正确的，但它显然不可能"包治百病"。谋求负责的民主政治，减少被利用（操纵）必须同样被重视。

---

①　林东泰：《低放射性废料贮存场之社会沟通策略》，载行政院原子能会编印《第三届华裔核废料专家研讨会论文集》，1993 年 12 月，第 217—244 页。

第 五 章

风险社会视阈下强化我国核灾害
预防制度建设的建议

第一节　我国核灾害预防制度概览

一　我国核电发展概况

我国核电工业的发展基本可分三个阶段。（1）20世纪六七十年代的探索阶段：1956年，联合国召开了世界第一次和平利用原子能大会。我国也参加了此次大会，认识到发展核电是与世界接轨，进军世界科技领域的机遇。时逢我国正沉浸在"向科学进军"的热潮中，《人民日报》刊发了"大办原子能"的社论，中央领导也明确提出原子能发电的设想。之后，中国开始了漫长的求索之路。20世纪50年代开始，我国就已经开始着手核电的研究。国内有不少单位、科学家追逐和平利用原子能，但受到当时主客观条件的制约，特别是新中国成立之初经济基础薄弱，科学技术落后，而外国还对我国实行经济技术封锁，制约了我国核电的初期探索，直到60年代末，仍然未有实质性的进展。70年代初，我国终于开始建造第一座核电站，但在70年代末期，我国筹备的苏南核电项目却因为种种原因被迫夭折。（2）20世纪80年代至90年代核电工业起步阶段：1983年，具有转折意义的回龙观会议召开了，我国核电再次有了前进的方向。然而随着苏南核电项目第二次终止，核电又进入了冰河时期。之后的几年间，有几个项目相继开始运作，但这与当初国家规划的大规模发展核电相距甚远。1984年我国第一座自己研究、设计和建造的核电站——秦山核电站破土动工，标志着我国核电事业的开始。（3）2000年至今黄金发展期：2003 年国家再次提出改善能源电力结构、加快发展核电的设想，意味着沉寂多年的中国核电迎来了"春天"。中国核电从秦山开始，各个项目如同雨后春笋，不断开工。1987 年大亚湾核电站开工，使用压水型反应堆技术，安装两台 90 万千瓦发电机组；1991 年 12 月 15 日秦山核电站并网发电，设计寿命 30 年，总投资 12 亿元，年发电量为 17 亿千瓦时；1994 年大亚湾核电站全部并网发电；1996 年，秦山二期工程开工，在原址上扩建 2 台 60 万千瓦发电机组；2002 年 2 月，秦山二期 1 号机组并网发电，装机容量 60 万千瓦。2002 年 3 月，大亚湾岭澳电站并网发电；2002 年 11 月，秦山三期电站并网发电；2004 年 3 月，秦山二期 2 号机组并网发电，装机容量 60 万千瓦。2006 年 5 月，田湾核电站并网发电；2007 年 8 月 18 日，我国最大的核电项目、总投资 486 亿元的红沿河核电站正式开工建设，4 台机组将全面采用中国自主品牌 CPRIOOO 核电技术；2008 年 2 月，位于福建太姥山下、晴川湾畔的福建宁德核电站开工建设；2008 年 8 月，位于海峡西岸的福清核电站开工建设；2008 年 12 月，我国迄今总装机容量最大的核电项目——阳江核电站正式开工建设；2009 年 7 月 20 日浙江三门核电站开工建设。① 截至 2015 年 5 月，我国投入商业运行的核电机组数量共 25 台，总装机容量达到 21395MWe（额定装机容量）。②

表 5.1　　　　截至 2015 年 5 月我国投运与在建的核电机组情况③

序号	核电厂名称	所在地	机组	投运时间
1	秦山核电站（一期）	浙江	1 号机组	1991.4
2	秦山核电站（二期）	浙江	1 号机组	2002.4
			2 号机组	2004.3
			3 号机组	2010.8
			4 号机组	2011.11

---

①　刘芳：《核电领域国际法和国内法问题研究》，硕士学位论文，华北电力大学，2009 年第 41 页。

②　中国核工业行业协会，http：//www.china-nea.cn/html/hdxxfb/index.html。

③　IAEA-The Power Reactor Information System database，http：//www.iaea.org/PRIS/home.aspx，2015 年 5 月 18 日最后访问。

序号	核电厂名称	所在地	机组	投运时间
3	秦山核电站（三期）	浙江	1 号机组	2002. 11
			2 号机组	2003. 6
4	方家山核电站	浙江	1 号机组	2014. 11
			2 号机组	2015. 1
5	三门核电站	浙江	1—2 号机组	兴建中
6	大亚湾核电站	广东	1 号机组	1993. 8
			2 号机组	1994. 2
7	岭澳核电站	广东	1 号机组	2002. 2
			2 号机组	2002. 9
			3 号机组	2010. 7
			4 号机组	2011. 5
8	台山核电站	广东	1 号机组	兴建中
			2 号机组	兴建中
9	阳江核电站	广东	1 号机组	2013. 12
			2 号机组	2015. 3
			3—6 号机组	兴建中
10	红沿河核电站	辽宁	1 号机组	2013. 2
			2 号机组	2013. 11
			3 号机组	2015. 3
			4—5 号机组	兴建中
11	石岛湾核电站	山东	1 号机组	兴建中
12	海阳核电站	山东	1—2 号机组	兴建中
13	田湾核电站	江苏	1 号机组	2006. 5
			2 号机组	2007. 5
			3—4 号机组	兴建中
14	宁德核电站	福建	1 号机组	2012. 12
			2 号机组	2014. 1
			3 号机组	2015. 3
			4 号机组	兴建中
15	福清核电站	福建	1 号机组	2014. 8
			2—5 号机组	兴建中

序号	核电厂名称	所在地	机组	投运时间
16	防城港核电站	广西	1—2 号机组	兴建中
17	昌江核电站	海南	1—2 号机组	兴建中

资料来源：IAEA – The Power Reactor System Detabase，http：//www. iaea. org/PRIS/home. aspx.

按照 2007 年国务院批准发布的《核电中长期发展规划（2005—2020年）》，到 2020 年，核电运行装机容量争取达到 4000 万千瓦；核电年发电量达到 2600 亿—2800 亿千瓦时。同时，考虑核电的后续发展，2020 年末在建核电容量应保持 1800 万千瓦左右。目前在建与运行规模上基本达到规划的要求。不过，2014 年 6 月 7 日国务院印发的《能源发展战略行动计划（2014—2020 年）》，提出的核电发展目标更高。要求到 2020 年，核电装机容量达到 5800 万千瓦，在建容量达到 3000 万千瓦以上。

表 5.2　　　　　　　　　核电建设项目进度设想①　　　　单位：万千瓦

	五年内新开工规模	五年内投产规模	结转下个五年规模	五年末核电运行总规模
2000 前规模				226.8
"十五"期间	346	468	558	694.8
"十一五"期间	1 244	558	1 244	1 252.8
"十二五"期间	2 000	1 244	2 000	2 494.8
"十三五"期间	1 800	2 000	1 800	4 496.8

资料来源：北极星电力网，http：//news. bjx. com. cn/html/20130204/417022 - 2. shtml（《核电中长期发展规划（2005—2020 年）》），2015 年 7 月 1 日最后访问。

为落实核电厂建设要求，2004 年以来，在广东粤东（田尾厂址）地区，浙江浙西地区、湖北、江西、湖南等地都开展了核电厂址普选工作，进一步增加了核电厂址储备。除沿海厂址外，湖北、江西、湖南、吉林、安徽、河南、重庆、四川、甘肃等内陆省（区、市）也不同程度地开展

① 《核电中长期发展规划（2005—2020 年）》。

了核电厂址前期工作。在核电项目建设的同时，同步建设中低放射性废物处置场，以适应核电发展不断增加的中低放射性废物处理的需要。《核电中长期发展规划（2005—2020年）》提出，2020年前建成高放射性废物最终处置地下实验室，完成高放射性废物最终处置场规划。2012年国家发改委发布的《核安全与放射性污染防治"十二五"规划及2020年远景目标》指出，早期核设施退役和历史遗留放射性废物治理稳步推进。多个微堆及放化实验室的退役已经完成。一批中、低放射性废物处理设施已建成。两座中、低放射性废物处置场已投入运行，一座中、低放射性废物处置场开始建设。

二 我国核电安全立法概况

我国1984年成立国家核安全局，对民用核电设施的核安全进行独立监管，在此基础上建立起核电安全监督体系。1986年我国将重心放在核电安全方面，陆续颁布核电安全法规，依法监管核电安全。为使我国的核电安全要求与核电安全水平能够达到国际水平，进一步确保各个核电领域的安全，之后逐步对已经颁布的核电安全法规和标准进行修订和完善。目前我国核电安全法规涉及的范围非常广泛，包括：核动力厂（核电厂、核热电厂、核供热供气厂等）；其他反应堆（研究堆、实验堆、临界装置等）；核燃料生产、加工、贮存及后处理设施；放射性环境的管理；个人剂量的监测、卫生和健康状况管理；放射性废物的处理和处置设施；核事故应急；核材料的持有、使用、生产、储存、运输和处置；核承压设备（设计、制造、安装和使用）。

从纵向层面，根据核安全法的各种形式意义上的子法律部门的制定机关、具体内容的不同，按照不同的效力等级或层次，我国现行的核安全法律体系可分为五个等级/层次：（1）宪法中的核安全条款，由全国人大制定，效力最高；（2）核安全法律，由全国人大常委会制定，包括放射性污染防治法和环境保护法等其他相关法；（3）核安全行政法规，由国务院发布的核安全管理方面的条例等；（4）核安全部门规章，由国家有关部门发布的实施细则、核安全规定、核安全标准等；（5）核安全指导性文件，是说明或补充核安全规定以及推荐实施安全规定的方法和程序的文件，如核安全导则等。

　　从横向层面，我国现行核安全体系可以分为八个领域：（1）通用系列；（2）核动力厂系列；（3）研究堆系列；（4）核燃料循环设施系列；（5）放射性废物管理系列；（6）核材料管制系列；（7）民用核安全设备监督管理系列；（8）放射性物质运输管理系列等核安全法律法规体系。具体见图5.1。

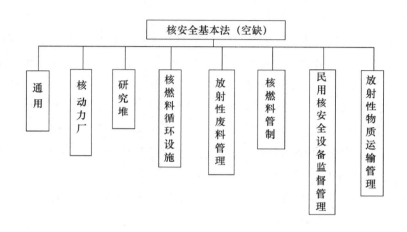

图 5.1　我国核安全法律法规体系

　　由于我国《原子能法》至今尚未颁布，属于法律层次的核安全制度主要就是《中华人民共和国放射性污染防治法》。行政法规包括《民用核设施安全监督管理条例》（1986 年 10 月 29 日国务院发布）、《核材料管制条例》（1987 年 6 月 15 日国务院发布）、《核电厂核事故应急管理条例》（1993 年 8 月 4 日国务院发布）、《民用核安全设备监督管理条例》（2008 年国务院发布）等六部。

　　部门规章指核安全局、环境保护部、能源部、卫生部等部门制定发布的众多规定，目前主要包括《核电厂安全许可证件的申请和颁发》（HAF001/01）（1993 年 12 月 31 日国家核安全局发布）等 33 部。

　　指导性文件（安全导则）主要是核安全局制定发布的用以说明或补充核安全规定以及推荐实施安全规定的方法和程序的文件，目前主要包括《核动力厂营运单位的应急准备》（HAD002/01）（1989 年 8 月 12 日国家核安全局批准发布）等 63 部（件）。

通用系列包括了 2 个条例、3 个实施细则、4 个实施细则附件和 1 个规定：HAF001《中华人民共和国民用核设施安全监督管理条例》（1986 年国务院发布）、HAF001/01《核电厂安全许可证件的申请和颁发》（实施细则之一，1993 年国家核安全局发布）、HAF001/01/01《核电厂操纵人员执照颁发和管理程序》）（实施细则之一附件一，1993 年国家核安全局发布）、HAF001/02《核设施的安全监督》（实施细则之二，1995 年国家核安全局发布）、HAF001/01/01《核电厂营运单位报告制度》（实施细则之二附件一，国家核安全局 1995 年发布）、HAF001/02/02《研究堆营运单位报告制度》（实施细则之二附件二，国家核安全局 1995 年发布）、HAF001/02/03《核燃料循环设施报告制度》（实施细则之二附件三，国家核安全局 1995 年发布）、HAF001/03《研究堆安全许可证件的申请和颁发》（2006 年）、HAF002《核电厂核事故应急管理条例》（1993 年国务院发布）、HAF002/01《核电厂营运单位的应急准备和应急响应》（实施细则之一，1998 年国家核安全局发布）、HAF003《核电厂质量保证安全规定》（1991 年国家核安全局发布）。

核动力厂系列包括三个规定和一个附件：HAF101《核电厂厂址选择安全规定》（1991 年国家核安全局发布）、HAF102《核动力厂设计安全规定》（2004 年国家核安全局发布）、HAF103《核动力厂运行安全规定》（2004 年国家核安全局发布）、HAF103/01《核电厂换料、修改和事故停堆管理》。

研究堆系列包括了二个规定：HAF201《研究堆设计安全规定》（1995 年国家核安全局发布）、HAF202《研究堆运行安全规定》（1995 年国家核安全局发布）。

核燃料循环设施系列包括了一个规定：HAF301《民用核燃料循环设施安全规定》（1993 年国家核安全局发布）。

我国核安全法律法规体系所确立主要法律制度，包括：（1）核电开发许可制度。法律规定建立核电站必须获得行政授权，国家核安全局全权负责许可证的发放工作。具体的法律规定主要是《民用核设施安全监督管理条例实施细则之一》——《核电厂安全许可证件的申请和颁发》，其适用于核电安全许可证件的申请、申请的审查、评定和批准以及许可证件的颁发。许可事项的范围包括：核电站的选址定点、核电厂的建造、核电厂的调试、核电厂的运行、核电厂的退役，相应地颁发《核电厂建造许可证》《核电厂首次装料批准书》《核电厂运行许可证》《核电厂退役批准书》。该实施细则还规定了各项申请项目和申请所需的内容和条件，也规定了该如何进行核电站许可的审评工作，不仅涉及许可制度的目的，许可审评工作中有关组织的责任，还突出了核电厂建设各主要阶段的审评重点以及审评的法律依据。该实施细则附件中还包括核电操纵人员执照的颁发和管理程序。核电厂操纵人员执照分为核电厂《操纵员执照》和《高级操纵员执照》两种，只有持有这两种执照之一的人员才能操纵核电反应堆控制系统。

（2）安全监察制度。我国《民用核安全设备监督管理条例》从六个方面对安全监察做出规定：第一，民用核安全设备标准。民用核安全设备标准包括国家标准、行业标准和企业标准，对于不同的民用核安全设备采用不同的标准，尽量做到安全可靠，技术成熟，经济合理。第二，许可制度。民用核安全设备的设计、制造、安装和无损检验单位应当按照规定获取相应的许可证，同时也对各种资历进行了规定。第三，规定了设计、制造、安装和无损检验过程当中相关人员应当遵守的法律法规。第四，民用核安全设备的进出口。规定了进出口的门槛和境外单位所需要的资格条件。第五，监督检查。规定国务院核安全监管部门及其派出机构有监督监察的权力以及在检查过程中可以采取相应措施；第六，违反监察制度的法律责任。

（3）核电厂报告制度。我国的报告制度不仅包括核电事故报告制度和风险通报制度，还包括日常运营工作中的报告制度。具体法律规定主要是《民用核设施安全监督管理条例实施细则之二》的附件《核电厂运营单位报告制度》。核电厂报告包括定期报告、重要活动通告、建造阶段事件报告、运行阶段事件报告和核事故应急报告。《核电厂运营单位报告制度》对核电站各个阶段的报告，从报告时间和方式、报告的具体内容、报告的样式和准则等几个方面做出规定。

（4）应急管理制度。应急规划被视为保护公众健康与安全管理框架中的重要组成部分，为了做好应急规划工作，国务院制定了《核电厂核事故应急管理条例》，从应急机构及其职责、应急准备、应急对策和应急防护措施、应急状态的终止和恢复措施、资金和物资保障这五大方面进行了详细规定，确保了核电厂在面对核电事故时能够做好应急反应，将灾难和损失减少到最低。在应急机构及其职责这部分，主要规定了国务院指定部门、核电厂所在地的省、自治区、直辖市人民政府、核电厂的核电应急机构以及核电厂上级主管部门各自不同的主要职责。应急准备包括场内核事故应急计划、场外核事故应急计划。《核电厂核事故应急管理条例》将核电事故状态分为四级：应急待命、厂房应急、场区应急和场外应急，规定了分级标准和各自的处理应对模式。另外，《核电厂核事故应急管理条例》还规定了应急状态的终止和恢复措施，以及应急措施所需的资金和物资保障。

（5）核安全检查制度。我国对于核安全检查制度的规定主要见于1986年颁布的《民用核安全设备监督管理条例》及其实施细则之二《核设施的安全监督》，其中《民用核安全设备监督管理条例》以专门章节对检查制度进行了框架性设计，确立了国务院核安全监管部门为核安全检查机构，并规定了检查的内容、结果和程序。按照《民用核安全设备监督管理条例》的实施细则之二《核设施的安全监督》的规定，检查分为日常检查、例行检查和非例行检查三种。其中，日常核安全检查是由现场核安全监督员所作的检查。例行核安全检查是核安全检查组或核安全监督员根据国家核安全局制定的检查大纲，对营运单位在核设施选址、设计、建造、调试、运行、退役各阶段的重要活动所进行的有计划的核安全检查。非例行核安全检查是国家核安全局或地区监督站根据工作需要进行的检查，是对意外的、非计划的或异常的情况或事件的响应。我国《核安全监督》细则中对检查结果也进行了规定，要求检查报告需对检查发现以及改进措施进行明确，并通报运营单位。

三 我国现行核电安全立法预防核灾害风险的不足

对我国核电安全立法存在的问题，学界有很多的阐述。主要有以下几个方面：一是认为结构体系不完整。如认为"我国核能安全的整个立法体系杂乱并且枝节横生，严格地讲根本未形成体系结构。整个立法体系以大量的部门规章为主，现有的法律大多是陈旧的，无法很好地适应核能开发与利用的要求"。[①] 并且，一些重要的单行法，如核损害赔偿责任立法缺位，除了民事法律中的原则性规定和 1986 年国务院关于核损害赔偿的答复以外，我国尚无行政法规或部门规章涉及核损害赔偿责任，更没有专门的赔偿责任法。[②]

二是认为安全监管体制与机制不健全，如认为监督管理职能分散。国家环保总局、卫生、公安部门等众多部门分散行使管理职能，从而一旦发生核污染事故，就会出现相互推诿的情况，责任追究无法实现。[③] 类似地，有研究者认为在许可证管理方面，政出多门，缺乏实效性，不能适应发展需要。按照《放射性污染防治法》和《核设施安全监督管理条例》《放射性同位素与射线装置放射防护条例》的相关规定，放射性污染的许可证监督管理的职责分工，大致如下：核设施的放射性污染防治活动，由国家核安全局审查、颁发许可证；核技术利用活动，如生产、销售、使用放射性同位素和加速器、中子发生器以及含放射源的射线装置等，由卫生部门负责颁发许可证，并交由公安部门登记；放射性固体废物贮存、放置的许可证则由国务院环境保护行政主管部门颁发。[④] 也有研究认为监督主体行政级别不够，如认为《放射性污染防治法》有四个地方提到了县级人民政府的环境保护行政主管部门，一个是在第二章"放射性污染防治的监督管理"，其余三个在第七章"法律责任"部分。第二章第十一条第二款规定："县级以上地方人民政府环境保护行政主管部门和同级其他有关部门，按照职责分工，各负其责，互通信息，密切配合，对本行政区域内核技术利用、伴生放射性矿开发利用中的放射性污染防治进行监督检查。"第七章的三处都是强调行使行政处罚权的主体是县级以上人民政府环境保护行政主管部门。对于在我国有着较高"行政级别"核能开发企业，基层人民政府——县级人民政府下属的一个普通部门——环境保护行

---

① 刘芳：《核电领域国际法与国内法问题研究》，硕士学位论文，华北电力大学，2009 年，第 47—49 页。

② 刘画洁：《我国核安全立法研究》，博士学位论文，复旦大学，2013 年，第 98 页。

③ 刘芳：《核电领域国际法与国内法问题研究》，硕士学位论文，华北电力大学，2009 年，第 47—49 页。

④ 何燕：《〈放射性污染防治法〉三项基本制度研究》，硕士学位论文，湖南师范大学，2004 年，第 25 页。

政主管部门有多大的实力可以对直属上级的大客户进行监管?①

　　三是认为法律责任设计不合理。如认为《放射性污染防治法》在第二章的监督管理部分规定了国家对从事放射性污染防治的专业人员实行资格管理制度;对从事放射性污染监测工作的机构实行资质管理制度。但并未就违反资格和资质认定的工作人员、机构的活动做出法律责任规定。②《放射性污染防治法》有规定处罚的条款,但责任偏轻:如罚款额度最高的是第58条针对向境内输入放射性废物的情况,数额为50万—100万。第52条针对核设施营运单位擅自建造、装料、运行、退役的罚款额度是20万—50万。其他的基本在20万以下。2010年1月1日施行的《放射性物品运输安全管理条例》第53条规定:"放射性物品运输容器制造单位有下列行为之一的,由国务院核安全监管部门责令停止违法行为,处50万元以上100万元以下的罚款。"③

　　四是认为公众参与不足。如认为我国法律对核设施的选址、建造、运行等各个环节都未规定公众参与。④

　　论者对我国核安全立法不足的分析,相当程度上是中肯的。但是,也必须指出观点的局限性。如众多论者提到监督管理职能分散,就很有澄清的必要。我国的核工业管理体制建立于1955年,第一届全国人民代表大会常务委员会会议通过成立中华人民共和国第三机械工业部,主管核工业发展建设和核武器制造。1958年,第三机械工业部改为第二机械工业部,简称二机部。1982年,第二机械工业部改名为核工业部,成为我国核工业的最高行政机关,由国务院直接领导,对国务院负责。基于当时的环境,这一时期我国核工业及其管理有几个显著特点:一是主要服务于国防

---

　　① 苏勇:《生态安全视角下核能开发利用的法律规制》,硕士学位论文,西南政法大学,2012年,第13—17页。

　　② 何燕:《〈放射性污染防治法〉三项基本制度研究》,硕士学位论文,湖南师范大学,2004年,第25页。

　　③ 苏勇:《生态安全视角下核能开发利用的法律规制》,硕士学位论文,西南政法大学,2012年,第13—17页。

　　④ 关于这点看法基本一致,如刘画洁《我国核安全立法研究》,博士学位论文,复旦大学,2013年,第98页;单俊丽《中国民用核能源法律制度初探》,硕士学位论文,西北大学,2014年,第12—13页;苏勇《生态安全视角下核能开发利用的法律规制》,硕士学位论文,西南政法大学,2012年,第13—17页。

和军事，极强的保密性；二是缺乏必要的知识和经验，只是在常规工业的基础上适当考虑核工业的一些特点；三是缺乏系统的核安全思想，没有建立起一套完整的核安全要求以及设计和评价方法，安全主要以辐射防护为主；四是安全监管与工业发展职能同构，核工业部既负责核工业发展，也负责安全监管。1984 年 10 月，借鉴以往我国核安全监管职能混乱的历史经验，为增加核安全监管机构的独立性，成立了国家核安全局，由国家科委代管。作为我国的核安全监管机构，国家核安全局独立履行核安全监管职责，结束了我国没有独立的核安全监管部门的历史。1988 年国务院按照政企分离原则进行机构改革，撤销核工业部，其原有职能划入新建的能源部，同时组建了中国核工业总公司，承担核军工、核电、核燃料、核应用技术等领域的科研开发、建设和生产经营，以及对外经济合作和进出口业务。至此，我国核工业管理、运营、安全监督职能相对分离，初步建立起科学的核工业管理体制。此时的核安全局，主要对民用核设施进行安全监督。具有独立的人事、外事、财务权以及机关行政管理、基建后勤职能。负责核安全设备的许可、设计、制造、安装和无损检验活动的监督管理，负责进口核安全设备的安全检验，以及负责核安全和辐射安全的监督管理等工作。主要依据的法律法规是 1986 年制定的《中华人民共和国民用核设施安全监督管理条例》《核电厂厂址选择安全规定》《核电厂设计安全规定》《核电厂运行安全规定》和《核电厂质量保证安全规定》等。1998 年，国家核安全局并入国家环保总局，在国家环保总局内设立核安全与辐射环境管理司（国家核安全局），由国家环保总局副局长担任国家核安全局局长。2003 年我国《放射性污染防治法》制定颁布，根据第 2 条规定：适用于中华人民共和国领域和管辖的其他海域在核设施选址、建造、运行、退役和核技术、铀（钍）矿、伴生放射性矿开发利用过程中发生的放射性污染的防治活动。因而，放射性污染防治监管对象不仅包括核工业，也包括其他核技术（放射性技术）的利用领域，如实验、医学、工程等。2008 年国务院机构改革设立国家能源局，隶属于国家发展与改革委员会，成为中国核电行业的行政主管部门。将原国家能源领导小组办公室的职责、国家发展和改革委员会的能源行业管理有关的职责、以及原国防科学技术工业委员会的核电管理职责等划入国家能源局。但是在重大项目上国家能源局并没有足够的独立性，依然由发改委决定。同时，根据

《国务院关于机构设置的通知》设立环境保护部，环境保护部对外保留国家核安全局的牌子。2011 年底国家核安全局被拆分为三个职能司。国家核安全局在六个地区设立了辐射环境监督站，对辖区内辐射环境进行监管。国家核安全局可以组织核安全专家委员会协助制定核安全法规和核安全技术发展规划，参与核安全的审评、监督等工作。环保部设国际合作司核安全国际合作处负责核安全的国际交流工作。环境保护部同时也设立核与辐射安全中心，该中心主要任务是为民用核设施及辐射环境安全监管提供全方位的技术支持和技术保障的任务。

显然，就核工业而言安全监督管理职级是统一的，国家核安全局就是唯一的安全监管部门，独立行使监管职能。由于我国尚未制定原子能基本法，《放射性污染防治法》的适用范围包括核工业，又不限于核工业；并且，核安全监管也不仅限于放射性污染防治。所以，出现诸如海关、公安部、卫生部等部门也承担相应的安全监管职责。我国核安全监管体制和美国、日本、法国等不同之处在于并非独立的监管机构。所以，美国自然资源保护委员会（NRDC）2012 年 3 月发布的《中国核安全监管体制改革建议》建议中国应该解决部门设置复杂、职权存在交叉和划分不清的问题。建议国家核安全局从环保部剥离出来，成立国务院直属的核安全监管委员会或者国务院直属的国家核安全局。① 前文对布雷耶的机构改革观点进行过评论，认为其本质上是从"实在的风险"事件应对（损害救济）展开的论述，而没有注意到风险的文化性质。就如国外一些批评者说的，他过于强调风险规制的技术方面，而轻视民主方面。② 我们将核灾害风险首先界定为文化的风险，将之作为核风险预防制度建设的依据，据之将"包容的风险"作为制度建设的准则，毫无疑问，根本目的就是彰显民众的"主体性"，从而夯实风险行政决策的合法性。不过，也应当肯定布雷耶的积极面。在核灾害风险预防中，我们也绝对不能忽视"实在的风险"，工程性和非工程性的预防措施都是重要的。因而，推行机构改革、加强安

---

① 李宗明：《从日本福岛核事故审视核安全的政府、法律和监管框架》，《核安全》2012 年第 2 期。

② David A. Dana, *Setting Environmental Priorities：The Promise of a Bureactatic Solution*, BU L Rev. 365，（1994）.

全监管的能力建设，以提升安全监督效果，应当成为我国的借鉴。但是，在我国建立独立的核安全监管机构，必须要注意"国情"的问题。西方国家独立的核安全监管机构，其制约与督促机制是由民主政治充当的，独立与自由的媒体在其中起着重要作用；而我国现阶段民主法治尚在建设进程之中，媒体对行政官员的监督作用还未能充分发挥。在这种"国情"之下，如果建立独立的核安全监管机构，如何限制它徇私渎职、督促其高效地履行职责，只能有唯一的选择：即依赖监管官员个人的能力与道德良心，然而，没有民主选择机制，有能力、有道德素养的人难以进入行政机关，尤其担当负责人角色。反过来，核安全监管机构不具有独立性（如目前我国的安全监管体制），在民主机制尚不完善的前提之下，限制它徇私渎职、督促其高效地履行职责，还有两条途径：一是如同上一种情况依赖监管官员个人的能力与道德良心；二是依赖行政内部的控制——上级官员监督制约下级官员，尽管这里依赖于一个不太可靠的前提假设——"上一级官员比下一级官员更有能力、更有道德素养"。所以，主张我国建立独立的核安全监管机构时，不可忽视法学常识——民主与法治是统一不可分割的整体，而法治的根本性前提是"人性恶论"。从"实在的风险"角度，我国建立独立的核安全管理机构、加强监管能力的建设是正确的，但它必须与民主法治共同推进。

从文化的风险角度，现有对我国核安全立法不足的阐述，正确地指出了"公众参与的不足"。我国《放射性污染防治法》涉及"公众"的条文仅三处，包括：第5条对宣传教育的规定，要求"县级以上人民政府应当组织开展有针对性的放射性污染防治宣传教育，使公众了解放射性污染防治的有关情况和科学知识"；第6条对公众"检举和控告权"的规定，"任何单位和个人有权对造成放射性污染的行为提出检举和控告"；第33条第2款关于污染事故的通告规定，"公安部门、卫生行政部门和环境保护行政主管部门接到放射源丢失、被盗和放射性污染事故报告后，并按照各自的职责立即组织采取有效措施，防止放射性污染蔓延，减少事故损失。当地人民政府应当及时将有关情况告知公众，并做好事故的调查、处理工作"。

另外，《核电厂核事故应急管理条例》第16条规定"省级人民政府指定的部门应当在核电厂的协助下对附近的公众进行核安全、辐射防护和核事故应急知识的普及教育";第 23 条规定"省级人民政府指定的部门在核事故应急响应过程中应当将必要的信息及时地告知当地公众"。《民用核安全设备监督管理条例》第 7 条也规定公众"检举和控告权","任何单位和个人对违反本条例规定的行为,有权向国务院核安全监管部门举报"。不难发现,我国现行核安全立法涉及"公众"的条款,基本上是将公众视为"客体",或者是教育的对象,或者是信息接受者。对于预防核灾害风险的一些重要环节,如核电设施选址、许可证颁发与管理、核电安全检查等,都没有任何关于公众参与的规定,无论是从实体方面,还是程序方面。前文指出,应该将风险决策中的公众参与本身视为风险预防的措施之一,公众参与和信息透明公开的紧密联结,使得参与本身能够有助于普及核领域知识、消除公众的核恐惧心理。而我国目前关于核灾害风险预防信息的公开,按照《放射性污染防治法》第 33 条第 2 款,爆发核污染事故后,有关单位或个人要先报告公安部门、卫生行政主管部门和环境行政主管部门,这三个部门再报告给本级人民政府,人民政府再通报公众。如此,公众接收的"官方信息"已经是经过各部门及人民政府两道环节处理过的"二手信息",不仅没有及时性,准确与真实性也必生疑问。《核电厂核事故应急管理条例》第 23 条的规定还为这种质疑提供了依据,其明文政府只是将"必要的信息"告知当地公众。关于我国核安全法律体系中公众参与规定的不足,也得到官方的承认。2012 年国家发改委发布的《核安全与放射性污染防治"十二五"规划及 2020 年远景目标》将监管能力建设、公众参与、信息公开联系在一起,指出:"核安全监管能力与核能发展的规模和速度不相适应。核安全监管缺乏独立的分析评价、校核计算和实验验证手段,现场监督执法装备不足。全国辐射环境监测体系尚不完善,监测能力需大力提升。核安全公众宣传和教育力量薄弱,核安全国际合作、信息公开工作有待加强,公众参与机制需要完善。核安全监管人才缺乏,能力建设投入不足。"

当然,公众参与的目的不是让普通社会公众变成专家,公众与专家之间风险认知模式的差异,所导致的科学与民主之间的对立,是所有建设与完善核灾害风险预防制度的"事实前提",但前文也反复强调过公众与专家之间的沟通与商谈并非不可能,因而透过完善的公众参与制度完全可能从各种视角了解风险预防决策的本质,呈现出行政决策事项所涉及的种种问题，尽可能消除公众的疑虑。这也就是说，公众参与本身也可以看成一种机制或手段——了解公众在风险预防中的需求的机制或手段，就如前文分析过的，不仅明白公众"需要什么"，而且使公众明白"不能需要什么"，从而有助于形成风险共识。无论如何，共识是应对风险的根本方式。所以，有必要提及近年我国发展起来的"重大项目社会稳定风险评估"立法与实践。重大项目社会稳定风险评估是社会影响评价体系的重要组成部分，现有研究认为是在民生密切相关的重大决策、重大项目等出台或审批前，对可能影响社会稳定的因素进行科学、系统的预测、分析与评估，制定风险应对策略和预案，以有效地规避、预防、降低、控制和应对可能产生的威胁社会稳定的风险。评估的关键在于两个"变量"：一是看重大项目实施是否具备支持性的外部环境；二是看重大项目本身的合理、合法性，尤其是重大项目能否被利益主体所接受，是否会引起利益矛盾。所以，评估内容主要包括五个方面：重大项目实施的合法性；重大项目实施出台的合理性；重大项目实施的重要依据是否具备；重大项目对环境保护和安全生产的影响；重大项目实施过程中是否产生影响社会稳定的问题。① 目前，全国范围内的关于重大项目社会稳定风险评估立法文件，有 2011 年卫生部制定的《卫生部关于建立卫生系统重大事项社会稳定风险评估机制的指导意见（试行）》等。在地方层面，有四川省政府 2008 年制定的《四川省环境保护局建设项目环境影响评价文件审批程序规定》、浙江省政府 2009 年出台的《浙江省县级重大事项社会稳定风险评估办法（试行）》、上海市政府 2009 年制定的《上海市重大决策社会稳定风险分析和评估实施办法（试行）》和《上海市重点建设项目社会稳定风险分析和评估试点办法（试行）》，等等。其中，"中国法规网"收录的有关重大项目社会稳定风险评估立法文本共有 66 份。

　　众多的"稳评立法"主要内容基本包括评估原则、评估范围、评估内容、评估主体、评估程序、责任主体和责任追究等。其中，各地重大建设项目"稳评"立法关于评估原则的规定基本相同。主要有：第一，坚持以人为本，努力确立"稳定是第一责任"的理念。第二，坚持科学决

----

① 杨雄、刘程：《加强重大项目社会稳定风险评估刻不容缓》，《探索与争鸣》2010 年第 10 期。

策，预防为主，统筹兼顾。第三，坚持属地管理，分级负责。第四，坚持以科学发展为指导，预防为主，坚持在源头减少和预防各类矛盾和群体性事件的发生。第五，坚持以实事求是，客观公正的态度维持改革和发展的关系。重大建设项目"稳评"评估范围的规定则有相当的不同，归纳起来有两种立法描述形式。一是抽象性描述。如2009年浙江省政府颁布的《浙江省县级重大事项社会稳定风险评估办法（试行）》将"稳评"范围规定为"可能在较长时间或较大范围内对人民群众生产生活造成影响的有关资源开发利用、环境保护及城乡发展等重点工程建设"。二是列举法描述。如《四川省社会稳定风险评估暂行办法》第5条第7款规定重大建设项目"稳评"评估范围包括重大自然灾害和重大疫情的预警防控方案；药物、食品安全预警防控监测方案；重大安全、质量事故处置；洪水、干旱、地震等重大自然灾害后的恢复重建。

重大建设项目"稳评"评估内容，各地立法呈现的差异主要有：第一，在合理异议方面。如《安徽省怀远县城关镇重大事项社会稳定风险评估暂行办法》中可控性内容还包括能否通过法律、政策妥善处理涉及群众就某些方面所提出的诉求及合理异议。第二，在不合理诉求方面。如《安徽省怀远县城关镇重大事项社会稳定风险评估暂行办法》中可控性内容还包括能否通过法律、政策合理地进行解释有关群众可能提出的某些不合理的诉求或意见并能博得绝大部分涉及切身利益的相关群众的支持。第三，在群众满意方面。如《安徽省怀远县城关镇重大事项社会稳定风险评估暂行办法》中可控性内容还包括在对涉及群众切身利益的措施上，如补偿、保障等是否较大差别于其他地方的同类事项或类似事项的处理，是否有可能引起社会矛盾纠纷。第四，在安全性方面。如《兰溪县重大事项社会稳定风险评估暂行办法》中安全性的标准是重大事项决策制定和出台的重大建设项目，在实施过程中是否会引起较大影响社会治安的群体性事件等。

各地重大建设项目"稳评"立法对于责任主体的规定基本相同，这表现在：第一，在责任主体范围方面。重大建设项目"稳评"责任主体的范围包括经济组织、社会团体，以及政府部门如重大建设项目的申报审批部门、决策的提出部门、改革的牵头部门等。第二，在责任主体指定方面。因重大建设项目的实施涉及多部门、职能交叉，重大建设项目的

"稳评"难以界定评估责任主体时，由县（市、区）党委、政府指定。各地重大建设项目"稳评"责任追究的立法稍微有差异。如在《浙江省县级重大事项社会稳定风险评估办法》中规定重大建设项目"稳评"工作不到位引发群体性事件或群体性上访，给社会维稳工作增加困难的，将严格依照《浙江省预防处置群体性事件领导责任制及责任追究制暂行规定》和其他相关规定严肃追究相关单位领导和人员的责任。而在《合肥市重大事项社会稳定风险评估实施方案》中规定若重大建设项目"稳评"不到位，给社会稳定造成影响的，将依照《合肥市维护社会稳定工作若干规定》追究相关责任人责任。在《台州市重大事项稳定风险评估暂行办法》中责任主体还将被追究相关责任的情形有：第一，重大建设项目经过评估被否决，责任主体和实施单位擅自实施，将追究相关责任。第二，重大建设项目在实施过程中，社会稳定风险评估机构将指定行业监督部门进行全程跟踪监督。若监督部门监督不到位导致社会矛盾纠纷，最后引发群体性事件或群体性上访等影响社会稳定的事件，将追究其相关责任。第三，重大建设项目在实施过程中，对由于拒绝接受评估机构提出的合理意见最后造成损失的责任主体，将追究其相关责任。

到目前为止，我国各地政府在重大建设项目"稳评"上已经进行了一系列的探索。现已形成了各具地方特色的"稳评"机制，为维护社会的稳定起到了一定的作用。但是，现有的重大建设项目"稳评"立法不足之处也是明显的。归纳起来，主要体现在理念与操作两个层面。在理念层面，各地"稳评立法"相当程度上还是将社会公众视为评估的"对象"，或政府决策的信息来源，而不是主体。它体现在立法文本上就是公众参与规定的严重不足，虽然"稳评"的主要操作方法就是"民意调查"，但如学者指出的：民意调查看起来是一种用来收集公众想法的方便方法，不过即使是理论上完全合理的民意调查在指导政策制定上也有一定的局限性：一方面就是回答者只能回答那些民意调查组织者感兴趣的问题；另一方面就是调查组织者假设人们对于调查问卷的问题有比较成熟的认识以及他们的观点可以与供选答案相对立。① 在操作层面，最突出的问

① ［英］巴鲁克·费斯科霍夫等：《人类可接受的风险》，王红漫译，北京大学出版社 2009 年版，第 195 页。

题就是"选择"评估项目以及评估机构的问题。如《浙江省县级重大事项社会稳定风险评估办法（试行）》第 5 条第 1 款、《台州市重大事项稳定风险评估暂行办法》第 10 条第 1 款等规定评估项目由决策主体自行确定。而《安徽省怀远县城关镇重大事项社会稳定风险评估暂行办法》第 15 条第 1 款则规定由评估责任主体确定评估项目。另外，福建省莆田市政府出台的《关于实施重大建设项目社会稳定风险评估工作的意见》规定，投资主管部门根据需要可将重大建设项目"稳评"委托第三方机构。

四　因应风险预防的我国核安全法律体系勾绘

行文至此，在风险社会视角下审视核灾害，观点是清楚的：虽然在科学的不确定之下，核技术的发展不能保证安全，人的主体性的"非完成性"也使得人为操作失误引起的事故总是让人忧心，并且一旦发生事故损害就将是致命的、不可逆转的，但是事故发生的概率却是极小的。所以，从风险的专家认知角度，风险（R）＝损害（H）×发生的可能性（P），那么，核灾害风险程度是较低的。然而，公众所持有的是另一种情感认知模式（或者说是直觉/经验模式），所考虑的因素要复杂得多，包括：（1）风险的灾难性本质；（2）风险是否具有可控性；（3）风险是否涉及无法弥补或长期的损失；（4）某一特定风险产生的社会条件。[①] 两种认知模式的明显差异，自始存在于核灾害风险应对的所有制度建设及管理实践之中，并深深影响和困扰着制度建设与管理实践。尽管理论界对这种差异已有较好的认识，甚至有些国家或地区的实践也尝试调和差异，但差异属于质的差异，实践的努力往往不容易成功。同时，不仅制度的建设与实施必须得到社会公众的信任和支持，制度本身的合法性评价标准也体现为社会公众的信任和支持。在任何因应风险的法律决策研究与实践中，完全可以认为"风险"首先就是"社会风险"，"社会性"而不是"专业性"是它的根本特征。当然不能盲目、不加甄别地迎合公众，做出"过度反

---

① Stephen Breyer (1993), *Breaking the Vicious Circle: Toward Effective Risk Regulation*, Harvard Press, pp. 23 – 28.

应"，造成更大的恐慌。① 但是，风险应对的制度与实践又不能忽视公众的需求。核灾害风险由于其可能损害的致命性、不可逆性，社会公众的恐慌是"必然"、可以理解的。② 但是，不必要、"非理性"的恐慌却是有害于个人与社会的。在当今核技术日益发展、生产安全理念日渐深入、安全制度体系不断完善，"反核""去核"运动却有增无减一度影响到核工业的发展背景下，从文化层面去除社会公众对核事故不必要、"非理性"的恐慌，应该是主要任务。

据此，我国因应风险预防的核安全法律法规体系构成，也就明朗了：首先，尽快制定《核安全基本法》。尽管目前世界范围内，大多数国家通过制定《原子能法》统率核能法体系，而仅有澳大利亚、加拿大、智利、拉脱维亚、墨西哥、罗马尼亚、孟加拉、波黑等少数国家有专门的《核安全法》。必须认识到，《原子能法》和《核安全法》的立法目的存在重大差异，各国《原子能法》或者明确规定"促进核能的研究与利用"作为唯一目的，如我国台湾地区《原子能法》第1条规定："为促进原子能科学与技术之研究发展，资源之开发与和平利用，特制定本法"；或者采取"二元论"，即既促进核能利用也保障核能安全。而《核安全法》的目的具有唯一性，保障核能安全就是其唯一目的。

在国际法层面，如《核安全公约》第1条明确公约的目的，即通过加强本国措施与国际合作，包括适当情况下与安全有关的技术合作，以在世界范围内实现和维持高水平的核安全；在核设施内建立和维持防止潜在辐射危害的有效防御措施，以保护个人、社会和环境免受来自此类设施的电量辐射的有害影响；防止带有放射后果的事故发生和一旦发生事故时减轻此种后果。IAEA发布的《核电站基本安全原则》指出核电站安全立法目标包含两个层次三个目标：第一层次为一般安全目标，即通过建立有效

---

① 参见戚建刚《风险交流对专家与公众认知分裂的弥合》，载沈岿主编《风险规制与行政法新发展》，法律出版社2013年版，第209—210页。作者列举出2003年"SARS"事件期间，陕西省宝鸡市下了一道死命令：所在辖区若出现"SARS"病人，县、乡分管领导一律免职，对发生传染的，县乡主要领导免职；如果医护人员被感染，院长和防"SARS"办负责人免职。同时，派往县区的督察也要承担相应的责任。

② 如2011年日本福岛核事故期间，我国沿海地区出现的碘盐抢购风波，据学者调查超过52%的核电站工作人员表示不能理解，但也有近48%的人表示较为理解或非常理解。参见王丽《核安全文化冲突及其对策研究》，《北京航天航空大学学报》（社会科学版）2013年第1期。

的防御措施保护个人、社会和环境免受核电站电离辐射的危害；第二层次包括辐射防护目标和技术安全目标，辐射防护目标指在兼顾经济因素和社会因素的情况下，核电站运行中的电离辐射应当保持尽可能的低水平且低于规定限值；技术目标指在进行技术设计时应当考虑所有核事故发生的可能性，并将核事故的发生概率降到最低。2003 年，国际原子能机构颁布的《核法律手册》明确核安全法的一般目的应为：建立和制定有效的防护设施和监管制度，确保个人、社会和环境免受电离辐射的危害；加强技术安全，尽可能地预防事故发生，减轻事故所造成的损害。

在国内法层面，如澳大利亚《辐射防护和核安全法》第 3 条规定："本法的目标在于保护人类健康和安全、以及保护环境免遭辐射的危害。"我国台湾地区《核子反应器设施管制法》第 1 条规定："为管制核子反应器设施，确保公众安全，特制定本法。"我国立法与管理实践历来重视放射性污染防治，而不注重核安全保障。一定程度上就是对常识问题的忽视：核污染防治是核安全保障的重要方面，但绝不能等同于核安全保障。即便是核污染防治立法，如《放射性污染防治法》采用的也是"二元立法目的论"，① 因之无论如何，不能统领核安全法律法规体系，制定《核安全法》势在必行。

其次，在《核安全法》的统领下，有关核设施与核活动的法律法规，必须深刻认识到风险的"实在论"与"建构论"并存的基本特点。并且，重点应从风险的"建构论"出发，针对"文化的风险"构建与完善具体的制度。从灾害风险预防的角度，主要包括以下五个方面：以灾害教育制度、防灾训练制度为中心培育共同的风险价值观；以灾害信息公开制度、公众参与制度为中点促进人伦信任的重建；以核设施区域规划限制制度、规划区域发展权补偿制度为中心提高社会的防灾能力；以防灾计划制度、合作防灾制度为中心增强政府的防灾调控水平；以核辐射监测制度、灾害预警制度、灾害保险制度等为中心完善防灾的具体措施。

既然如此，概括而言，我国核安全立法的重点建设与完善方向也就在于：（1）建设核安全文化制度；（2）完善风险决策的正当程序。两个方

---

① 《放射性污染防治法》第 1 条：为了防治放射性污染，保护环境，保障人体健康，促进核能、核技术的开发与和平利用，制定本法。

面密切关联，共同的目标在于为风险预防决策提供"合法性"保障。其中，核安全文化制度直接针对风险的"建构"特点，追求凝聚风险共识，构成本书论述的夯实风险决策合法性，迈向核灾害风险"包容性"的实体操作层面。风险决策的正当程序存在于风险预防、应急管理、灾害救助等一系列法律活动之中，本书以风险预防为视角，因而核设施选址决策的正当程序也就成为重点。

第二节　以"大众化"为核心构建核安全文化制度

一　风险与核安全文化

"核安全文化"（Safety Culture）是国际原子能机构的国际核安全咨询组（International Nuclear Safety Advisory Group，INSAG）在 1986 年的《切尔诺贝利事故后评审会议总结报告》中首次提出的概念。1988 年，国际核安全咨询组在《核电安全的基本原则》中把安全文化作为一种基本管理原则，旨在将实现安全的目标渗透到核电厂所进行的一切活动中去。1991 年，国际核安全咨询组出版了《安全文化》（INSAG－4）一书，将核安全文化定义为："存在于单位和个人中的种种素质和态度的总和，它建立一种超出一切之上的观念，即核电厂的安全问题由于它的重要性要得到应有的重视。"[1] 1994 年 AEA 制定了安全文化评估指南，开始对安全文化进行评估。具体可见表5.3。

不难看出，核安全文化主要针对的是"核企业"及其管理过程。核安全文化属于"组织文化"／"企业文化"的范畴。组织文化的概念起源于 20 世纪 80 年代，沙因（Schein）于 1992 年定义了组织文化的三级基本框架，即组织文化可以划分为基本假设（Basic Assumptions）、信奉的价值观（Espoused Values）以及行为表现（Artifacts）三个层次。[2] 其中，基本假设是组织文化的核心，它隐含于组织的一切活动中并决定了组织的

---

[1]　International Nuclear Safety Advisory Group，*Safety Culture*，IAEA Safety Series 75 － INSAG －4，Vienna.

[2]　GLENDON A I，STANTOR N A. Perspectives on safety culture，Safety Science，2000（1）：13.

表 5.3 核安全文化发展进程①

时间（年）	重要事件与内容
1986	国际核安全咨询组提出"核安全文化"的概念。
1988	国际核安全咨询组在《核电安全的基本原则》中强调核安全的重要性，其理念是安全高于一切，核电厂所有工作必须以安全为前提。把安全文化作为一种基本管理原则。
1991	国际核安全咨询组出版了《安全文化》（NO. 75 – INSAG – 4）一书，对安全文化进行了深入的论述。世界许多国家的许多行业接受了安全文化的概念。
1994	国际原子能组织制定了"Assessment of Safety Culture in Organization Team Guidelines"（简称《ASCOT 指南》），用于对安全文化进行评估。
1998	国际原子能组织出版了《在核能活动中发展安全文化：帮助进步的实际建议》（IAEA Safety Report Series No. 11）。该报告论述了核安全文化发展的 3 个典型阶段。
1999	国际原子能组织出版了《用于核电厂的基本安全原则》（INSAG – 12），提出了安全文化第二阶段的安全价值观和安全目标，建立了达到第二阶段目标的方法和程序。
2001	国际原子能组织出版了《在强化安全文化方面的关键性实践问题》（INSAG – 15），提出了安全文化发展第三个阶段的目标和特征，以及达到第三个阶段的方法和路径。
2011	美国核管理委员会在 2011 年 6 月发布了《安全文化政策声明》，阐述了核安全文化的理念、性质、内涵、作用、要求等涉及核安全文化的重要问题。

思维和行为方式；信奉的价值观体现为组织的信仰、价值观和行为规范，通过组织的有意识的行为表现出来；行为表现是基本假设和信奉的价值观的具体体现。总体上，组织文化具有这么一些固定的基本特征：组织文化是组织成员共享的、相对稳定的、多维的整体构造，它为解释组织的实践活动提供参照系，并在组织的实践活动中得到体现。表述安全文化的一个基本层次是组织关于安全的信仰和态度，同一层次对安全文化的描述还包括：价值观、观念、见解、能力、知识、行为模式等，这些描述从不同的

① 柴建设：《核安全文化与核安全监管》，《核安全》2013 年第 3 期。

侧面反映出安全文化的范畴。对照组织文化的三层结构模型，安全文化是属于组织文化的"信奉的价值观"这一层。也就是说安全文化介于组织文化的核心层次和行为表现层次之间，是核心层次在安全上的价值观体现，又被组织的具体安全实践体现。诚然，迄今三次最严重的核事故，其中1979年美国三里岛核电站事故和1986年苏联切尔诺贝利核电站事故主要是人为操作不当，而2011年日本福岛核事故调查结果也认为人为原因对事故影响扩大有着直接作用。① 因此，这种直接源自经验的、以核电企业人员安全意识与安全操作为中心的"核安全文化"概念，对实践界无疑是有裨益的。如美国在三里岛核事故后，花了几年的时间对所有核电站检查评价，发现安全性能差的核电厂具有六个方面普遍性的问题：管理效率低；工程和技术支持混乱；初始设计和建造有缺陷；设备维修存在问题；大量的运行事件；不连贯的安全方法。而所有这些问题基本和企业安全文化相关。美国促进核安全文化建设的成功例子就是佛罗里达动力和照明公司的土耳其角核电站。该电站于1986年被美国核管会列入有问题的核电厂名单中。为此，电力公司决定从以下几个方面来改进该厂的安全文化：改组公司机构（将核工程从化石燃料部独立出来），增强现场领导人的能力，改进操作人员培训和奖励制度，改进运行规程，技术标准化，采用概念风险评价方法，增加安全系统投资，发动全体员工找问题、提建议、参与改革。经过几年的不懈努力，该厂的安全文化呈现出良好的态势。员工们变得有责任心了，工作态度大为改观，结果使得该厂的运行性能和安全性能逐渐改善，后来一直维持在高水平上。1990年美国核管会把土耳其角核电站从有问题的名单上除去了。

在理论界，目前对核安全文化的研究主流也主要集中于组织文化/企业文化角度。如我国较早的关于核安全文化的文献，就从八个方面加以阐述：（1）安全文化不是通俗意义上的"文化"，而是存在于单位和个人中

---

① 日本福岛核事件独立调查委员会发布的调查报告称，东京电力公司（Tepco）福岛第一核电站事故是由于政府、监管机构和东电的一些串通行为以及上述各方缺乏明确指导造成的。它们违背了确保不发生核事故这一国家宗旨。因此，委员会得出结论，这场事故明显是"人祸"。委员会认为，事故的根本原因是指挥体系和监管体系支持具有错误理由的决定和行动，而不是与任何个人的能力相关的问题。参见《日本国会福岛核事故独立调查委员会公布福岛核事故正式调查报告》，伍浩松、王海丹译，《国外核新闻》2012年第7期。

的种种特性和态度的总和，它建立一种超出一切之上的观念，即安全问题要保证得到应有的重视。（2）安全文化既是态度问题，又是体制问题；既和单位有关，又和个人有关，同时还涉及在处理所有安全问题时所应该具有的正确理解的能力和应该采取的正确行动。（3）组织与个人的关系：组织必须创造正确的机制去鼓励正确的态度，而个人必须有正确的态度去支持能创造良好安全文化的组织机制。（4）安全文化实质上是一种手段，它能使所有单位和个人都对安全密切关注。它强调人的因素在保证安全上的主导作用，并以此促进外界条件改善，从而提高整体安全文化水准。（5）培育良好的安全文化，特别需要企业高层领导重视，制定安全政策，各级干部起表率作用，严格要求，全体员工积极响应，通力合作，持之以恒，再加上外部影响与帮助，才能逐渐形成。（6）目标是要建立良好的安全文化，但到达它的路径和程序须由各单位结合自己的特点去创造。（7）建设安全文化符合成本—效益原则。安全文化有利于早期发现事故隐患，并消除之，从而减少事故，降低运行和维护成本。（8）安全文化建设绝不能只停留在形式上，而要融汇、贯穿在企业的一切活动之中。①

其后的研究基本限于这种框架，如核安全文化对所有那些在核安全中负有不同责任的组织和个人提出的要求：（1）对决策层的要求是公布核安全政策，建立管理体制，提供人力、物力资源和自我完善；（2）对管理层的要求是明确责任分工，负责安全工作的安排和管理、人员资格审查和培训、奖励和惩罚以及监察、审查和对比；（3）对个人响应的要求是善于思索的工作态度、严谨的工作方法和互相交流的工作习惯。这三者之间的关系，互为联系，缺一不可。② 核安全文化的核心意义是，在核电厂建立人人、事事、处处以"核安全为第一"的行为习惯、态度和观念。并提出"八大原则/要求"，分别是：核安全人人有责；领导做安全的表率；建立组织内部的高度信任；决策体现安全第一；认识核技术的特殊性和独特性；培育质疑的态度；倡导学习型组织；评估和监督活动常态化。③ 2014 年我国环保部发布的《核安全政策声明》也是从组织文化角

① 张力：《核安全文化的发展与应用》，《核动力工程》1995 年第 5 期。

② 陈金元、杨孟琢：《浅谈核安全文化》，《核安全》2003 年第 2 期。

③ 吴炳泉、高芳：《八大原则引领卓越核安全文化》，《中国核工业》2011 年第 4 期。

度界定核安全文化：核安全文化是指各有关组织和个人以"安全第一"为根本方针，以维护公众健康和环境安全为最终目标，达成共识并付诸实践的价值观、行为准则和特性的总和。①

　　然而，关于核安全文化的理论与实践显然主要针对的是风险的"实在论"或"实在的风险"。前文分析过核灾害风险的技术风险特征，并从技术理性对风险的构建进行了论述。严格意义上，风险的技术特征或技术理性在风险建构中的作用，都是从风险的"实在论"角度而言的。在此，人的因素是灾害风险的根本原因。如学者归纳的，按照"人—机—环境"系统工程学理论，任何使用核装置的单位均为"人—机—环境"系统，对该系统的安全性研究，应分别研究系统中人的安全可靠性，机械设备的安全性，作业环境对安全的影响等因素。但从实践和研究结论来看，人因是影响核安全的核心因素，是核安全文化关注和着力的核心。② 所以，限于组织文化层面的核安全文化尽管重要，却存在明显的缺陷，即无力应对核灾害风险的"文化"性质：前文详细阐述了核灾害风险建构中专家、媒体与民众的作用及其相互之间的复杂关系。毋庸讳言，仅仅加强组织文化意义的核安全文化建设对于化解这种文化建构的风险，作用是微小的。依据个体主义风险理论中的责任分摊机制，课加给核企业以安全义务具有合理性，但更重要的是这种义务必须是"直观化的"，核管理机构及核企业只有积极采取行动彰显风险治理的"直观化"，才能增进公众从情感判断角度的安全感。国际风险分析学会主席巴鲁克·费斯科霍夫具体说到三方面：第一，是提高信息质量并增加安全评价的频率。那些承认问题可能存在的技术开发者较容易发现早期的预警信号。当工人替代其他社会成员作为研究的对象时，尤其如此。因为工人所接触的一些危险物质的剂量往往要比公众所接触的剂量高，并且能够较容易地观察到工人暴露于危险环境中对健康的影响。第二，是鼓励有关安全的有限性和其代价的更明确说明。技术开发者应该表达这样的可能性，他们的技术或许由于太危险或者被了解得太少而不能被推广，明确说明这样的可能性能够帮助消费者认识

---

① 《核安全政策声明》，中国环保部 2014 年发布。

② 冯昊青：《安全伦理观念是安全文化的灵魂——以核安全文化为例》，《武汉理工大学学报》（社会科学版）2010 年第 2 期。

到零风险是不可能的。第三，是鼓励向工人和消费者提供更加全面的风险信息。这些知识可以增强他们争取从危险工作中索取补偿以及争取在安全设施上适度投资的能力。有时，较好的信息可以使他们认识到风险并没有他们原来想象的那么严重，或者生活本身实际上总是伴随着对风险的选择。在其他时候，他们可能要求增加工资或者更加安全的产品，导致价格上涨，从而更准确地反映产品的全部成本。完善信息的一个有益作用是可以使人们更好地控制来自他们所接触的机构和物质的风险。① 显而易见，费斯科霍夫这里提到的是企业和企业工人、消费者建设风险文化的三者合力。申言之，组织文化层面的核安全文化建设已迈向了"大众化"，核企业技术专家、管理者、工人、作为消费者的普通社会公众都纳入文化建设的视野当中。

二　大众化：风险视野下核安全文化建设的必由之路

"大众化"基本属于通俗词汇，其含义大体有以下几种：（1）内容的大众化，即枯燥晦涩的内容必须与鲜活的生活实践结合，顺应时代之潮流，合乎人民大众之需要。（2）形式的大众化，其中语言文字的通俗化具有极其重要的意义，因为通俗化是一个复杂文本向简单文本转换的传播过程，核心是把深奥专业甚至晦涩难懂的概念和观点转变为受众能够接受、乐于接受的文字。（3）在传播媒介上的大众化。② 在文化大众化方面，研究者主要采用毛泽东的相关论述，认为毛泽东的文化大众化观是关于文化来源、文化任务、文化工作方法等思想的概括。毛泽东基于马克思主义的实践观、群众观，明确指出人类精神文化根源于人民群众的生活实践；文化源于大众决定了文化必须为大众服务，文化的基本任务就是为社会大众服务；要真正实现和完成文化任务就必须实现文化大众化；如何实现大众化，一是文化工作者必须深入大众，了解大众的需要；二是要不断地教育大众，同时要学习和运用社会大众熟悉的、能够理解的语言。③ 所

---

① ［英］巴鲁克·费斯科霍夫等：《人类可接受的风险》，王红漫译，北京大学出版社 2009 年版，第 198 页。

② 唐莉：《大众化视域中的马克思主义大众化策略》，《理论视野》2009 年第 2 期。

③ 金民卿：《毛泽东文化大众化思想简析》，《宁夏党校学报》2000 年第 2 期。

以，对于核安全文化的"大众化"，论者基本也沿用类似的定义，如认为核安全文化大众化是指通过一定的手段和方法，促进核安全文化形式的大众化、内容的大众化、传播媒介的大众化，促使核安全文化实现由行业文化、精英文化向大众文化的转变，使之作用于大众的日常生活方式与思维，为核工业的又好又快发展营造良好的社会环境。[①] 所谓核文化泛众化/大众化，主要是指通过核电文化的传播，提高广大公众对核电文化的认知度和认可度，从而为核电发展创造良好的文化氛围。[②]

诚然，这种主要从形式层面定义的核安全文化大众化本身并没有问题，采用通俗的方式、通俗内容，加强核能科技的普及宣传，使社会公众对核风险/安全有正确的理解，是核安全文化建设的根本目的之一。国际核安全咨询组织在《安全文化》中也主要从此层面进行描述，如提出应在政府机构和民众中广泛传播和推广核安全文化，引起全社会对核安全的足够重视。但是，必须指出：单纯强调形式层面的核安全文化"大众化"而忽视其实质层面，社会公众成为"受教育者"，成为文化宣传的对象，失去了应有的主体性。文化具有"人为照料"含义，这也就是说文化始终依附于主体——人。核安全文化大众化的主体就是"大众"，没有大众的主体性，安全文化的建设无从谈起。前文也提到"群体极化"对核灾害风险构建的作用，很大程度上风险就是在边缘对中心的冲击与挑战中，在对理性主导的"安全"宣示及其相应的技术保障体系的质疑中，情感主体性张扬的结果。前文提到风险的制度主义，在制度主义者看来，风险的认知，受新型风险特有性质的影响，是一种客观认知。风险的特殊性在于，首先，它不具备必然性特征，作为一种"未来灾难"的可能性，它只能通过灾难事件发生之时来呈现自身，换句话说，只要灾难事件不发生，人们就可以在主观上否定它，并且可以继续沿着制造风险的方式前进；其次，风险跟人们的安全预期有关，在物质财富需求不断得到满足的社会里，人们受物质财富短缺影响的健康越来越得到保障，安全的标准便

---

① 贺才琼：《基于项目管理的核安全文化大众化研究》，硕士学位论文，南华大学，2011年，第12页。

② 谭德明、邹树梁：《核文化泛众化传播的SWC模型构建研究》，《电力科技与环保》2010年第5期。

随之提升，原先并不认为是首要威胁的东西现在变成第一位的了，不再愿意被主观接受。人们需要避免的不是过去物质财富短缺造成的痛苦回忆，而是不断变化的想象中的危险状况，因此，未来的想象危险决定了人们当前的行动。并且这种行动的程度与需要避免的风险的不可预测性和威胁的灾难性成正比。① 越是无法被回答的风险状况，越能引起人们的忧虑。在风险社会里，风险的知识实质上同风险的生产一样起着基础性的作用。风险或风险社会的外部知识依赖性，从客观性（风险的实在论）理解意味着：灾难每时每刻都可能发生，人们能够真实地感受到身体或者财产的损失，但风险却不同，它总是处在人们"想象"的世界里，只有风险的知识才能表明其存在。正如贝克所说"经验到的风险成为风险地位，在这一方面，是意识（知识）决定存在"。对风险作用，一方面是知识的类型，特别是个体经验的缺乏和对知识的依赖程度，它围绕着界定风险的所有方面，风险的知识确定方式决定了人们经受苦难的方式。人们受危险的程度、范围和征兆，超出了自身的判断能力，留给了外部知识生产者，日常生活的事物可能一夜之间就变成危险的了。另一方面是风险的社会认知性，风险在社会中并不是能够随意被认知的。按照贝克的风险认知观，只有在人们对风险具备一定的科学认知能力的社会，风险的科学性才能够更容易为人们所接受，同时它还跟某一社会的风险状况有关，由于风险的生产状况不同，社会爆发的风险事件也有差异，同时还与社会政治状况有关，这些综合性的因素共同影响着某一具体社会类型中人们的风险认知。知识化水平越高的社会、物质水平越高的社会越容易关注风险问题。这也可以理解成贝克所说的"文明的贫困化"——越是文明的国家，越关注风险问题，也容易获得关于风险的知识，因而越会感到安全的稀缺：贫困就是指某种稀缺性，正是文明导致了社会心理层面的安全的稀缺性。

因而，核安全文化的"大众化"应有两个层面含义：其一就是作为组织文化的核安全文化的直观、显性化。这里一方面是在核电监督管理、核企业运营中安全文化的建设，如学者提到的，安全文化对所有那些在核安全中负有不同责任的单位和个人提出如下要求：对决策层的要求是制定和公布安全政策，建立管理体制，提供人力、物力资源和自我完善；对管

---

① ［德］乌尔里希·贝克：《风险社会》，何博闻译，译林出版社 2003 年版，第 35 页。

理层（经理）的要求是明确责任分工，安全工作的安排和管理，人员资格审查和培训，奖励和惩罚以及监查、审查和对比；对个人的要求是善于思索的工作态度，严谨的工作方法和互相交流的工作习惯。[①] 具体来讲，对于最关键的核电厂层次的核安全文化建设，以下 11 个方面是关注的焦点：（1）重视安全；（2）明确责任；（3）挑选好经理；（4）调整好电站管理组织与政府监审部门之间的关系；（5）进行安全状况的审查；（6）加强对电站各种人员的培训；（7）组织好现场工作；（8）管理层下现场监督；（9）合理规定工作负荷和进行监督；（10）经理们正确对待安全、成本、运行、进度、奖励、群众意见等一系列问题；（11）职工中各类人员对安全的深入人心和切实体现。[②]

另一方面更重要的是要让公众完全了解他们的努力，包括他们取得的成效、存在的不足，赢得公众的信任，相信他们能够尽最大可能保证核电安全。相对于普通社会公众，核电监督、核电企业作为群体属于"专家"，他们的判断即专家的理性判断。因而，公众和他们在风险认知上存在的差异与分歧首先导致的就是彼此不信任。公众视他们是顽固和独断的，而他们视公众为无知和非理性的。尤其在我国，核行业很大程度属于"国家战略"，监督、管理、运营都具有很大的"秘密性"，迄今都是由国有企业独家垄断经营，随着改革开放导致的市场个人主义文化得到彰显，这种不信任更是表现得突出。让公众完全了解他们的努力，不是依靠"教育"，面对不信任他们的公众，居高临下的"教育"只能造成公众的反感，加深不信任。宣传是重要的，但宣传不能片面的宣传核能的效率与安全，而是要准确全面，既报喜也报忧。核安全文化建设不可能是一蹴而就的，必然会存在或多或少的问题，对于其中的问题监督管理层，核电企业均应详细让公众了解，诚实是信任的基础。

其二就是社会层面的核安全文化建设，即在全社会塑造对核电科普知识的正确认知，对核安全的方方面面形成社会共识。尽管让公众正确地知道关于核辐射防护的科学知识也是重要的，但更重要的是"风险知识"。所以，社会层面的核安全文化建设准确地说，主要就是"风险文化"的

---

① 周涛等：《核安全文化与中国核电发展》，《现代电力》2006 年第 5 期。
② 陈金元、杨孟琢：《浅谈核安全文化》，《核安全》2003 年第 2 期。

建设。其中有两个关键方面：第一个方面就是本书前文提到的必需让全社会对"零风险"问题有正确的认知，"零风险"的不可能性在专家认知模式中意味着"选择"，但在社会认知模式中则是"接受"。"接受"不是被动的，而是强调主动地"适应"。因此第二个方面，即风险的"可控性"问题，既然没有什么不是危险的，无处不存在风险，人们关心的必然就是风险能否被自己掌控，如果风险能够被自己掌控，它也就成为生活的一部分。此时，论者提出的"发展核科普教育"① 以及众多学者主张的加强"风险沟通"、公众参与等都成为重要方式。总之，社会层面的核安全文化建设的最终目标，应是形成这样的社会共识：核灾害风险是存在的，但人们正努力掌控它且获得了成效，因为事实证明它只是极低的概率事件。

显然，核安全文化建设的两个层面都离不开公众的主体性，尊重与弘扬公众主体性即核安全文化的实质方面。对于作为组织文化的核安全文化建设，公众是最重要的评判者。基于专家与公众对风险认知的差异，核安全文化的评估理论与实践往往重视专业评估、同行评价，而忽视普通社会公众的评判。研究表明："公众对于风险的理解与接受程度远远胜过官僚的假设，不过这种情况是基于良好的信息与信任的关系。缺少任一条件，公众的反应——官员们经常会说'反应过度'——事实只能如此。"② 对于社会层面的核安全文化建设，毫无疑问，社会公众必需是以主人翁的姿态参与其中。文化是"培育"而成的，却是潜移默化、历久而积淀的。如前文提到的，公众的风险意识与观念是"润物细无声"般移情的结果。这里，政府主导的核科普教育、核企业的安全文化宣传、风险沟通和公众参与都是公众风险意识与观念形成的重要外在因素。而其背后支撑性的决定力量，则是基于主体意识的自我发展与选择。它通过参与使民众个体融入社群而实现自我治理，决定有关切身的事务，掌控自己的未来。

---

① 段新瑞：《核科普教育：打破核电发展的公众认知障碍》，《中国核工业》2006 年第 4 期。

② William Wilson, *Making Environmental Laws Work*: *An Anglo American Comparison*, Hart Publishing, 1999, p. 62.

三　从"大众化"角度检视我国核安全文化建设

我国重视和推行核安全文化的工作始于 20 世纪 90 年代，先后经过了学习宣讲、完善体系与程序、以经验反馈为主的自我教育、以班组风险分析与风险预防为主的自我改进等几个阶段。[①] 着重抓了事件的报告与分析，坚持透明度，重在人的思想转变。安全意识、质量意识、持续改进等安全文化的基本要求，被归纳成"人人都是一道屏障""没有最好，只有更好"等通俗易懂的口号，使得安全文化的推进工作，在核电厂的基层单位得到有效地落实。[②] 2001 年《〈核安全公约〉国家报告》归纳了采取的具体措施，包括：（1）设立厂级的安全目标，实现量化管理，每年进行评估、修订；（2）建立了职责分明的组织机构和独立的质量保证监督部门；（3）编写体系严密的规程、规章制度，一切按程序办事，按规程操作；（4）建立了事件报告、事件分析和经验反馈系统，提倡从经验中学习；（5）制订并执行安全文化教育计划，并把教育计划列入年度计划和工作总结中；（6）开展安全文化自我评估活动。其中，建设较早的两座核电厂——秦山核电站和大亚湾核电站，取得了一些成功的经验。如秦山核电站的安全文化建设分三个阶段：第一阶段是起步阶段，按照国际原子能组织（IAEA）推荐的方法自上而下地宣传推广安全文化，制定了《秦山核电站运行质量保证大纲》，邀请国家核安全局专家对员工进行宣传培训，以增强核电厂员工的安全质量意识。1997 年主动接受国际原子能组织安全评审团的评审，针对其提出的 52 条推荐意见和 16 条建议一一进行整改。第二阶段是提升阶段。1998 年发生"T6 事件"后，对核电站安全意识、管理理念发生巨大冲击，结合 1986 年出现的"杜拉事件"和 1992 年的"T4 事件"，秦山核电站于 2000 年提出第一个安全文化五年规划，包括安全运行、人员培训、技术改造等 182 项行动。此外，新出版的《秦山核电站运行质量保证大纲》又增加了"运行经验反馈"和"持续改进"两项新内容，进一步规范了核电站内、外部经验反馈管理工作，加强各项指标的趋势跟踪和分析。同时，还建立了"质疑的工作态度、审

---

① 曹琪：《论企业安全文化》，《中国安全科学学报》1993 年增刊。

② 唐宗渝、王传英：《核安全文化由来及其发展状况》，《中国核工业报》1994 年第 5 期。

慎的工作方法、认真的工前会议、清晰的沟通表达、细致的自我检查、严格的遵守程序"等六个工作制度。第三阶段是持续改进阶段。2005 年秦山核电站邀请世界核电运营者协会（WANO）专家在秦山核电站进行了一次同行评审。秦山核电站秉着"真诚、虚心、公开、透明、交流、落实"的 16 字方针，积极配合同行专家评审，针对世界核电运营者协会（WANO）同行提出的改进领域制订了纠正行动计划。建立了自我完善体制、开发了防人因失误工具、采用质量和核安全控制手段、利用持续改进的各项措施，保证扩建项目在总承包模式下实现又快又好的建设。①

大亚湾核电站核安全文化建设的第一阶段是安全制度的建立与安全知识的培训阶段（1994—1996 年）。大亚湾核电站引进法国较成熟的核安全管理制度，聘请法国电力公司有着丰富经验的专家负责电站的前期管理，对员工进行技术与管理上的培训，具体包括电站质量管理程序、技术程序的编写，对生产运行人员进行运行技术规范培训和事故规程培训。另外，邀请国际原子能组织的安全评审团对电站的管理进行审查，根据审查建议进行改进。第二阶段是核安全文化的改进、调整阶段（1997—1998 年）。电站管理层发现，尽管建立了一系列安全管理制度，但人因运行事件仍然居高不下。为此，核电站管理层在继续加强对员工进行安全培训的基础上，提出了提高事件透明度，加强事件经验反馈的管理措施，对电站的经验反馈组织机构进行了调整，结合国外人因失效的管理经验，制定了大亚湾核电站人因事件分析方法。第三阶段是大亚湾核安全文化特色的形成阶段（1998 年至今）。在这一阶段，电站管理层根据核电站的管理经验，在保持核电站安全管理制度不变的基础上，主要进行安全理念与安全管理方法的调整。在理念上，逐步形成了具有大亚湾特色的核安全理念；在管理方法上，制订了安全管理指标及相应的工作计划；改进工作过程，应用以风险分析为基础的决策方法；制订了自我评估计划与方法，以期及时发现管理缺陷。②

2006 年 4 月中国核学会邀请来自国家环保总局、卫生部、解放军总

---

① 胡玉英等：《秦山核电站安全文化建设的经验与启示》，《南华大学学报》（社会科学版）2011 年第 5 期。

② 陆玮、唐炎钊：《大亚湾核电站的核安全文化探讨》，《核科学与工程》2004 年第 3 期。

装备部、海军核安全局、中核集团公司、中国科学院、中国工程院、清华大学、北京大学、秦山第三核电有限公司以及广东核电集团等单位的 16 位核能领域知名专家，参加核能发展与核安全座谈会。专家们指出："我国发展核事业的 50 年中拥有了高质量的技术保障、严格的监督管理体系以及中国核电站多年来连续安全运行的业绩。"[①] 不过，这里必需注意两点：第一，"安全运行"并非指绝对的 "零事件"，研究者列举出大亚湾核电站 1997—2003 年的事件明显可以说明这点，具体见表 5.4。

表 5.4　　　　大亚湾核电站 1997—2003 年的事件统计情况[②]

年份	各种事件数	人因内部事件数/内部事件总数	人因运行事件数/运行事件总数
1997	557	55/110	11/14
1998	605	79/114	12/15
1999	863	49/108	7/16
2000	968	80/157	8/16
2001	1269	73/136	8/15
2002	1302	52/114	4/11
2003	2007	62/116	8/11

第二，由于历史原因我国民间社会组织薄弱，社会运动发展 "喑哑"，20 世纪对核安全的质疑基本没有表现出规模与影响，核安全制度建设与安全管理实践主要表现为 "技术主导型"，核安全文化建设主要聚集于技术改进与企业员工安全意识的培养。然而，对核安全的呼吁没有发展为社会运动，绝对不代表公众普遍相信专家声称的 "安全"。如余宁乐等对连云港田湾核电站周围 30km 以内居住 6 个月有当地户籍的 18 岁以上常住人口进行的焦虑调查显示："经常因为担心核电站问题而彻夜难眠"的人占 1.4%；"有时因为担心核电站问题而彻夜难眠" 的人占 13.6%；有 9% 的受调查者表示 "因有核电站而后悔居住在连云港"；分别有

---

① 段新瑞：《核科普教育：打破核电发展的公众认知障碍》，《中国核工业》2006 年第 4 期。

② 陆玮、唐炎钊：《大亚湾核电站的核安全文化探讨》，《核科学与工程》2004 年第 3 期。

7.1%和44.4%的人"非常担心"和"担心"核废料的处理问题；4.9%和40.5%的人"经常"和"有时"担心核电站会损害身体健康。① 所以，2007年国务院批准发布的《核电中长期发展规划（2005—2020年）》，指出：坚持"安全第一"的核电发展原则，在核电建设、运营、核电设备制造准入、堆型、厂址选择、管理模式等工作中，贯彻核安全一票否决制。完善核电安全保障体系，加快法律法规建设。坚持"安全第一、质量第一"的原则。依法强化政府核电安全监督工作，加强安全执法和监管。加大对核安全监管工作的人、财、物的投入，培育先进的核安全文化，积极开展核安全研究，继续加强核应急系统建设，制定事故预防和处理措施，建立与完善对辐射危害的有效防御体系。加强运行与技术服务体系建设，加快核电人才培养。按照社会化、市场化和专业化的思路，重点围绕核电站的开发、设计、建造、调试、运行、检修、人员培训、安全防护等方面，进行相应的科研和配套条件建设，建立和完善核电专业化运行与技术服务体系，全面提高核电站的安全、稳定运行水平，为更多企业投资建设核电站创造条件。

2012年国家发改委发布的《核安全与放射性污染防治"十二五"规划及2020年远景目标》指出"安全形势不容乐观"：我国核电多种堆型、多种技术、多类标准并存的局面给安全管理带来一定难度，运行和在建核电厂预防和缓解严重事故的能力仍需进一步提高。部分研究堆和核燃料循环设施抵御外部事件能力较弱。早期核设施退役进程尚待进一步加快，历史遗留放射性废物需要妥善处置。铀矿冶开发过程中环境问题依然存在。放射源和射线装置量大面广，安全管理任务重。核安全公众宣传和教育力量薄弱，核安全国际合作、信息公开工作有待加强，公众参与机制需要完善。核安全监管人才缺乏，能力建设投入不足。为此，《核安全与放射性污染防治"十二五"规划及2020年远景目标》在"重点工程"布置中指出：要"培育安全文化，提高责任意识"，公开透明，协调发展。完善公众参与机制，保障公众对核安全相关信息的知情权。加强宣传教育，增强公众对核安全的了解和信心。建立核安全文化评价体系，开展核安全文化评价活动；强化核能与核技术利用相关

① 余宁乐、李宁宁等：《核电站周围人群焦虑研究》，《中国辐射卫生》2011年第1期。

企事业单位的安全主体责任;大力培育核安全文化,提高全员责任意识,使各部门和单位的决策层、管理层、执行层都能将确保核安全作为自觉的行动。所有核活动相关单位要建立并有效实施质量保证体系,按照核安全的重要性对物项、服务或工艺进行分级管理,使所有影响质量和安全的活动得到有效控制。

"加快人才培养,促进均衡流动"制定满足核能与核技术利用需要的人力资源保障规划,加大人才培养力度。搭建由政府、高校、社会培训机构及用人单位共同参与的人才教育和培训体系,加强培训基础条件建设,实现人才培养集约化、规模化。在核安全相关专业领域开展工程教育专业认证工作,加强高校核安全相关专业建设,进一步密切高校与行业、企业的联系,加快急需专业人才培养。完善注册核安全工程师制度,加强核安全关键岗位人员继续教育和培训工作。完善核安全监督和审评人员资格管理制度和培训体系。完善人才激励和考核评价体系,提高核安全从业人员的薪酬待遇,吸引优秀人才进入核安全监管部门和核行业安全关键岗位,促进人才均衡流动,保证核安全监督、评价和科研的智力资源。

"深化公众参与,增强社会信心。"构建公开透明的信息交流平台,增加行业透明度。制定核设施信息公开制度,明确政府部门和营运单位信息发布的范围、责任和程序。提高公众在核设施选址、建造、运行和退役等过程中的参与程度。在基础教育中增加核与辐射安全科普知识。建立长效的核安全教育宣传机制,满足公众对核安全相关信息的需求,增强公众对核能与核技术利用安全的了解和信心。完善核安全突发事件公共关系应对体系,及时权威发布相关信息,释疑解惑,消除不实信息的误导,维护社会稳定。

四 我国核安全文化大众化的制度保障

德国公法学教授莱纳·沃尔夫(Rainer Wolf)指出,风险社会以安全为导向的法律,必定需要强化其认知和规范的潜力,以使风险社会这一社会诊断不再有意义。否则"安全法"的理念——作为提供实体安全保障及法律安全的法的双重功能——就会陷入危机。就环境法而言,他认为其一直是信息传递法。它将政府干预与环境科学的认知潜力相联结,规定了国家及社会参与者的信息权利和信息义务。科学作为环境保护的核心资源尚不确定的地方，法律也受到了感染。环境保护（环境法）有赖于合作，由此增加了"知识统治"的要求。然而，就知识而言，随着资源的增长，规范的问题并不一定得到解决。知道得更多，并不一定表明更多的确定性，反而可能发掘出更多未被解决的问题。"无知的爆发"和对于知识的不确定性的发现使得"知识统治"开始螺旋状下降。知道得更多，也可以使人意识到，测量程序、临界值、环境质量目标的表述以及生态系统内在联系的模型等是基于哪些并不确定的假设。自然科学的风险分析要处理的问题越复杂，它们被迫去面对认知科学预测后果的边界就显得越发清楚。这再次表明，凭科学获取的认知并不充分。通过科学化、技术化、官僚化和法律化所实现的——作为现代标志的，纯粹无边界的——理性的增长，导致了"不确定性重回社会"的自相矛盾的结果。如果严肃对待"无知的爆炸"这一论断，那么就必须撤回对于——假定可以获得普遍适用的，不受时间限制的、可持续进步的知识——决定模型的信赖。受到不确定性的影响，纯粹量化以更多法律、更多国家干预和更多知识来扩充装备，不能扭转安全被腐蚀的进程。所以，沃尔夫认为对环境法而言，知识在很多方面是一种有问题的资源。它与风险社会存在矛盾的关联：一方面作为掌控自然的技术的来源，它是制造风险的发动机；另一方面它在风险分析中是预防风险的媒介。① 沃尔夫指出了风险对知识依赖性的两个侧面，"无知"与"知"都导致风险意识的产生。不过，"无知"导致的"风险"更可能是"想象的风险"、是非理性的恐慌。建设核安全文化需要从公众意识中消除那种由于"无知"产生的"风险观"，同时也需要应对基于"知"而生成的风险意识。所以，核灾害风险预防制度，采用沃尔夫的说法——在信息传递法角度，基本功能也就包括两方面：消极的抵制与积极的促进。而这两方面正是法律的社会统合机能的具体发挥，在法的规范层面则是借助确立行为模式实现的。换言之，如果说核安全文化建设的根本目的在于形成风险共识，那么，"共识—稳定的预期"正是法律本身作为文化的基本特点，在此，法律显然也就为了促成共识；而法律的

---

① ［德］莱纳·沃尔夫：《风险法的风险》，陈霄译，载《风险规制：德国的理论与实践》，法律出版社 2012 年版，第 91—93 页。

"信息传递"特点作为促成这种共识的手段，规范"传递行为"正构成法律的具体规范。

我国现行核安全法律法规关于安全文化的规定，主要体现在以下四个方面：一是放射性污染监测信息对社会发布与公开。《放射性污染防治法》第 10 条规定"国家建立放射性污染监测制度"，国家核安全局从 2014 年 6 月 4 日起在其网站上公布实时监测信息。二是核灾害风险或核事故信息对社会的告知。如《放射性污染防治法》第 33 条第 2 款关于污染事故的通告规定，《核电厂核事故应急管理条例》第 23 条规定在核事故应急响应过程中将"必要信息"告知当地公众。三是核科普知识与风险预防知识的宣传。如《放射性污染防治法》第 5 条："县级以上人民政府应当组织开展有针对性的放射性污染防治宣传教育，使公众了解放射性污染防治的有关情况和科学知识。"《核电厂核事故应急管理条例》第 16 条规定："省级人民政府指定的部门应当在核电厂的协助下对附近的公众进行核安全、辐射防护和核事故应急知识的普及教育。"四是核电职工的安全培训。如《放射性污染防治法》第 13 条第 2 款规定："核设施营运单位、核技术利用单位、铀（钍）矿和伴生放射性矿开发利用单位，应当对其工作人员进行放射性安全教育、培训，采取有效的防护安全措施。"

按照本书关于核安全文化"大众化"的理解，结合沃尔夫的论述，我国目前核安全法律法规关于核安全文化规定存在较大问题的主要是上述第二、第三方面。在现有法律规定中，"告知"或"宣传、教育"的责任主体都是"政府"，或者是县级政府或者是省级政府。因为我国目前尚未发生影响较大的核事故，因此，现行法律规定的"政府告知义务"是否被很好地履行，还不得而知。就"政府的宣传、教育义务"而言，基本上没有哪一个县级政府或省级政府通过公共平台，如网络、报纸、讲座等形式举行过核知识宣传与教育活动。浏览我国核电站所在地的政府网站，如我国两个较早的核电站——秦山核电站所在的浙江省海盐县，以及大亚湾核电站所在的深圳市龙岗区，甚至没有任何有关核电站的信息。研究者实际调查的结果也从另一侧面证实了这一判断，如陈钊等对深圳市宝安区、罗湖区、龙岗区居民的调查显示：公众有 47% 的人通过电视（新闻、宣传片等）的渠道了解核电；有 28% 的人通过书籍了解；只有不到 10%

的人通过有关部门的宣传了解核电。① 而现实情况是，电视中有关核电的新闻或宣传片是非常少的，公众能够看到的主要是在核事故期间那种集中的"灾害新闻"。这种"新闻"在风险构建中的作用，本书前文有论述。尽管新闻界一般来说可以保持信息的真实准确性，但并非总是中立的，而是常常有选择地参考风险报告或确定风险话题。

罗杰·卡斯帕森等介绍了国外的一些情况，如瑞典一家主要的早报《每日新闻》（Dagens Nyheter），采取明确的反核立场，常常引用一些或被大大忽视的材料，其中大多数是批评核电的材料。德国和美国的新闻报道中存在强调报告中某些风险问题而忽略其他问题的趋势，往往被忽略的问题有时候却显得更为重要。在英国，记者中普遍存在反核和反工业的偏见，导致了大多数媒体报道中相同的选择偏执。电视界和新闻界有一些差异，但也许由于媒介的特点，电视报道相当局限和肤浅。在瑞典，电视报道强调场面的壮观，而很少涉及实际的风险问题。在德国，电视新闻报道看上去带有明显反核的偏见。在英国，电视观众往往是从中立的纪录片中而不是新闻报道中得到主要的信息。并且，罗杰·卡斯帕森等注意到，尽管媒体报道总体上是平衡而不平均的，但是，媒体往往把风险报告当作孤立的新闻素材，而极少涉及社会多年来在核安全问题上的复杂性，缺乏对最终争议问题的持续性跟踪报道。② 所以，可以预料，我国普通公众主要从电视或媒体中了解核电，不仅难以增加其对核电的认知，相反会有明显的风险构建与放大效应。因此，严格来说，我国普通社会公众相当程度上对核是处于"无知"状态的。如据雷翠萍等对浙江秦山、辽宁红沿河核电站周围居民的调查，红沿河核电站周围居民仅有 20.8% 的人对辐射比较了解或一般了解，22.2% 的人对核能比较了解或一般了解；秦山核电站周围居民对辐射和核能比较了解或一般了解的人分别为 35.2%

---

① 陈钊等：《广东省核电公众接受性的研究》，《中国电力教育》2009 年管理论丛与技术研究专刊。

② 罗杰·卡斯帕森等：《大规模核风险分析：影响与未来》，载［美］珍妮·X. 卡斯帕森、罗杰·卡斯帕森编著《风险的社会视野》（下），李楠、何欢译，中国劳动社会保障出版社2010 年版，第 41 页。

和 25.4% 。①

　　法律是实践科学，在法理学上，法律的实践效果分为"实定性"与"实效性"：前者指法律规范所规定的强制措施，被赋权的执行机关现实地予以执行的概然性；后者指法律规范所预设的社会统制效果现实地实现，可具体现实地发生该规范所预期的效果或目的。而假如某一法律规范不具有实效性或欠缺实定性，则必须重新检讨其有无存在的价值，自妥当性彻底加以检讨，是否因规定欠缺妥当性或执行有困难。② 据此，不难发现，我国核安全法律规定政府的"告知、宣传、教育义务"，正是"妥当性"上存在问题。就核事故（灾害）应急管理中"告知义务"而言，应急决策本质上是"协同决策"，即有多个跨地域、跨学科、跨行业的决策者在协同环境下进行的方案评选活动。由于各决策者（包括政府官员、专家、企业、公众等）之间存在大量相互制约、相互影响的关系，同时又由于他们对核电风险的认知角度、评价标准、背景知识不尽相同，所有这些因素必然导致冲突的产生，协同决策往往难以形成结果一致性，相反可能出现极化现象。在操作层面抵制这种极化现象的对策，主要是确定合理的协商规模，即确定协商规模的下限与上限；建构民主与高效的领导风格；合理引导公共舆论，加强与公众的风险沟通；提高决策系统可靠性减少噪音，如提高信源、信宿的可靠性等。③ 显然，从管理学层面而言，因为政府对核事故（灾害）的信息来自核安全监管机构或者核电运营单位，我国核安全法律规定政府作为信息告知主体，信源、信宿的可靠性保证徒增不确定性。从法律调整的利益关系而言，休谟意识到政府同样是由具有人性缺点的人组成的，但他认为政府是精细和巧妙创造的组织，因而一定程度上可以免除这些缺点。并且，"因为他们都满足于自己目前的处境和在社会中的地位，所以，他们同每一次正义的执法都有一种直接的利益关联"。④ 这也就是说，组织体本身的存在价值即它的"直接利益"。所以，

　　① 雷翠萍等：《核电站周围居民核和辐射认知方法学研究》，《中国职业医学》2010 年第5 期。

　　② 杨日然：《法理学》，台湾：三民书局 2011 年版，第 65 页。

　　③ 刘莹：《核电站事故应急协同决策结果一致性与极化现象研究》，硕士学位论文，哈尔滨工业大学，2012 年，第 10—59 页。

　　④ ［英］休谟：《人性论》，石碧球译，中国社会科学出版社 2009 年版，第 374 页。

综合管理学和法学两方面的理由，完全应该将"告知义务"规定为核安全监管机构，"保障公众安全"就是它唯一的存在目的，相比于其他政府部门（机构）显然更可能认真去履行职责。这里的原理同样适用于政府的"宣传与教育义务"，也应将核安全监管机构规定为责任主体。当然，信息告知出于信源、信宿的可靠性保证，单一出口是合理的。而宣传与教育则是必需的社会合力，尤其核电运营单位理应是重要的责任主体。

从法律规定的"妥当性"角度考察，我国现行核安全法律法规在信息公开、告知，以及宣传教育方面，有待改进的还有对相关具体内容的规定。现行立法采取概括立法形式，仅是规定政府负有告知、宣传与教育义务，具体应采取哪种形式，告知宣传与教育的具体内容包括哪些，则是空白。实践中，国家核安全局以及核电运营单位"自行决定"的内容，各式各样、五花八门，而关键性的方面明显缺失。如目前浏览国家核安全局的网站，公开的信息包括核建设项目环评公告、核设施运营资质证书颁发情况、核电厂许可证颁发公告，研究堆等核开发利用活动的监管审批信息、放射性污染监测结果、安全年报等。在"经验反馈"栏目中公开了一些核事件，但最新的数据也是 2012 年 1 月 29 日岭澳核电厂 3 号机组发生的一次 0 级运行事件。在国家核安全局的网站上，检索不到我国目前核电站分布与建设进展情况，也没有开辟核知识宣传与教育栏目。核电运营单位，如中国核电集团公司同样没有建立宣传平台，其网站上除了一些其他新闻媒体同样予以报道的涉及核能的国际国内会议、活动之外，对本身所运营的核电站安全活动没有开辟任何栏目，公众甚至无法了解它旗下有哪些核电站。中华电力公司（香港）和中国广核集团有限公司共同出资设立的大亚湾核电运营管理有限责任公司，拥有大亚湾核电站和岭澳核电站，其网站开辟了环境保护、核电科普、企业文化等栏目。但突出的都是"正面成绩"，如宣传"自 2002 年 1 月 12 日以来已经连续 12 年无非计划自动停堆，该纪录在 EDF 同类型机组中排名第一"，"大亚湾核电厂投产以来已连续安全运行 19 年，各项经济运行指标达到或接近国际先进水平"。上文引用过的关于大亚湾核电站 1997—2003 年事件统计资料，在公司网站上检索不到任何与之相关的信息。法律的义务性规范源于实践理性，必须要具有确定性，否则义务无从履行，也无法判断是否恰当履行。所以，借鉴国（境）外一些在有关核电信息公开、宣传与教育方面比较好的做法，如法国、中国台湾地区，我国立法在规定核安全局作为信息告知责任主体、核安全局及核电运营单位作为宣传与教育责任主体之时，完全有必要在立法中设置关于告知、宣传与教育内容的最低限制性条款。"最低"的标准应是通过其宣传平台，能够让普通公众全方位、及时与准确地了解到核电建设与运营的所有基本情况。研究表明，影响风险评价（认知）的首要因素就是熟悉性（Familiarity），其次才是可参与性（Voluntariness）、可控制性（Controllability）和信任度（Trust）。美国风险学者巴克（Barke）、罗斯曼（Rothman）和李奇特（Lichter）等人的调查也表明，随着对核电熟悉程度的提高，认为核电安全的人数比例也越高，其中公众、科学家、能源科学家和核能专家的人数比例分别为：40%、60%、76%和99%。[①]

　　另外，虽然休谟的观点指出组织体本身的存在价值即它的"直接利益"，因而核安全局等责任主体可能会主动、自觉地履行告知、宣传与教育义务。然而，休谟断言组织的特点能够自发地免除人性的缺点在实践中总是会看到反例；其实，在法治的理论阐述中，也能简单地提出有力质疑：如果政府及其部门等组织体能够自发地免除人性的缺点，就不需要建设法治以制约政府的权力。所以，应该明确，休谟坚信正义的执法是因为有直接的利益关联，这种直接的利益在人类人为计谋和设计的法律制度中，正是"法定责任"。只有课加责任才能督促与保证义务的履行，而我国现行核安全法律法规体系中对这种履行责任规定的缺失则是相关规范得不到执行、不具有"实效性"的另一个重要原因。近年，我国学界普遍认识到我国环保法制对政府责任规定的不足，2014年新修订的环境保护法规定实行"目标责任制和考核评价制度"以及"人大监督"。但新增的"责任"追究委付于权力系统内部的监督制约，结果回到前文提到的，唯有依赖更有能力、更有道德素养的上级政府官员，因其根本上与法治精神相悖，必然使相关责任规范不具有"实效性"。事实上，对直接负责的主管人员和其他直接责任人员的责任，我国环境保护法律及核安全立法也有一些规定，如《环境保护法》第68条，《放射性污染防治法》第48条，《核电厂核事故应急管理条例》第38条，《电磁辐射环境保护管理办法》

---

① 时振刚等：《核电的公众接受性研究》，《中国软科学》2000年第8期。

第 31 条，等等。其中，《放射性污染防治法》第 48 条规定了两类情况"放射性污染防治监督管理人员承担行政或刑事责任"：一是对不符合法定条件的单位颁发许可证和办理批准文件的；二是不依法履行监督管理职责的。据此规定，政府不履行告知、宣传与教育义务，相关责任人员承担法律责任没有疑义。所以，笔者认为，立法补充政府及其机构的责任规定虽然重要，但建立可行的责任追究机制却是关键。政府（官员）法律责任的追究不能依赖于行政机制，而司法固有的消极性特点使得在环境等公益性领域司法追究机制往往不能正常运转，建立公民诉讼制度以资补充就成为必需。我国新修订的《环境保护法》第 58 条规定了"环境公益诉讼"，但针对的是"污染环境、破坏生态的行为"，显然无法适用于核灾害风险预防中政府（部门）不履行或不完全履行告知、宣传与教育义务的情形。政府（部门）不履行或不完全履行告知、宣传与教育义务，通常还不能以"利益损失"来衡量，因而，适用条件也不同于环境公益诉讼。

在核安全法律体系中建立新型的公益诉讼制度，还应注意的是，政府（部门）不履行或不完全履行告知、宣传与教育义务，通常也不会产生传统行政或刑事责任所要求的"危害后果"，因而责任构成也具有特殊性。所以，有必要强调，公益诉讼的制度价值更多地应体现为构建公民参与的管道，以及在核灾害风险预防实践中很重要的环节——风险沟通的平台和形式，其正是以凸显民众在风险预防中的主体性为核心。

第三节　以核设施选址为重点夯实程序的正当性

一　环境正当程序的独立价值

众所周知，正当程序首先就是宪政的基本原则。在美国的宪法中，第五增补条款所规定的正当程序，在性质的认识上一直存在两种不同观点：一种是将正当法律程序本身视为目的，它的存在本身就是宪法内涵以及需要弘扬的价值；另一种则将正当程序当成提升决策正确性的工具。前者注重正当法律程序的"内在价值"（intrinsic value），可称为"本体说"；后者基于工具理性强调正当法律程序的工具价值，可称为"工具说"。① 按照"本体说"，正当程序旨在赋予人民有关其权益的事项上，有被征询、聆听及告知理由的权利，它表明的正是将人作为主体而不是客体——人性尊严。换言之，无论行政决定的结果如何，由相关当事人参与的程序本身具有内在价值。不能以程序是否发挥某种预定的功能，或程序的提供是否"有用"，来决定程序的设计或取舍。在此层面，正当程序即法治精神的体现，不仅体现了正义，其本身就是正义的精髓所在。按照"工具说"，正当程序旨在借程序参与将错误决策的风险降至最低，所以重点并不在参与本身的价值，而是经由程序参与的手段确保决策的正确性。因此，正当程序乃是在促使法律内容不偏不倚的实现，至于法律具体为何，则不是其关切的重点。显然，正当程序的"本体说"与"工具说"存在一定的对立。但是，无论采取哪种学说，正当程序都凸显了人的主体性。风险社会在主体性层面的基本特点，就是一方面理性主体明显受到冲击而削弱；另一方面情感主体彰显。而正当程序通过程序理性，为这种情感主体提供了表现的平台和机会，因之成为风险决策合法性的基本保障。对"本体说"而言，程序本身成为关注点，而具体的利益主张和要求的内容在所不论，其实正是一种理想化的决策程序，最大限度上协调了理性主体与情感主体之间的张力；而"工具说"明显更趋向理性的设计，不仅现实的程序是重要的，遵守程序所要实现的目的——生命、自由与财产权利的保护，也是经由理性所预定的。按照"本体说"，正当程序之所以"正当"在于本身的正当性，以及参与的过程本身；而"工具说"所坚持的"正当性"主要是效果检验的，即程序能够达到保障生命、自由与财产权利的效果。

不过，正当程序的"本体说"和"工具说"并非不可调和。我国台湾学者主张一种"富有功能意识的本体说"试图统合两者，认为"本体说固然坚持正当法律程序本身就是值得珍惜的价值，但对于工具说所希望借助正当法律程序去追求的目的，并不排斥。从工具说的角度出发，固然

---

① 如美国最高法院法官马歇尔（John Marshall）认为，正当法律程序的两个核心目标，就是预防在决策程序中不当或错误地剥夺他人的权利，以及促进利害关系人的参与和对话。参见 Marshall v. Jerrico, Inc. 446 U. S. 238, 242 (1980), citing Carey v. Piphus, 435 U. S. 237, 259 - 262, 266 - 267 (1978)。

很顺理成章地允许探讨正当法律程序的功能。但只要坚持本体说所强调的程序的本体价值，并没有理论上的障碍"。① 笔者认为，"本体说"和"工具说"本质上都是对正当程序功能或价值的阐述，前者强调的是内在蕴含的功能或价值，后者则注重外在显性的作用。在法律程序理论上并不矛盾，具体的程序实践中操作得当也完全可以统一。"本体说"意义上的正当程序提醒人们注重参与本身，它相当于一种理想的商谈结构。理想的商谈模型是可能的，而基于实践理性的制度的设计必然是"现实的商谈"。"现实的商谈"并不放弃理想，理想商谈中的情感沟通正构成现实的程序设计必需的道德基础。罗尔斯正义第二原则很大程度的描述就是这么一种正当程序。按照罗尔斯，正义的第一原则构成了立宪会议的主要标准。"一部正义宪法应是一个旨在确保产生正义结果的正义程序……为此，宪法必须集合平等公民权的各种自由并保护这些自由，包括良心自由、思想自由、个人自由和平等的政治权利。"② 第二个原则表明社会、经济政策的目的是在公正的机会均等和维持平等自由的条件下，最大限度地提高最少获利者的长远期望，即在立法阶段应制定正义的法律和政策，还包括法官和行政官员把制定的规范运用于具体的案例。尽管如此，罗尔斯说：这种安排经常是不确定的，究竟哪一类宪法、哪一种经济和社会制度会被选择并不总是很清楚。如果发生这种情况，正义在此范围内也同样是不确定的。并且，"当平等的自由原则被运用到由宪法所规定的正当程序中时，平等的自由原则将被看成（平等的）参与原则。参与原则要求所有的公民都应该有平等的权利来参与制定公民将要服从的法律的立宪过程和决定其结果。"③ 但由于宪法可能规定了范围或广或狭的参与；也可能在政治自由中允许不平等；或多或少的社会资源可能被用来保证作为代表的那些公民的自由价值；等等，参与是受到限制的。④ 对这种因客观条件制约，而不能在公民之间、公民与政府之间形成"实际对话"，罗尔斯认为必须转而回溯一种纯粹程序正义的概念：即只要各种法律和政策处

---

① 叶俊荣：《环境行政的正当法律程序》，翰芦图书出版有限公司 2001 年版，第 16 页。
② ［美］约翰·罗尔斯：《正义论》，何怀宏等译，中国社会科学出版社 1988 年版，第 219 页。
③ 同上书，第 220 页。
④ 同上书，第 219—226 页。

在允许的范围内，并且一种正义宪法所授权的立法事实上制定了这些法律和政策的话，这些法律和政策就是正义的。

迈克尔·J. 桑德尔认为罗尔斯考虑了三种可能的原则：天赋自由、自由平等、民主平等。自由平等原则旨在修正天赋自由的任意性和偶然性，其理想是提供所有人一个"平等的起点"，通过赋予平等机会（如受教育和培训）使那些具有相似天赋和能力的人能够拥有"相同的成功前景"。但目标却是一种"公平的精英统治"，因为"接下来消除不平等"的民主平等（差异原则），它不是要铲除人与人之间的所有差异，更不是消除天赋的不平等，而是对收益和责任的方案进行安排，使得最少部分人可能分摊到幸运的资源，这种结果不平等的分配会使社会成员中最缺乏优势的那部分人受益。① 更重要的是费雷德里克森指出，罗尔斯的远见卓识——公平和正义具有参与和对话的性质，使公共管理者认识到实践中的公平，只有通过受到影响的公民的参与，使他们在决定形成的过程中有真正说话的机会，才能确定。② 这种公民参与、实际对话——协作及由此确定的公平，如昂格尔所说，"是实际破坏依附与统治的关系……实质正义可以通过实质性的平等保护理论而发挥作用，它确定了道德上所要求或可以证明为合理的区别对待。"③ 需要指出的是，"差异原则"不仅要体现在程序性规定之中，体现在参与的过程之中，如鉴于参与当事人经济、社会方面的不平等，以及"知识落差"，正当的程序应该倾斜保障他们充分获得信息、阐明他们意见的机会。同时，"差异原则"也需要体现在实体性规范之中，以保证借助程序能够实际性改善最不利者的境况，这点正是正当程序"工具说"的重要意义。

如此，法律正当程序的功能可以整合为三方面：（1）权利保障。权利保障无疑是正当程序的首要功能，美国宪法的正当程序也即宪法上人权清单的一部分。从宪法上的人权保障出发，正当程序的要求，与其他人权

---

① ［美］迈克尔·J. 桑德尔：《自由主义与正义的局限》，万俊人等译，译林出版社2001年版，第85—86页。

② ［美］乔治·费雷德里克森：《公共行政的精神》，张成福等译，中国人民大学出版社2003年版，第97页。

③ ［美］R. M. 昂格尔：《现代社会中的法律》，吴玉章译，译林出版社2001年版，第213页。

清单上的基本权利一样，都是出自于推翻专制政权后，对政府的不信任，试图借宪法固定人类信仰的基本价值，防止政府滥用权力。（2）提升行政效能。工业革命以来，经济发展、人口增长、城市化进程、环境与生态危机等使得传统的公共行政内涵日益复杂，政府职能在质与量上都发生了巨大的变化，传统以防止政府权力滥用为根本目的的法律体系相应地渐次因变。在公共行政领域，除了传统的政府权力滥用之外，如何提高行政效能成为法律必需考虑的问题。相对于权利保障功能，正当程序的行政效能提升是一种的积极功能，它建立在权利保障的基础之上。（3）实现人的尊严。随着人本主义思潮泛起，法律正当程序在保障权利、提升行政效能之外，实现人的尊严作为正当程序固有的本体价值日益受到重视。不过，正当程序实现人的尊严价值应该属于程序内在蕴含的价值，作为对近代法治模式下强调程序的工具性价值的反思与批判，它着眼于通过正当程序本身，以体现自我、实现自我，满足人之成为人的基本需要。

正当程序三大功能的实现构成程序"正当性"的基础，也是公共行政"合法性"／"正当性"的制度条件。申言之，通过能够发挥权利保障、行政效能提升、人的尊严实现的法律程序，行政权的行使也就具备规范意义的"合法性"／"正当性"。不仅如此，三大功能显然也是定义程序本身以及公共行政"正当性"的基本要素。拉德布鲁赫认为，（存在）三种对法律可能的思考：涉及价值的思考，是作为文化事实的法律思考——它构成了法律科学的本质；评判价值的思考，是作为文化价值的法律思考——法哲学通过它得以体现；超越价值的法律思考，是本质的或者无本质的空洞性思考，是法律宗教哲学的一项任务。所以，从理论层面定义某种事物，拉德布鲁赫指出，当人们尝试对一件非常简单的人类作品，如桌子进行定义时发现：通过描述其本质或归纳其特征的定义——"桌子是一块带有四条腿的平板"，不如通过其用途能更好地区分它们——"桌子是一件用具，是为坐于它旁边的人摆放东西的用具"。①卡西尔同样力推"功能性定义"。他说：我们不能以任何构成人的形而上学本质的内在原则来给人下定义；我们也不能用可以靠经验的观察来确定的天生能力或本能来给人下定义。人的突出特征，人与众不同的标志，既

---

① ［德］G. 拉德布鲁赫：《法哲学》，王朴译，法律出版社 2005 年版，第 3 页。

不是他的形而上学本性也不是他的物理本性，而是人的劳作。① 当然，法律价值不同于法律事实，却也并非完全无关事实。以功能（价值）定义的法律正当程序，其事实层面也即正当程序的内容，最重要的就是一系列保障人民广泛参与的制度规范，其中尤其是对弱势者参与与表达权利的保障性规范。

很大程度上，宪法上的法律正当程序规范及其相关理论阐述，是基于近现代以来环境问题产生的社会背景的。环境问题的议题及相应的环境法制自始内涵的民主与科学的对峙，问题解决的决策客观上必然是科学技术、经济、社会、政治、文化之间的复杂关系的交集，使得精心设计正当的法律程序成为必需。尽管这种程序本身并不能解决事实层面的诸如水、空气污染，但它无疑却是解决文化层面的"环境问题"的基本途径，在法治的框架下并且是唯一的途径。不过，宪法上的正当程序具有广泛性，具体到环境行政决策的理论与实践领域，仍然会有其独特的性质。现有学者对环境法（环境行政）特质的归纳，有两种比较有建设性的观点：一种是认为其有浓厚的科技背景、广泛的利益冲突、隔代平衡以及国际关联等四项特征。② 另一种强调环境法的"限制法"特点。③ 应该指出，严格来说，第一种看法并未阐明环境法的特质，很大程度上它指出的是环境问题的特点。从并不严格的法律理论层面，可以认为环境行政以及环境法具有这四方面特点，但其他与科技有关的法制或多或少地也具有这四个方面特点。第二种看法强调环境法就是权利与利益的"限制法"，因而明显不同于传统法律体系，具有正确性。环境问题的议题提出之日，无疑就指向

---

① ［德］恩斯特·卡西尔：《人论》，甘阳译，上海译文出版社 2004 年版，第 95 页。

② 叶俊荣：《环境政策与法律》，台湾月旦出版社 1993 年版，第 133—168 页。

③ 认为环境问题是人类活动及其影响超出环境承受能力的极限所造成的后果。解决环境问题最根本的办法是分配，即把有限的环境资源在人类广泛的欲求之间做"相持而长"的分配。这种资源分配不同于收益分配，它体现的基本精神是义务。把体现义务精神的分配方法引入环境立法，必然导致环境法由传统的权利本位转变为义务本位。环境法不得不采用资源分配的办法，以义务为本位，这是由环境这种特殊的物质条件所决定的。参见徐祥民《极限与分配——再论环境法的本位》，《中国人口·资源与环境》2003 年第 4 期。另外，台湾学者也赞成这种见解，认为从人权保障观点出发，一方面当然是在保护人民免受环境污染的影响；另一方面更重要的是对污染者自由的限制，所以环境法又称为"限制法"。参见陈慈阳《环境法总论》，台湾：元照出版有限公司 2011 年版，第 52 页。

对环境物质利用行为（经济行为）的限制，随着环境保护范围的日益拓展，人们的日常生活方式与习惯也被纳入法律的"限制"范围，如固体废弃物的回收与处置。

所以，环境决策的正当程序和一般行政程序所不同的特点，就在于并不体现程序的权利保障功能。美国当代法学家桑斯坦针对 20 世纪六七十年代美国为保护环境与公众健康而掀起的"权利革命"——国会和总统创设诸如对清洁空气和清洁水的权利等一系列与美国制宪时期未获得承认的、大相径庭的法定权利，直接说道："当一项规制方案试图减少众人所面临的风险时，认为该方案正在创设永远不能让步的个人权利，是愚不可及的。"[1] 正因为环境决策的正当程序并不具有权利保障功能，种种环境权理论总是欠缺解释力。当然，必需特别说明的是，正当程序的权利保障功能是工具性价值，是就事后的效果而言的，环境决策程序并不旨在保障当事人的自由和财产权，指的是结果意义上的实体权利。至于程序性的权利，如参与权、陈述权等则正是程序正当性本身的特点。有相当部分的学者企图据此而提出程序性的环境权概念，如台湾学者认为，"基于环境行政本质上就是资源分配的问题，也具有浓厚的利益冲突色彩，在宪法上承认实体意义的环境权，有其理论上的困难。而长期以来环境价值在实际政治运作中，受制于'经济本位'、'发展迷信'的偏见，未能于民主代议制度中透过法律的制定与行政的施政，作恰如其分的体现。所以，宪法上承认以参与为本质，以程序为意义的环境权，正是代表性强化的具体体现。"[2] 诚然，环境问题相比于其他社会问题具有明显的复合与复杂性，"牵一发而动全身"，因而以参与为中心的程序性权利是至关重要的。但笔者以为，将参与环境决策等相关的权利称为程序性的环境权，明显有贴标签的味道。因为环境参与等程序性权利和其他类型的程序性权利并不具有价值层面的差别，程序内容上差异是所有不同类型的程序共同的特点。按照上文主张的功能性定义，"程序性环境权"显然难以在理论上证立。

---

[1]　［美］凯斯·R. 桑斯坦：《权利革命之后》，钟瑞华译，中国人民大学出版社 2008 年版，第 102 页。

[2]　叶俊荣：《环境行政的正当法律程序》，台湾：翰芦图书出版有限公司 2001 年版，第 62 页。

学者们念念不忘建构环境权概念以统领整个环境法理论，相当程度上是传统法学理论思维的延续，毕竟环境保护早期的法律实践大多是利用侵扰诉讼，或通过财产权保护方式。正如艾奇逊（Acheson）所说："19世纪所有法律中能包容万象的概念都是关于财产权利的概念。任何事物都能被归类为财富信誉，隐私以及家庭关系。而当新的权益需要保护的时候，这一权益的生命力取决于其能否与财产权建立联系。"① 迄今，通过财产权或人身权的私法诉讼方法保护环境，它的局限性已获得公认。可以说，现代大多数国家的环境法正是在突破这种局限性的基础上发展起来的。环境保护虽然也包括国家直接实施物质性或非物质性的保护措施，但国家环境保护的最主要方面——环境管制，无疑"就是对私人课以义务或禁止私人的行为"。② 环境法根本上就是义务本位的法，这种义务体系包括国家义务、一般民众的义务以及经济实体的义务，源于法的实践理性要求，环境法唯有通过课加义务以及监督义务履行才能有效实现法的目的——环境保护。因而，并不妨碍从纯粹理论理性角度将环境权确立为一种基本人权。但人权作为人之为人的权利，就是人的主体性表达，蕴含在所有法律规范之中。从法律程序角度，所有的正当程序（如刑事诉讼、行政听证等），其独立性价值就体现为这种内蕴的人权——人性尊严的价值。环境决策程序不具法律权利的保障功能，那么，它和实体法律所联结的是什么呢？显然，环境法"限制法"的特点决定着它的工具性价值就是实现义务分配的合法、合理化。义务分配的合法、合理化构成环境决策程序"正当性"的外在评判标准。

二　来自西方国家核设施选址程序的经验

环境问题具有"风险"的性质，有关环境问题的争议就是在"风险"范畴内展开的。如环境问题的议题很大程度上具有"构建性"，有着文化的风险特性。而环境行政决策同样可以分为是否采取措施的决策，以及采取什么措施两类。不过，将上述关于环境行政程序的讨论适用于核灾害风险的预防之中，有必要注意核灾害风险相对于一般环境风险的"强烈

---

① Acheson, D. G (1919) Book review, *Harvard Law Review* 338, p. 330.
② 陈慈阳：《环境法总论》，台湾：元照出版有限公司2011年版，第344页。

性"，以及因之更广泛的社会关注与争议性。因而，尽管所有的环境问题解决都要针对问题的"建构性"而谋求解决方法，然后才是具体解决物质性的环境污染或破坏问题。但在核灾害风险预防中，基于风险的"强烈性"，针对问题的"建构性"显然更关键。另外，核污染不同于水、空气等环境污染，它的污染源及污染源的所有者或经营者是固定的，因而，从义务分配角度主要就是国家的义务和经济实体的义务。在严格的法律义务层面，一般民众并不负有义务。如此，程序中的对抗性可能更强，使得通过正当程序的风险沟通可能更为困难。对于一般意义上的环境决策程序，程序正当性保证任何参与者都有充分表达意见、所表达的意见并且能够被充分考虑的机会，这种尊重他人主体性的结果使得通过正当程序作出的环境政策往往呈现出"妥协性"特征。从决定对环境污染采取规制措施，到个体或组织环保义务的确定、环境标准的选择等都体现出环保与经济、民主与科学的多面向考虑，最佳的决策通常就是"折中"的产物。当然，环保与经济、民主与科学之间固有的张力，程序参与者各异的立场观点所蕴含的情感与理性之间的对立，使得"折中"并不容易。就如学者指出的："科学家会强调决策必须建立在科学求真求实的基础上；经济学家会强调决策必须符合经济原理，不得阻碍经济发展，不可任意破坏市场机能；政治学家则认为应广泛采纳民意，并重视政治上的协调，以建立共识……可以想象的是，如此片断的观点不经整合的判断基准，将造就一个落实可持续发展理念的相当不利的社会制度条件。我们所面临的问题其实并不简单地如何调和环保与经济，而是进一步地探究在决策时，如何调和民主、科学、经济与法治等基本理念，以提升决策的理性。"① 不过，依笔者的理解，"折中"虽然不容易却也并非不可能，在正当程序内蕴的实现人性尊严价值——尊重他人主体性基础上，最终决策的做出必然不可能是完全按照某一方意见；即使存在完全对立的观点，在问题必需解决的前提下，互相尊重差异的基础上必然使得各方选择让步，从而趋向调和。

总体上，西方国家关于核设施选址程序发展与演变历程也基本证明了这一判断。如罗杰·卡斯帕森对西方国家近 20 年来，包括核电厂、核废料处置

---

① 叶俊荣：《环境行政的正当法律程序》，台湾：翰芦图书出版有限公司 2001 年版，第40页。

地等在内的"有害设施"选址经验与教训进行了总结，认为这些设施选址之所以特别具有争议性，在于五个方面：其一是不明的需求，即对设施设置的必要性或需求，很多情况下选址发起人没有在政府官员和公众中创造一种具有广泛基础的理解，这种统一意见的缺乏最终在整体上妨碍了选址过程。其二是缺乏系统性方法，即没有意识到设施的选址绝对不是一个单一的方案，如核废料选址是整个核工业系统的一部分，需要一个加工、运输、存储及处置的网络。其三是风险及风险认知。尽管在专业的团体中风险及风险认知可以达成相当多的共识，包括有见地的批评和反批评意见，但一个设计良好、管理到位的现代工业废料处理设施仅仅是对社区和公众构成有限的威胁，让那些必须承受风险的人接受这种风险，在各种社会中都被证明是困难的。定量的风险评估和风险沟通尝试让当地公众相信风险是最小化的且能妥善管理的努力，总体上并不具有说服力。具有讽刺意味的是，大量的信息流和对风险的讨论想要打消公众的疑虑，让他们相信风险会降到最低限度，但实际上，当地的活动家和媒体却反而促成了高度的风险社会放大，由此支援了公众的抵制使争议升级。其四是不公平问题。选址的社区承担了有害设施的风险和负担，但其收益却被弥散分布，这种损益之间的不匹配加剧了人们的焦虑。核废料处置等有害设施选址出于风险影响考虑通常会选择人口不太集中、经济欠发达的贫困地区，因此，客观上就如学者凯特和布雷恩针对横跨美国大陆十多个选址地的损益分配图表显示的，不合理匹配达到不可思议的程度。其五是社会信任问题。①

历史上，核电厂或核废料处置设施选址的典型模式就是美国能源部所遵循的模式，即30多年前在堪萨斯州莱昂斯遭遇严重失败的所谓"决定—宣布—辩护"（DAD）模式。这种模式作为时代的产物，选址都是由开发人员对满足各种实际需要（可利用的土地、可获取性、物理地址的属性等）的候选地址进行调研，通常都是那些土地和劳动力廉价、失业率高、收入低、抵抗选址能力最小的地方。这些地方的居民更有可能以安全和环境质量来换取物质利益——得到工作、收入增长或者物质服务条件改

① 罗杰·卡斯帕森：《有害设施选址：寻求有效机构和程序》，载［美］珍妮·X.卡斯帕森、罗杰·卡斯帕森编著《风险的社会视野》（上），李楠、何欢译，中国劳动社会保障出版社2010年版，第266—268页。

善。选址过程通常是通过代理人明察暗访，直到找到合适的地址。这一过程中往往还会有与政府官员或选址社区内利益相关者的秘密会谈。随后开始进行选址许可申请，只有在这个时候，选址决定才会对公众宣布。如果出现争议或反对，再极力想方法予以平息，不过此时通常已经获得了许可。这种秘密进行的选址过程，通常不涉及或极少涉及经济问题，开发者倾向于隐匿信息或者故意制造模糊信息，社会参与能力被最小化，公众几乎没有商谈或参与。其结果不是风险负担不成比例地分配给了那些在产生废料过程中获益甚微的贫困社区，就是强加给了那些已经被严重污染，消极对待额外健康负担的社区。所以，当"决定—宣布—辩护"模式本身蕴含的、可能侵蚀确保设施系统安全和经济效益的必要技术标准的机会主义，当公众对商谈与参与的期待以及将它们付诸实践的能力急剧增长，这种隐蔽选址的方法也就无法再适合新的社会与政治情境了。

美国 1982 年《核废料政策法》的制定标志着该模式的终结。因此，在过去的 20 年，欧美及亚洲国家对有争议的核废料处置设施选址通常使用一种以技术为基础的程序，即根据技术标准进行评估，逐渐减少候选地址，直到最终选出一个符合标准的地址。其遵循的基本原理是，认为社会的整体福祉高于个人（或当地居民）的利益，选址主要是一个技术质量的问题。选择过程中可能有，也可能没有旨在矫正不公平的补偿安排，其中当地参与的程度也不尽相同。实际的选择过程通常包括旨在确保决策分析合理、不偏不倚的考虑，并由保护健康与安全的技术标准保驾护航。然而，这种方法的成功运作基于以下关键性的假设：其一是在乡村或落后地区进行有争议的设施选址和工业设施选址根本上存在区别；其二是相信使用现有的法律与政策方法，如举行公开听证会和信息发布会，能够使以技术为基础的选址过程减弱当地公众对风险的关注；其三是负责选址和保护公众健康的当局，拥有最终获得当地公众接受选址决定的能力；其四是选址的反对者不具有足够的政治资源来抵抗选址决定。所以，欧美及亚洲国家的实践经验也证明，这种政府当局凌驾于当地民众的方法往往是失败的。

鉴于前两种方法存在的明显问题，促使人们开始寻找选址的其他替代策略和能够解决公众不信任、价值冲突与当地争议的制度。于是，出现了通过补偿和商谈、旨在得到当地民众更高接受度的方法。该方法认为选址的核心问题在于，损益在地理上的分离以及选址社区无法参与选址决策过程。从而，该方法旨在为解决选址问题提供一个清晰的思路——对候选选址社区的居民提供补偿，并给予他们为适当补偿而进行商谈——讨价还价的途径。"补偿—商谈"的方法在日本应用广泛，在社区居民和设施所有者之间就选址进行的协议谈判，存在法律认可的广泛途径。日本学者田中就概括出四种补偿类型：捕鱼权补偿；区域发展合作基金；"电源三法"对社区选址的回馈；固定资产税。尽管如此，日本民众对设施选址的抵制似乎一直在增长。[①] 在美国马萨诸塞州还出现了一种创新的市场谈判方法，其包含五个关键因素：开发者和选址社区在选址中的首要作用；双方必须通过谈判或仲裁达成协议；对选址社区减轻影响并做出补偿；社区可以拒绝设施选址的严格规定；开发者和选址社区之间的争议通过提交仲裁来解决。[②] 然而，美国在实践中遇到很多问题，社区倾向于将补偿看成一种"行贿"，而不是纠正不公平的方法。同时，人们很快就发现，社区并不愿意将补偿作为接受风险的对价。社区中严重的风险放大效应也削弱了谈判的效果，原本讨价还价的过程在于促进共识的形成，但极化现象（极端反对）带来的冲突却往往形成另一种并非意料的结果。所以，在20世纪末各国又开始探索新的有害设施选址程序，如1988年加拿大联邦政府委派一个低放射性废料选址特别小组执行一项基于自愿和合作的选址程序。这个工作组向安大略省所有市政当局发出了参加区域信息发布会的邀请，结果有400名社区代表出席了会议。26个社区讨论了自愿成为选址地的方案，14个联络小组被指派进行细节问题的调查。在这个过程中，允许社区对其意愿成为选址地的条件进行谈判。如最终进入选址名单的加拿大能源研究公司下属乔克里弗实验室（Chalk River Laboratories）宿舍区所在的迪普里弗镇（Town of Deep River），谈判的协议包括一项875万加元的经济刺激方案以及对15年内该区域就业的保障。1995年，迪普里弗镇举行了一次全民公决，其中72%的公民投票同意设施选址。然而，在

---

① Tanaka, Y. (1999) *Is the Nimby Syndrome a Universal Phenomenon: Symptoms and Remedies.* Proceeding of the International Workshop: Challenges and Issues in Facility Siting, 7 – 9 January, 1999.

② O'Hare, M. L., Bacow and D. Sanderson (1983), *Facility Siting and Public Opposition.* New York: Van Nostrand, pp. 239 – 256.

选址程序的继续进行当中，谈判最终破裂。另一个地点，波特霍普镇（Town of Port Hope），直到该选址过程结束时，仍然只是潜在的自愿备选址。另外，在英、法、美等国也对这种自愿/合作选址进行了实践探索。如英国在雪拉菲尔德（sellafield）进行中度放射性废料存储库选址活动，核能机构进行了有效的公众调查，试图建立一种对选址在技术层面和政府层面的共识。但多重争议的出现导致最终努力的失败，不过因此导致英国选址程序与制度进行了一个较为彻底的转变，即更强调透明度、广泛的信息分享、公众商议以及努力构建信任。在美国，许多选址过程都发展了旨在建立伙伴关系和自愿接受的广泛机制，尽管总体上并不成功。但新泽西的经验却具有建设性，它表明朝向更公开透明、高度参与的选址程序本身并不存在问题，失败主要是操作层面的，项目管理者总结出主要的障碍在于：公众对辐射的恐惧；公众对所有级别政府的怀疑；很少有人愿意花费很多时间进行选址的反复讨论；循环论证的问题——"既然声称设施是安全的，那为什么愿意给我们补偿？"①

　　总之，不容置疑的是核设施选址程序的"正当性"在绝大多数国家与地区都已成为共识，制度的创制及其实践不断总结出经验与教训，从而朝着更完善的方向发展。尽管各地更多的是失败的例子，但从中也得出成功运作的一些重要经验。如：（1）必需明确需求，即对选址的必要性取得政府与社会的共识。为此，在选址程序启动之前，就需要进行大量的工作，就计划中的选址符合普通公众利益、备选地点物理与社会经济情况进行详细调查与考虑，建立广泛的认同和一致。来自加拿大的经验强调了这一点，在阿尔伯达省和曼尼托巴省核废料处理设施自愿选址的成功经验中，对设施的需求是一个重要的问题。在选址计划之前和将要启动之际，会就这一问题展开广泛的讨论。尽管联邦政府层面的选址最后没有成功，但在实际选址开始之前，长达两年的讨论在一定程度上很好地解决了对选址的需求问题。简言之，社会对设施的一致需求是建立社会共识的必要基础，欧洲和

　　① 罗杰·卡斯帕森：《有害设施选址：寻求有效机构和程序》，载［美］珍妮·X.卡斯帕森、罗杰·卡斯帕森编著：《风险的社会视野》（上），李楠、何欢译，中国劳动社会保障出版社2010年版，第271—278页。

北美的跨国研究支持了这一观点。①

　　（2）尽可能地缩小风险辩论的范围。有关核灾害的风险是社会问题和技术问题强有力的混合，设施选址又是风险预防的首要环节，必然具有高度的政治波动性。在选址程序中，风险辩论往往陷入两极化，在强烈的风险社会放大下，选址最终失败难以避免。来自瑞典核设施选址的经验表明，如果不能缓解当地对安全的忧虑，选址过程基本上不可能向前推进。由此，他们寻找和充分利用任何可能的场合与方法化解风险的两极化现象，并在存在机会的时候，缩小风险辩论的范围。一些具体的方法包括将选址社区领导人纳入关于安全级别和额外设计的谈判，以一种向当地赋权的形式，缔造平等基础上的谈判氛围，从而有助于鼓励公众参与并有助于建立信任；为选址社区的技术顾问设立基金，以便他们独立开展评估，并以一种知情、有效的方式参与谈判；监控选址社区设施运转情况，如果其违反技术标准，则在规定程序下启动关闭该设施的审查工作。

　　（3）信任问题始终是选址程序的核心。许多选址过程都是在民众对选址机构的高度不信任之下启动的，在这种情况下，选址机构本能的反应是去解决高度社会不信任的环境，通常通过试图证明这一特定选址机构与社区民众遇到的其他机构不同，尽管这种手段并无可责备之处，并往往收效甚微。社会信任问题，基于历史文化的不同各国建立社会信任的方法与条件可能不一样，但共同点无疑是主要的——它昭示信任的基础主要源自经久的日常性行为。所以，就如学者从高至低列出对机构信任增长的因素，分别是：当地选址委员会授权关闭工厂；有疏散计划；政府官员现场巡逻；对发现问题的人进行奖励；对出现问题的征兆反应灵敏；采取有效的紧急措施；成立当地咨询委员会；鼓励公众参观设施；强制性药品测试；设施无安全事故运行五年；定期举行公众听证会；认真培训工人；举行应急训练；社区有查寻选址记录的权利；控制严重的事故；周边居民的健康良好；放射性物质泄露监测；员工对出现的问题有了解；出现问题后

---

　　① French, E., (1998) *Low-level redioactive waste siting process in Canada: Then and now.* Paper presented to the National Low-level Waste Symposium on Understanding Community Decision Making, March 4 – 5, Philadelphia.

通知周边社区；没有隐瞒信息的证据；对当地慈善做贡献；对员工密切监控；尝试满足公众的需求；项目负责人在设施附近居住；按照规章制度进行操作；在过去一年内没有发生事故；保持安全记录良好。相应地，信任由低至高减少的因素包括：不对当地慈善做贡献；没有公众听证会；与选址社区很少交流；不进行应急计划预演；选址官员居住距设施很远；保持糟糕的安全记录；另一个州的选址出现问题；因释放辐射而被起诉；不可查询选址记录；工人不了解问题；推迟检查；不允许公众参与；设施附近居民健康低于平均水平；官员对政府撒谎；没有控制住严重事故的发生；没有适当的应急反应计划；工厂隐瞒问题；员工工作时喝醉；记录是伪造的。①

（4）选址机构的适应性。比较的经验表明，核设施选址不可能像其他发展项目或规划一样进行预先设定。选址过程往往发生戏剧性的变化，不大可能出现的反对者加入争辩，整个争议过程中的参与者不断变动，媒体可能用选址机构控制以外的方法来表达争议。因此，选址机构和选址过程需要高度的灵活性，能够迅速应对意外事件，向外界环境保持开放，拥有收集各种信息的强大能力。换句话说，选址和选址机构需要变化机敏。这样的一个机构不仅需要高超的技术专长，还需要强大的政治判断力、沟通力。

三　完善我国核设施选址的程序规定

我国关于核电厂选址的法律规定，主要有《民用核设施安全监督管理条例》第3条"民用核设施的选址、设计、建造、运行和退役必须贯彻安全第一的方针；必须有足够的措施保证质量，保证安全运行，预防核事故，限制可能产生的有害影响；必须保障工作人员、群众和环境不致遭到超过国家规定限值的辐射照射和污染，并将辐射照射和污染减至可以合理达到的尽量低的水平"。《放射性污染防治法》第18条："核设施选址，应当进行科学论证，并按照国家有关规定办理审批手续。在

---

① 罗杰·卡斯帕森：《有害设施选址：寻求有效机构和程序》，载［美］珍妮·X.卡斯帕森、罗杰·卡斯帕森编著：《风险的社会视野》（上），李楠、何欢译，中国劳动社会保障出版社2010年版，第280—281页。

办理核设施选址审批手续前，应当编制环境影响报告书，报国务院环境保护行政主管部门审查批准；未经批准，有关部门不得办理核设施选址批准文件。"另外，1986年原国家环保局制定实施的《核电厂环境辐射防护规定》（GB6249-86），指出在评价厂址是否适宜建设核电厂时，必须综合考虑厂址区域的地质、地震、水文、气象、交通运输、工业企业、土地利用、厂址周围人口密度和分布，以及社会经济方面的合理性等因素；必须考虑厂址所在区域内可能发生的自然的或人为的外部事件对核电厂自身安全的影响；必须考虑核电厂放射性流出物（特别是事故工况下的流出物）对环境、生态和公众的影响；必须考虑新燃料、乏燃料和放射性废物的贮存和转运问题。核电厂应尽量建在人口密度较低、地区平均人口密度较小的地点。核电厂距10万人口以上的城镇和距100万人口以上大城市的市区发展边界，应分别保持适当的直线距离。核电厂周围应设置非居住区，非居住区的半径（以反应堆为中心）不得小于0.5km。核电厂非居住区周围应设置限制区，限制区的半径（以反应堆为中心）一般不得小于5km。

2011年国家环保部制定《核动力厂环境辐射防护规定》（GB6249-2011）替代《核电厂环境辐射防护规定》（GB6249-86），修订了相关标准，如规定规划限制区范围内不应有1万人以上的乡镇，厂址半径10Km范围内不应有10万人以上的城镇。1991年国家核安全局制定发布的《核电厂厂址选择安全规定》[（HAF 0100（91）]指出在评价一个厂址是否适于建造核电厂时，必须考虑以下几方面的因素：（1）在某个特定厂址所在区域内可能发生的外部自然事件或人为事件对核电厂的影响，所谓的外部自然事件或人为事件包括洪水、地震、龙卷风、飞机坠毁，等等；（2）可能影响所释放的放射性物质向人体转移的厂址特征及其环境特征；（3）与实施应急措施的可能性及评价个人和群体风险所需要的有关外围地带的人口密度、分布及其他特征。1993年国家核安全局依据《民用核设施安全监督管理条例》制定《核电厂安全许可证件的申请和颁发》，对核电厂选址、建造等活动的许可证颁发程序做出规定。

地方性立法，如2011年福建省制定的《福建省核电厂规划限制区管理办法》规定对重要核电设施周围划定缓冲区实行限制管理，即以核反应堆为中心，半径为 5 千米的区域限制人口数量机械增长；规划限制区经过批准，可以迁入常住人口或者进入暂住外来工作人员，但是不得超过规划限制区发展规划所确定的总控制人数。此外，核电厂所在地县级政府有关主管部门可以根据场外应急需要，对规划限制区内旅游景点游客人数加以有效控制。为确保安全和应急措施的执行到位，规划限制区内还禁止建设炼油厂、化工厂、油库、爆炸方法作业的采石场、易燃易爆品仓库、输油（气）管道等项目；禁止新建、扩建大的企业事业单位、人员密集场所和生活居住区、大的医院或疗养院、旅游景点，以及飞机场和监狱等项目。考虑到核电厂的安全运行、反恐因素以及反应堆冷却水源的实际需要，《福建省核电厂规划限制区管理办法》还规定以核电厂反应堆为中心，半径 5 千米毗邻海域内，不得新建、扩建港口和码头，不得新设置船舶的防台避风锚地。运输石油、液化石油（天然）气、爆炸品及易燃、易爆、腐蚀、有毒的化学品等船只未经主管机关依法批准不得进入；经批准的运输船只吨位不得超过五千吨。

　　有关核电厂选址程序的规定，主要是国家核安全局 1989 年制定发布的《核电厂厂址查勘》（HAD101/07），国家电力工业部 1996 年制定发布的《核电厂工程建设项目初步可行性研究内容深度规定》，以及国防科学技术工业委员会 2011 年制定发布的《核电厂厂址选择基本程序》（EJ/T1127 — 2001）。按照《核电厂厂址查勘》，核电厂选址过程分三个阶段：（1）厂址查勘阶段。厂址查勘的目的是在考虑安全和非安全方面的问题之后，确定一个或若干优先候选厂址，它涉及对大区域的研究与调查，其结果是否定不可接受的地区，随后再对位于其余可接受的地区内的厂址进行系统筛选、选择和比较。（2）厂址评价阶段。本阶段包括对一个或者若干优先候选厂址的研究与调查，从各方面，特别是从安全出发证明这些厂址是可以接受的。在本阶段中要确定与厂址有关的设计基准。（3）运行前的阶段。本阶段包括建造开始之后到运行开始之前对选定厂址的研究与调查，以便完成与完善厂址特征的评价。《核电厂厂址查勘》虽然正确指出在厂址查勘中，非安全方面的问题（技术、经济、社会和文化）的重要性，其可能对厂址的取舍起决定性的作用，但厂址的"社会可接受性"依然不是主要考虑的问题。其"引言"部分仅是指出：一个厂址的可接受性不仅主要、直接依赖于与安全有关的厂址特征，而且还依赖于很多仅与安全间接有关的其他方面的问题，包括电网的可靠性和稳定性以及交通的完备程度。①《核电厂工程建设项目初步可行性研究内容深度规定》主要指出，初步可行性研究的基本任务，即在电力发展规划和工程项目投资机会研究的基础上，通过搜集资料和调查研究，分析论证核电厂建设可行性所涉及的主要问题与条件，为编制工程项目建议书提供依据。然后，进一步对初步可行性研究报告撰写的内容、格式提出细致要求。国防科学技术工业委员会 2011 年制定发布的《核电厂厂址选择基本程序》，试图在前国家环境保护总局发布的《核电厂环境辐射防护规定》（GB 6249 – 99）和《辐射防护规定》（GB 8703 – 88）及《核电厂环境影响报告书的内容和格式》（NEPA – RG1），国家核安全局发布的《核电厂厂址选择安全规定》［HAF 0100（91）］及与之相配套的整套核安全导则［HAF 0101（1）～HAF 0113］等与核电厂厂址选择有关的标准和法规的基础上，全面、系统地规定从核电厂选址工作开始到可行性研究报告获批准（即批准厂址）的全过程的工作程序及每一步骤所需进行的工作范围、调查内容、技术要求、评价准则和选址报告编写要求等的各项条款。其将核电厂选址工作按照基本建设程序划分为：初步可行性研究阶段进行的厂址查勘工作和可行性研究阶段进行的厂址评价工作两个阶段，在厂址评价阶段，指出要"从技术、安全、环境和经济各方面，特别是从安全可靠性和环境相容性的观点出发证明该厂址是可接受的"。同先前的法律文件相比，考虑了"环境的相容性"，但还是没有考虑"社会可接受性"。

不难看出，我国上述对核电厂选址的实体与程序规定主要以"技术/专业"为核心，专家判断基本就是厂址选址的标准。如套用上文对国外核电厂选址的操作模式，基本属于美国早期的"决定—宣布—辩护"（DAD）模式，整个选址工作对于普通社会公众而言，具有很大的隐蔽性。普通社会公众不仅难以获知选址的相关信息，更没有参与决策的机会

---

① 《核电厂厂址查勘》（HAF101）。

和可能。实践中，虽然也注重发挥地方政府的积极性。① 但是，地方政府绝对不同于地方民众。早期选址中就曾出现地方民众反对而放弃的情况，如福建惠安、山东乳山。2000 年以来，随着我国核电厂的密集开工建设，地方民众反对选址的情况更为频繁。如 2011 年的"江西彭泽核电项目事件"，反对声虽然最先由彭泽县一江之隔的安徽省望江县以政府公文的形式提出，并且项目仅是暂停之后就恢复建设，预计第一台机组将于 2015 年 8 月投入运营，但民间反对声却仍在继续，一些反核人士呼吁"为了反对彭泽建核电站，我们做好了打'持久战'的准备，可能要一年两年，也可能是五年、八年"。2015 年 3 月 10 日，人民网还刊发中国科学院何祚庥院士、国务院发展研究中心王亦楠研究员文章，称湘鄂赣核电站安全风险大，若出事，打击将是致命的，湘鄂赣核电站均地处敏感的长江流域，其安全风险不容低估。② 广西平南核电项目选址在 2010 年 10 月进入环评信息公告阶段，10 月 10 日《广西日报》刊登了《广西桂东（平南）核电厂一期工程环境影响评价信息公告（第一号）》，但反对声一直延续到 2012 年的"两会"，广东的媒体、专家以及部分政府官员等各界人士质疑该项目存在诸多问题，如"环评报告未涉及广东省""选址不符水源

---

① 如据曾经在能源及电力部门工作多年，从华能核电公司总经理一职上卸任的王迎苏先生介绍，我国核电厂选址早期实践主要从 1988 年能源部成立之后开始，其时能源部作为全国能源主管部门，领导管理各地的电力局、电管局，而当时地方电力局有政府和企业的双重职能。能源部利用国家计委每年上千万的拨款经费启动选址工作，具体工作通常和地方电力局合作开展，经费也会给地方电力局一部分，同时地方政府、地方电力局也会自己筹措资金，向能源部提交材料，汇报备选厂址。当地方报上来厂址后，能源部下发文件成立能源部核电厂址评审组。评审组隶属于能源部计划司，一共有大约 13 名专家，其中来自电力系统和核工业系统的专家基本各占一半。地方报上来的厂址，通过计划司转给评审组，由专家进行评审。如果评审通过，能源部就会给地方下发文件，要求地方对厂址进行保护。参见王迎苏《早期核电选址与规划》，（http://www.chinapower.com.cn/newsarticle/1224/new1224814.asp），2015 年 7 月 2 日最后访问。

② 2011 年 11 月 15 日，安徽省安庆市望江县政府以政府公文形式拟定了一份《关于请求停止江西彭泽核电厂项目建设的报告》，提交安徽省能源局。报告明确指出该项目的选址标准和环评等存在不少问题，诸如"人口密度标准不符""公众参与缺乏广泛性和有效性""环评报告内容失实"等，并对建成后可能存在的风险表示担忧，希望省能源局向中央主管部门提交报告、反映问题，最终能取消该核电项目。而在这之前，2011 年 6 月 20 日，望江县方光文、陶国祥、王念泽等退休人士共同撰写了《呼请停建江西彭泽核电厂的陈情书》，通过中国科学院院士何祚庥转呈，希望能直接送到国务院高层领导手中。参见《中国核电史上最吊诡项目：江西彭泽核电》，（http://finance.qq.com/a/20120525/005239.htm），2015 年 7 月 2 日最后访问。

标准"等。①

　　值得一提的是，鉴于我国现有核电厂选址制度中信息公开与公众参与的不足，环保部曾于 2008 年制定《核电厂环境影响评价公众参与实施办法（征求意见稿）》，并于 12 月 24 日发函向中国核工业集团公司、中国广东核电集团公司、中国电力投资集团公司等单位征求意见。虽然，该法律文件并未能实施，但其中却不泛有许多进步性的规定。如在"总则"中，第 6 条规定信息公开义务包括建设单位，也包括政府主管部门，"国务院环境保护行政主管部门在受理建设单位的环境影响报告书时，应同时将公众参与篇章在政府网站上公示，有效期直至环境影响报告书审批结束。"在第二章"核电厂厂址审批阶段公众参与的一般要求"中，第 8 条规定"在核电厂厂址审批阶段，建设单位应在广泛征询公众意见之前，通过直观有效的方式向项目所在地公众普及核电相关知识，如分发核电知识宣传册、组织核电知识专题讲座、举办核电知识展览和核电厂现场参观等"。第 9 条"核电厂建设单位应建立永久的信息公开专用网站，充分利用互联网的优势，面向社会开展公众参与，为公众提供信息传递的互动平台"。第 10 条"核电厂建设单位应建立专门的公众接待中心，配备电话、传真和电脑等设施，方便公众查询核电厂建设和运行的相关信息"。第 11 条规定核电厂厂址审批阶段环境影响评价公众参与工作的实施主要包括四个步骤：（1）第一次信息公开，核电厂建设单位应当在确定承担环境影响评价工作的机构后 7 个工作日内，向公众公告建设项目相关信息。（2）第二次信息公开，核电厂建设单位在其委托的环境影响评价机构得到环境影响评价的初步结论后，采用便于公众知悉的方式向公众公告核电厂环境影响评价的主要内容和相关信息，并发布环境影响报告书简本。（3）征询公众意见，在公开环境影响评价一号、二号信息公告和环境影响报告书的简本后，同时采取互联网、公众接待、发放调查表和召开公众座谈会（或听证会）等方式公开征询公众意见。（4）公众意见反馈，公众参与活动中所有的公众意见和建议，建设单位或其委托的环境影响评价单位应及时进行有效的处理，并在专用网站上或环境影响报告书中予以反

---

　　①　《广西西江上游核电站项目遭多方反对》：（http：//news. sina. com. cn/c/2012 - 03 - 16/080324124766. shtml），2015 年 7 月 2 日最后访问。

馈。在第四章对信息公开的方式、内容、时间等都做出规定。第五章对公众参与的具体形式，如发放调查表、座谈会、听证会等做出规定。

2015 年环保部又制定《环境保护公众参与办法（试行）》，7 月 2 日环保部部务会议审议并原则通过，进一步修订后将颁布实施。《环境保护公众参与办法（试行）》吸收了《核电厂环境影响评价公众参与实施办法（征求意见稿）》中很多正确的规定，如对公众参与方式，第 7 条规定"环境保护主管部门可以通过征求意见、问卷调查、座谈会、论证会、听证会等方式征求公众对相关事项或活动的意见和建议；公众可以通过电话、信函、网络、社交媒体公众平台等方式反馈意见和建议"。关于信息公开第 8 条规定，"环境保护主管部门征求公众意见前，应当通过官方网站、媒体和其他公众平台等便于公众知晓的途径公开除涉及国家秘密、商业秘密、个人隐私信息以外的相关环境信息"。第 10 条规定"环境保护主管部门在征求公众意见之前，应向公众公开相关事宜的背景资料及必要性、可行性及对环境可能产生的影响；征求意见的起止时间；公众提交评议意见的方式；联系部门和联系方式等内容。公众在时限内应以信函、传真、电子邮件等方式提交书面评议意见"。第 11 条规定"环境保护主管部门拟组织问卷调查征求意见的，应介绍相关事宜的基本情况及其主要环境影响，所设问题应简单明确、通俗易懂。调查的人数及范围应综合考虑环境影响的范围和程度、社会关注程度、组织公众参与所需要的人力和物力资源以及其他相关因素确定"。第 12 条规定"环境保护主管部门拟召开座谈会征求意见的，应提前将会议的时间、地点、议题、议程等事项通知所有参会人员，必要时予以公告。座谈会讨论的内容主要应当包括该事项或活动对公众环境权益和对环境的影响以及相关部门拟采取的对策措施。座谈会的参会人员应当以利益相关方为主，同时邀请相关专业人员参会"。

然而，环境保护只是核灾害风险预防中的一部分，核灾害风险预防中的信息公开和公众参与，远远不限于环境影响评价的范围。理论与实践都表明，关注风险本身的争议以及与之而来的对核风险的"焦虑"才是核灾害风险预防的关键点。所以，不论是《核电厂环境影响评价公众参与实施办法（征求意见稿）》，还是《环境保护公众参与办法（试行）》都不足以解决核电厂选址程序正当性的所有问题。并且，两个法律文件本身也还存在问题，如《核电厂环境影响评价公众参与实施办法（征求意见稿）》第 5 条规定"开展核电厂环境影响评价活动公众参与工作的主体是项目建设单位，并对公众参与活动的结果负责"。这里将政府置身于公众参与法律关系之外，理论上违背公众参与的实质，也不具有现实可能性。公众参与绝对不是参与企业活动，而是参与公共事务的治理。不仅我国，其他世界各个核电国家，核电工业发展不容置疑地都是政府施政的重要内容。有关核灾害风险的社会争议，根本上都是针对政府核安全监管的争议。另外，《环境保护公众参与办法（试行）》第 9 条规定"环境保护主管部门征求公众意见时，应当重点关注利益相关方的意见，重视专业人员的意见，同时兼顾一般社会公众的意见"。第 13 条规定"环境保护主管部门拟召开论证会征求意见的，要围绕核心议题展开讨论，参会人员应当以相关专业领域和社会、经济、法律的专家、关注项目的研究机构代表、环境保护社会组织中的专业人士为主，同时应邀请可能受直接影响的单位和群众代表参加"。这里，一般社会公众的意见只是"兼顾"，参与的主体主要是"专业人士"，明显贬低普通民众的参与能力和判断能力，公众参与也就名副其实。

　　显然，我国核电厂选址制度中的程序性规定尚需重建。借鉴西方国家核电厂选址程序的经验，结合我国的实际情况，有以下几个关键方面：（1）在指导理念上必须认识到核电厂选址绝对不只是一个纯粹的科学／技术问题，科学与民主的对峙关系是核灾害风险预防制度建设与实践必需面对的问题。体现到具体的制度规范，就是要将程序的人性尊严保障作为基本原则，统领整个制度的建设，贯穿制度规范的始终，尊重民众的主体性应成为制度实践不可动摇的根本要求。唯有如此，民众相应地才会尊重专业的判断，自觉地摒弃盲目、空想的焦虑。在制度框架内，政府、企业、专家坦诚地倾听民众所有要求、主张，交换各种意见，也是通向信任的桥梁。

　　（2）在具体规范的设计上要突出保障公众参与的实效性。首先，在信息公开方面，必需要以"能够让普通公众全方位、及时与准确地了解到核电建设与运营的所有基本情况"为标准，彻底摒弃核电"隐蔽"与"神秘"性，在选址阶段不能限于《核电厂环境影响评价公众参与实施办法（征求意见稿）》所规定的"建设项目的相关信息"，而应是选址的相关信息，甚至还应包括厂址查勘的背景信息、查勘工作人员组成以及与项目相关的政府职能部门，等等。再者，在信息公开的方式上，《核电厂环境影响评价公众参与实施办法（征求意见稿）》列举了官方网站、媒体和其他公众平台等方式，但却将方式的选择权赋予信息公开的义务主体。实践中，如江西彭泽核电项目的相关信息江西省九江市政府"选择"其政府网站和《九江日报》上予以公示，从而使得安徽望江公众获取信息的渠道受到限制。其次，在公众参与方面，《核电厂环境影响评价公众参与实施办法（征求意见稿）》对公众参与规定了调查表、召开座谈会以及举行听证会三种形式，但同样规定核电项目建设单位或者其委托的环评机构自行选择采用何种方式。实践中，如江西彭泽核电厂 2008 年 2 月发布的《江西彭泽核电厂一、二号机组环境影响评价公众参与信息公告》表明："第一次公众意见调查采用'公众调查问卷'的方式"；"第二次公众意见征询的具体形式以发放问卷调查为主，根据问卷调查的反馈意见从中选择代表参加座谈会"。这里，项目建设单位和环评机构还"顺带"行使了选择座谈会代表的权利。环境正当程序的独特功能应在于实现义务分配的合法、合理化，《核电厂环境影响评价公众参与实施办法（征求意见稿）》赋予义务主体以"选择权"，本质上就不再是义务，而是"权利"。不仅严重挫伤了公众参与的广泛性、有效性，更是直接违背尊重公众主体性的要求。当然，明确规定公众参与的基本方式不容许选择的同时，还应注意到调查、座谈、听证等这些方式的局限性，有必要增加概括性条款，即其他公众可能采取的方式，如信函、电子邮件以及陈情，等等。在公众参与规定方面，还有迫切需要改进之处是"公众参与意见的反馈机制"。《核电厂环境影响评价公众参与实施办法（征求意见稿）》以及《环境影响评价公众参与暂行办法》规定，对于公众提出的意见，核电项目建设单位或其委托的环评机构应在环境影响报告书中附具是否采纳公众意见并说明原因。然而，通常情况下，公众仅能查阅环境影响报告书简本，那么提出意见的公众根本无法知晓环评报告全本中关于是否采纳公众意见以及原因说明的内容。并且，按照现行立法规定，对于公众意见，审批主管部门（环保部）"认为必要时"才会被核实，从而加以考虑。公众再次沦为纯粹的"信源"，参与的主体性彻底丧失。本书第三章论述到核灾害风险预防决策的"效果检验"，从而有创建"反馈系统"的必要性，公众参与意见的反馈机制是这种"反馈系统"是重要组成部分，它的最基本要求必需是"反馈"的覆盖率和及时性，即对任何公众的意见均应有同样的方式进行回复。

（3）正当程序具有独立价值，但程序绝对不是隔绝于实体规定，相反，离开了合理的实体规范，程序的功能也难以正常发挥。所以，在建设核电厂选址正当程序的同时，创制与完善实体制度也不容忽视。比如在非居住区和规划限制区制度必须补充发展权补偿的内容，我国《放射性污染防治法》第44条规定有关地方政府应当提供核废料处置选址的建设用地。实践中，对于核设施用地（包括非居住区），地方政府通常按照《土地管理法》进行征收补偿。众所周知，土地征收补偿充其量只是土地现值的补偿，并非土地发展权的补偿。再者，从灾害法制的角度，有必要完善防灾规划制度并且"融入主流"。《放射性污染防治法》《民用核安全设备监督管理条例》《核电厂核事故应急管理条例》等规定国家和地方政府应当制定核灾害（事故）紧急应急预案。建设部发布的《城市建设综合防灾减灾"十二五"规划》要求全国大中小城市修编或编制城市综合防灾规划。显然，我国防灾规划的立法与实践仅包括五个层面（全国、区域、流域、各省与直辖市），对于社区防灾规划完全付之阙如。《国家综合防灾减灾"十二五"规划》提出要创建5000个综合减灾示范社区，要加强城乡基层防灾减灾能力建设。然而，并未对社区防灾规划的制定予以重视。完善以社区防灾规划为基础的核灾害防灾规划体系，还必需"融入主流"，即将防灾规划与各类不同城市和地区的功能规划，以及和其他利益相关的日常活动结合起来。防灾规划只有在与城市和地区所有领域的相应计划妥帖配合时才能发挥其最大作用。2005年世界减灾大会上通过的《2005—2015年兵库行动框架》，就明确强调必须将减轻灾害风险的规划有效地整合到各个层次的可持续发展政策、规划和计划中，在社区层面上加强制度、机制和能力建设基础上，确保减轻灾害风险成为国家和地方的首要任务。

主要参考文献

1. ［英］谢尔顿·克里姆斯基（Sheldon Krimsky）、多米尼克·戈尔丁（Dominic Colding）：《风险的社会理论学说》，徐元玲、孟毓焕、徐玲等译，北京出版社 2005 年版。

2. ［英］芭芭拉·亚当（Barbara Adam）、乌尔里希·贝克（Ulrich Beck）、约斯特·房·龙（Joost Van Loon）：《风险社会及其超越》，赵延东、马缨等译，北京出版社 2005 年版。

3. ［美］约翰·塔巴克：《核能与安全、智慧与非理性的对抗》，王辉、胡云志译，商务印书馆 2011 年版。

4. ［德］乌尔里希·贝克（Ulrich Beck）：《风险社会》，何博闻译，译林出版社 2003 年版。

5. ［英］尼克·皮金（Nick Pidgeon）、［美］保罗·斯洛维奇编（Paul Slovic）著：《风险的社会放大》，谭宏凯译，中国劳动社会保障出版社 2010 年版。

6. ［美］珍妮·X. 卡斯帕森（Jeanne X. Kasperson）、罗杰·卡斯帕森（Roger E. Kasperson）：《风险的社会视野上公众、风险沟通及风险的社会放大》，李楠、何欢译，中国劳动社会保障出版社 2010 年版。

7. ［英］大卫·丹尼（David Denney）：《面对风险社会》，吕弈欣、郑佩岚译，韦伯文化国际出版有限公司 2009 年版。

8. ［日］竹中平藏、船桥洋一：《日本 3·11 大地震的启示复合型灾害与危机管理》，林光江等译，新华出版社 2012 年版。

9. ［美］特雷纳：《人类的困惑关于核能的辩论》，李晴美译，中国友谊出版公司 1987 年版。

10. ［美］N. L. 鲍尔斯（N. L. Bewere）等：《风险理论》，郑韫瑜、余跃

年译，上海科学技术出版社 1995 年版。

11. 滕五晓等：《日本灾害对策体制》，中国建筑工业出版社 2003 年版。

12. ［英］珍妮·斯蒂尔（Jenny Steele）：《风险与法律理论》，韩永强译，中国政法大学出版社 2012 年版。

13. 林丹：《乌尔里希·贝克风险社会理论及其对中国的影响》，人民出版社 2013 年版。

14. 杨雪冬等：《风险社会与秩序重建》，社会科学文献出版社 2006 年版。

15. 方芗：《中国核电风险的社会建构——21 世纪以来公众对核电事务的参与》，社会科学文献出版社 2014 年版。

16. 张丽萍：《环境灾害学》，科学出版社 2008 年版。

17. 赵永茂、谢庆奎、张四明等：《公共行政、灾害防救与危机管理》，社会科学文献出版社 2011 年版。

18. 姚国章、邓民宪、袁敏：《灾害预警新论》，中国社会出版社 2014 年版。

19. 钟开斌：《风险治理与政府应急管理流程优化》，北京大学出版社 2011 年版。

20. 罗云等：《风险分析与安全评价》，化学工业出版社 2010 年版。

21. 刘岩：《风险社会理论新探》，中国社会科学出版社 2008 年版。

22. 崔德华：《风险社会理论与我国社会主义和谐社会构建研究》，山东出版社 2013 年版。

23. 唐钧：《政府风险管理：风险社会中的应急管理升级与社会治理转型》，中国人民大学出版社 2015 年版。

24. 袁方：《社会风险与社会风险管理》，经济科学出版社 2014 年版。

25. 中国工程院编著：《我国核能发展的再研讨》，高等教育出版社 2013 年版。

26. 谭力文、夏清华等：《风险防范》，民主与建设出版社 2001 年版。

27. 李春雷：《风险社会视阈下的媒介文化研究》，中国社会科学出版社 2012 年版。

28. 何跃军：《风险社会立法机制研究》，中国社会科学出版社 2013 年版。

29. 米丹：《风险社会与反思性科技价值体系》，中国社会科学出版社 2013 年版。

30. 陶建钟：《社会秩序的生成与建构风险社会视野下的一种政治学考察》，浙江工商大学出版社 2014 年版。

31. 竹立家：《直面风险社会》，电子工业出版社 2013 年版。

32. 庄友刚：《跨越风险社会的历史唯物主义研究》，人民出版社 2008 年版。

33. 蔡定剑：《公众参与：风险社会的制度建设》，法律出版社 2009 年版。

34. 罗祖德：《旦夕祸福话灾害》，上海交通大学出版社 2000 年版。

35. 姚尚建：《风险化解中的治理优化》，中央编译出版社 2013 年版。

36. 付翠莲：《重大事项社会稳定风险评估机制研究》，中国社会科学出版社 2011 年版。

37. 隋鹏程：《核能开发与利用的安全防护知识》，科学普及出版社 1981 年版。

38. 姚国章：《应急管理前沿书系——日本灾害管理体系：研究与借鉴》，北京大学出版社 2009 年版。

39. 宋明哲：《现代风险管理》，中国纺织出版社 2003 年版。

40. 贾英健等：《风险社会的人学研究》，黑龙江人民出版社 2009 年版。

41. 薛晓源、周战超：《全球化与风险社会》，社会科学文献出版社 2005 年版。

42. 钱亚梅：《风险社会的责任分配初探》，复旦大学出版社 2014 年版。

43. 曾永泉：《转型期中国社会风险预警指标体系研究》，华中科技大学出版社 2015 年版。

44. WilliamL. , Waugh Jr. *Living with Hazards. Dealing with Disasters*：*An Introduction to Emergency Management*. M. E. Sharpe, Inc. , 2000.

45. Intergovernmental Panel on Climate Change, Working Group I, *Climate Change*1990/1995/2001/2007, New York：Cambridge University Press, 2007.

46. Henry H · Willis. *Ecological Risk Perception and Ranking*：*Towards a Method for Improving the Quality of Public Participation in Environmental Policy*, Carnergie Mellon University, 2002.

47. Anil K. Gupta, Inakollu V. Suresh, Jyoti Misra, Mohammad Yunus. *Enviromwntal Risk Papping Approach*：*Risk Minimization Tool for Development of Industrial Growth Centers in Developing Countries*. Journal of Clean-

er Production, 2002.

48. *Principle of Environmental law*, Susan Wolf/Anna White Neil Stanley, 3th edition, 2002.

49. *Environmental policy & NGO influence*, Alan Tomas/Susan Carr & David Humphreys, 2001.

50. *The Environmental right approach under the Ontario bill of rights : survey, critique &proposals for reform*, Levy-Diener, 2000.

51. *The Environmental & Ethics*, John Alder&David Wilkinson, 1999.

52. *Human right & The Environment*, Margaret anne scully, 1998.

53. *Taking Sides: Clashing Views on Controversial Environmental Issues*, Thomas · A · Easton, Thomas College, 11th edition, 2005.

54. *Environment and law*, David Wilkinson, London and New York, 2002.

55. *Environmental Regulation through Financial Organizations*, Benjamin J. Richardson, Kluwer LawInternational, 2002.

56. *Corporate Environmental Responsibility: Law and Practice*, John R Salter, Butterworths, 1992.

57. *Social Movements and the Legal System*, Joed F. Handler, New York: Academic Press, 1978.